本书出版得到 2018 年内蒙古自治区科技重大专项项目（赤峰市设施蔬菜土传病害快速生态综合治理技术研发与应用，zdzx2018009），赤峰学院服务赤峰市经济社会发展应用项目（淡紫拟青霉生防菌剂的研发与应用，cfxyfc201845），赤峰学院服务赤峰市经济社会发展应用项目（新时代高校服务地方社区建设的实践探索，cfxyfc201808），内蒙古自治区高等学校科学研究项目（夏季不同填闲作物交替采用对设施连作土壤修复机制研究，NJZZ18203）和赤峰学院 2019 年度校级大学生实践创新创业项目（复合微生物菌剂对设施番茄促生抑病及其土壤生物学机理研究）资助。

蔬菜无公害栽培技术
与土传病害综合防治案例

秦立金　著

U0340731

河北科学技术出版社

· 石家庄 ·

图书在版编目（CIP）数据

蔬菜无公害栽培技术与土传病害综合防治案例 / 秦
立金著 . -- 石家庄：河北科学技术出版社，2020.8
ISBN 978-7-5717-0513-8

Ⅰ . ①蔬… Ⅱ . ①秦… Ⅲ . ①蔬菜园艺 – 无污染技术
②蔬菜 – 病虫害防治 Ⅳ . ① S63 ② S436.6

中国版本图书馆 CIP 数据核字 (2020) 第 163059 号

蔬菜无公害栽培技术与土传病害综合防治案例
SHUCAI WUGONGHAI ZAIPEI JISHU YU TUCHUAN BINGHAI ZONGHE FANGZHI ANLI

秦立金　著

出版发行	河北科学技术出版社	
地　　址	石家庄市友谊北大街 330 号（邮编：050061）	
印　　刷	三河市华晨印务有限公司	
开　　本	710×1000　1/16	
印　　张	16.25	
字　　数	280 000	
版　　次	2020 年 8 月第 1 版	
	2020 年 8 月第 1 次印刷	
定　　价	69.00 元	

前　言

　　随着我国社会与经济的蓬勃发展，市场对蔬菜产品的需求量持续增加，绿色无公害蔬菜属于一种健康食品，在居民安全意识和健康意识不断提升的大背景下，其日益受到了人们的认可与欢迎。绿色无公害蔬菜具有较强的安全性，并且口感良好，在行业中已经获得广泛推广，在我国广东地区，绿色无公害蔬菜种植已经成为行业主流，把握其栽培关键点，合理应用栽培技术，可以提升种植品质和产量，对促进行业发展具有积极意义和重要价值。

　　在栽培无公害蔬菜中，想要提升产品质量和数量，需要合理选择栽培环境，为蔬菜生长创设良好的环境条件。首先，在选择栽培环境中，要根据蔬菜品种对环境的需求以及特性，保证其能够健康成长、避免遭受环境污染；其次，栽培地区要光照充足、灌溉便利，远离垃圾场地、污染区域以及重工企业，并且对土壤情况进行调查，对其中含有的各种营养成分进行分析；最后，在试种植之前，要组织人员做好清洁工作，对土壤中存在的杂物进行清理，并且做好隔离措施，防止污染物侵入，当前主要采用的隔离措施为绿化带、围墙以及天然河道等，均具有显著的隔离效果。总之，想要提升其种植品质和产量，种植户需要采取科学的栽培技术，把握好各个环节，进而满足当代人们的食用需求。

　　本书属于无公害蔬菜栽培方面的著作，由无公害蔬菜的基本认知、无公害蔬菜栽培的环境条件、无公害蔬菜栽培技术、常见无公害蔬菜病虫害防治方法、蔬菜土传病害的生物防治以及土传病害综合防治案例分析这几部分组成。全书以无公害蔬菜栽培与病虫害防治为研究对象，分析无公害蔬菜栽培的环境以及栽培技术，阐述常见无公害蔬菜防治病虫害方法以及土传病害的生物防治和应用。

　　本书的出版得到了 2018 年内蒙古自治区科技重大专项项目（赤峰市设施蔬菜土传病害快速生态综合治理技术研发与应用，zdzx2018009），赤峰学院服务赤峰市经济社会发展应用项目（淡紫拟青霉生防菌剂的研发与应用，cfxyfc201845），赤峰学院服务赤峰市经济社会发展应用项目（新时代高校服务地方社区建设的实践探索，

cfxyfc201808），内蒙古自治区高等学校科学研究项目（夏季不同填闲作物交替采用对设施连作土壤修复机制研究，NJZZ18203）和赤峰学院 2019 年度校级大学生实践创新创业项目（复合微生物菌剂对设施番茄促生抑病及其土壤生物学机理研究）等项目资助，特此感谢！

本书对无公害蔬菜栽培、蔬菜土传病害方面的研究者和从业人员有学习和参考价值。由于编者水平有限，书中难免存在不足和疏漏之处，敬请读者予以指正。

秦立金

2020 年 5 月

目　录

第一章　无公害蔬菜的基本认知

第一节　无公害蔬菜的概述

一、概念

无公害蔬菜是按照相应生产技术标准生产的、符合通用卫生标准并经有关部门认定的安全蔬菜。其产品标志见图 1-1 所示。无公害蔬菜有狭义与广义之分。

图 1-1　无公害蔬菜产品标志

从狭义上讲，无公害蔬菜是指没有受有害物质污染的蔬菜，也就是说在商品蔬菜中不含有某些规定不准含有的有毒物质，而对有些不可避免的有害物质则要控制在允许的标准之内。

从广义上讲，无公害蔬菜应该是集安全、优质、营养为一体的蔬菜的总称。

安全——主要指蔬菜不含有对人体有毒、有害的物质，或将其控制在安全标准以下，从而不对人体健康产生危害。具体讲要做到"三个不超标"：

一是农药残留不超标，不能含有禁用的高毒农药，其他农药残留不超过允许量。

二是硝酸盐含量不超标，食用蔬菜中硝酸盐含量不超过标准允许量，一般在 432 毫克／千克以下。

三是"三废"等有害物质不超标，无公害蔬菜的"三废"和病原微生物等有害物质含量不超过规定允许量。

优质——主要是指商品质量。个体整齐，发育正常，成熟良好，质地口味俱佳，新鲜无病虫危害，净菜上市。

营养——是指蔬菜的内涵品质。由于蔬菜种类繁多，各具特色，在营养上差异很大，但蔬菜是人们膳食纤维、维生素和矿物元素的主要来源，因此围绕这三类成分的含量及各种蔬菜的品质特性来评价它们的营养高低。

由此可见，无公害蔬菜不仅是实现绿色食品工程最基本的材料资源，而且还是农业可持续发展及人类生存环境保证的重要组成部分之一。

二、无公害蔬菜、绿色蔬菜与有机蔬菜的区别

无公害蔬菜其实是一种污染性小、相对安全、优质、富含营养的蔬菜产品。严格来讲，无公害是蔬菜的一种基本要求，普通蔬菜都应达到这一要求。

绿色蔬菜是我国农业部门推广的认证蔬菜，分为 A 级和 AA 级两种。其中，A 级绿色蔬菜生产中允许限量使用化学合成生产资料，AA 级绿色蔬菜则较为严格地要求在生产过程中不使用化学合成的肥料、农药、兽药、饲料添加剂、食品添加剂和其他有害于环境和健康的物质。从本质上讲，绿色蔬菜是从普通蔬菜向有机蔬菜发展的一种过渡性产品。

有机蔬菜是指以有机方式生产加工的、符合有关标准并通过专门认证机构认证的农副产品及其加工品。

三、无公害蔬菜生产技术

蔬菜生产中，应做到"预防为主，综合防治"的指导方针，建立无污染源生产基地，并遵循以下 10 项技术要点。

（1）严禁施用剧毒和高残留农药，如 3911、1605、呋喃丹等。

（2）选用高效、低毒、低残留、对害虫天敌杀伤力小的农药，如辛硫磷、多菌灵等。

（3）蔬菜基地要远离工矿业污染源，避免"三废"污染。

（4）选用抗病、抗虫、优质、丰产良种。

（5）深耕、轮作换茬，调整好温、湿度，培育良好的生态环境。

（6）推广应用微生物农药。

（7）搞好病虫害预测预报，对症适时适量用药。

（8）推广不造成污染的物理防治方法，如温汤浸种、高温闷棚、黑籽南瓜嫁接等。

（9）搞好配方施肥，控制氮肥用量，推广施用酵素菌、K100 等活性菌有机肥等。

（10）搞好植物检疫，严防黄瓜黑星病、番茄溃疡病等毁灭性病害传入蔓延。

发展无公害蔬菜生产，同时应从菜田生态系统总体出发，本着经济、安全、有效、简便的原则，优化协调运用农业、生物、化学和物理的配套措施，创造有利于蔬菜生产，而不利病虫害发生的条件，达到高产、优质、低耗、无害的目的。

四、发展无公害蔬菜的重要性和必要性

（一）发展无公害蔬菜的重要性

食品安全一直以来都是人们关注的焦点，当前随着科技的发展和进步，农作物生产技术也开始朝着多元化的方向发展，如无土培植、大棚种植、测土配方等技术的出现，有效地提高了农作物的质量，但是也引发了许多新的食品安全问题。例如，蔬菜种植期间，农药及化肥的滥用严重影响了食品安全。基于这样的原因，发展好无公害蔬菜就显得极为重要了，其既是提高安全消费的重要保障，也是农业增效、农民增收的有效方法。

（二）发展无公害蔬菜的必要性

我国是世界人口最多的国家，国土面积虽然位居世界第三，但是由于地形复杂多样，山地、丘陵、平原、高原、盆地等地形不一而足，蔬菜种植面积有限。而且，近些年来，随着城市化进程的不断加快，耕地面积减少，蔬菜种植也受到了一定的影响。蔬菜是人们日常生活的必需品。发展无公害蔬菜栽培技术是社会进步的需要，科技和经济的发展推动了社会的进步，人们的消费逐渐从温饱型朝着质量型转变，在购买蔬菜时，越来越多的居民不只是从价格方面考虑，其对蔬菜品质的关注度可谓越来越高。发展无公害蔬菜符合人类追求健康、低碳、环保的需要，同时发展无公害蔬菜也是市场发展的需要，相较于

传统的蔬菜种植来说，无公害蔬菜种植所得利润更高，市场竞争力更强，其能为菜农谋取更大的经济效益。

第二节　无公害蔬菜的发展历程

一、世界无公害蔬菜的发展与现状

第二次世界大战以后，欧洲、美国、日本等发达国家和地区大量地将化学肥料、化学农药、化学生长激素等物质投入农业生产，提高了产量，丰富了产品，但也打破了自然界的生态平衡。20世纪以来，为了寻求农业生产与自然界间的平衡，世界各国先后成立了一些协会、组织机构，研究建立一种生态、社会、经济发展永存的农业体系。这个体系在英语语系的国家叫"有机农业"；在芬兰、瑞典等非英语语系的国家叫"生态农业"；在德国叫"生物农业"；在日本叫"自然农业"。我们均有选用，称"可持续农业"。

有机农业国际运动联盟（IFOAM）于1972年在法国成立，总部设在德国。联合国在1991年9月成立了"世界可持续发展农业协会"（WSAA），日本也相继成立了"自然农法协会"（MOA）等组织，不同的组织机构先后制定了管理办法和执行标准。1992年，联合国在巴西召开了关于"环境与发展"的各国首脑会议。会议将农业的可持续发展作为未来全球共同发展的战略目标。这之后，世界许多国家纷纷加强了环保意识，此举加速了有机农业、生态农业、生物农业、自然农业、可持续农业的发展。

二、中国无公害蔬菜生产的发展

西汉时期的《氾胜之书》就有"生草"压青改土的记载。宋代著名的《农书·粪田之宜》篇中提出了"地力常新"论，强调施肥可使土壤更加精熟肥美，地力常新。据不完全统计，宋元时期已用到的有机肥总计有60余种。"用粪得理"、因土和因物施肥、多次使用追肥、重视积肥和保肥等施肥理念，开创了我国古代无公害农业的先河。近代化学肥料的引进和使用给传统农业注入了新的营养，同时带来了巨大的冲击。随后，中国农业逐步走上"有机肥与化肥相结合，养地与用地相结合"的道路，但重化肥、轻有机肥的倾向仍然严重，由施肥引发的资源、环境、食品安全、可持续发展诸多问题已凸现出来，我国酝酿着一场"无公害农业"的革命。

20世纪60年代中期，我国曾组织了无公害蔬菜的实施，其重点是减少蔬菜中的农药污染。当时栽培的蔬菜被称为无污染蔬菜、无公害蔬菜等。污染的指标大多以重金属、农药为主，部分还增加了氟、硝酸盐和生物性污染。但由于栽培的无污染蔬菜没有统一机构认证，产品没有统一的权威机构检测，没有规定的标识等，因此产品质量难免良莠不齐。20世纪80年代以来，伴随着人口的快速增长和经济的迅猛发展，我国农业污染问题日趋严重。菜园土壤"三废"污染，化肥、农药、农膜及城镇垃圾、人畜粪尿等的不合理施用等，使得无公害蔬菜又重新引起人们注意。

我国无公害蔬菜的研究和栽培始于1982年。1983年以来，全国23个省（市、区）开展了无公害蔬菜的研究、示范与推广工作，探索出一套综合防治病虫害及配方施肥、减少农药污染、实行测土施肥的无公害蔬菜栽培技术。我国无公害蔬菜栽培从无到有，经历了试验探索阶段（1983—1993年）、示范研究阶段（1994—1998年）、规范发展阶段（1999年至今）。各地先后制定法规加大了发展无公害蔬菜的力度。进入21世纪，党中央反复强调，大力发展无公害农产品、绿色食品和有机食品，建立健全认证、标识和公示制度，尽快使优质安全的农产品形成品牌。2001年农业部启动了"无公害食品行动计划"，先后出台了有关加强农产品质量安全的重要文件及法律法规，并提出了"无公害蔬菜"的概念。2002年出台的《中华人民共和国清洁生产促进法》进一步强调：应当科学地使用化肥、农药、农用薄膜和饲料添加剂，改进种植和养殖技术，实现农产品的优质、无害和农业废弃物的资源化，防止农业环境污染。并于同年启动了"十五"国家科技攻关重大课题——无公害蔬菜关键技术，主要针对我国蔬菜栽培中存在的农药、氮肥、重金属污染等问题，研究病虫害防治、平衡配方施肥、优质丰产栽培、农业废弃物综合利用、环境质量检测和产品质量控制等全方位生态技术。2003年农业部种植业管理司发出了《关于加强无公害农产品栽培示范基地县管理的通知》，指出各地既要重视创建活动，更要加强基地管理；既要重视"无公害"的牌子，更要重视产品质量安全。中央印发的《无公害蔬菜行业发展"十三五"规划纲要》明确要求2020年无公害蔬菜行业增加30%。

自从我国开展无公害蔬菜的研究生产以来，已经取得了一定的理论与实际相结合的研究成果，并研制了一批高效、无毒害的生物农药，总结了一套以生物防治为主的蔬菜病虫害综合防治技术。

第三节　栽培中存在的问题及对策

"民以食为天"，当今社会的科学生产技术处于不断提升的状态，在这样的背景之下，无公害蔬菜的生产也逐渐占据了市场主体。无公害蔬菜生产种植效率较高，并且食用安全，价格合适，因此也就成为人们重要的购买选择。然而不可否认的是，当前我国的无公害蔬菜生产中存在一定的问题，这些问题不可避免地拉低了无公害蔬菜种植的品质，从而导致了人们在食用时，无法获得安全性保障。

一、栽培中存在的问题

（一）生产质量得不到保障

国内无公害蔬菜生产质量不过关的问题，往往体现在以下方面。

首先是无公害蔬菜的农药污染问题。具体表现为虽然农药的使用量以及使用范围不断地增加，但是农药的使用结构不合理，久而久之，蔬菜的污染问题逐渐严重起来，更为严重的是某些无公害蔬菜生产者为了提升无公害蔬菜种植的产量，过度地使用农药，最终威胁到了蔬菜的基本质量与安全。

其次，无公害蔬菜生产中的病虫害问题较为突出。无公害蔬菜连年生产，导致连作障碍问题越来越突出，也就导致土传病害问题越来越严重，从而使土壤中的营养元素比例出现失调，引起了蔬菜生产产量以及品质极大程度的降低，进而无法达到无公害的标准，相应地阻碍了国内无公害蔬菜的进一步发展。

另外，蔬菜在实际生产过程中还存在使用激素的问题。蔬菜生产在使用激素的过程中，虽然会在一定程度上提升蔬菜的产量，但是如果食用这类蔬菜也可能会影响人的身体健康。

（二）市场流通机制不合理

从近些年无公害蔬菜的生产情况来看，在实际生产与发展过程中，常常会面临品种性、季节性以及结构性过剩的问题，广大蔬菜种植人员常常会面临生产与销售不相匹配的问题，即生产数量以及规模足够，但是蔬菜销售较为困难，这样也就导致种植人员的经济收入得不到基本保障，进而影响了无公害蔬菜生产的积极性。虽然某些地方的无公害蔬菜经营人员确实构建了小型促销合作社，然而该组织的主要业务往往集中在购买原料、自产自销的环节，所以也就无法发挥带动生产种植的效能。因此，全方位地提升无公害蔬菜种植合作社将变得非常重要。

（三）产品区域特色不够明显

无公害蔬菜种植人员在实际种植过程中，所种植的蔬菜品种较多，但是值得深思的是，蔬菜种植的规模以及结构存在极大的问题，这两者所体现出来的种植规模化与销售的实际情况存在较大的差距。国内无公害蔬菜的实际流通仍然面临着种植规模小、缺少规范化的问题，从而导致了无公害蔬菜作物同质化问题较为突出，从根本上严重制约了无公害蔬菜的快速化、质量化发展。

二、有效对策分析

（一）科学有效地控制农药残留成分

社会经济的持续化发展在一定程度上提升了人们的生活质量和生活水平，使得人们越来越重视蔬菜的安全性能。虽然在实际种植蔬菜的过程中，农药仍然普遍应用，并且在蔬菜病虫害的控制过程中发挥了不可替代的作用，但是值得注意的是，农药同时会导致种植环境污染的问题，更为严重的是威胁到了蔬菜的食用安全性。因此，需要在种植无公害蔬菜的过程中，科学地控制农药使用量及使用次数，采取有效措施切实降低农药残留。落实到具体的解决措施上，应当检查蔬菜种植存在的实际问题，采用有针对性的药物进行处理，科学把握好用药的最佳时刻以及最佳施药方式。尤其要注重科学调配无公害蔬菜种植农药，在配制农药之前，应当对农药的基本性质进行详细地分析，科学合理地应用农药以及肥料，从而更加显著地提高农药的用药效果，降低用药次数以及用药量。

（二）科学构建病虫害防控体系

科学研究无公害蔬菜的种植情况可知，病虫害始终是造成无公害蔬菜品质下降的主要原因，但是农药的使用与病虫害的防控一直都是生产过程中需要重点解决的矛盾，因此必须在种植生产过程中，构建出科学合理性的病虫害防控体系，这样才能将病虫害的防治控制在合理的损失范围之内。针对农业病虫害防治工作来讲，具体就是选择具有抗病虫特质的无公害蔬菜品种，科学把控生产过程间隙，全面依托自然的属性完成病虫害的控制工作。当前情况下，病虫害防治体系中常用的防治方式多数是化学防治，因为化学防治成本较低，使用起来较为简便并且起效速度较快，然而它也具有一定的问题，因此种植技术人员需要采取科学化的措施加以处理，从而大大降低无公害蔬菜生产种植过程中的农药残留。另外，大力提倡农业措施以及生物药剂防治，其无残留，安全性好。

（三）政策扶持力度

发展无公害蔬菜生产从根本上关系到人民群众的生命安全，属于政府以及农业部门的重要职责，因其直接关系到民生以及社会的基本稳定，所以政府部门需要对此引起高度重视。落实到实际，有关部门应当全面联合质检以及卫生等部门机构，通力合作，不断地培养发展无公害农产品的生产企业，在人力、物力以及财力等方面强化扶持的力度，尤其是要强化无公害基地设施建设，使生产基地以及市场体系尽快地建立起来，最终带动无公害生产基地以及农户的发展。

（四）科学化地加强品牌建设

要想使无公害蔬菜顺利走进市场，必须要树立极好的品牌效应。要不断增强品牌意识，科学化依托农产品名牌效应，增加无公害蔬菜品牌的市场占有率，从而提升种植者的经济效益。因此，无公害蔬菜生产企业要不断地强化品牌意识，切实强化地方品牌建设，设计优秀的外在包装，切实提升无公害蔬菜的实际竞争力。另外，针对存放条件较为苛刻的无公害蔬菜来讲，种植销售人员需要重视蔬菜的内在质量，科学化地减少种植以及流通的中间环节，切实走无公害蔬菜品牌之路，这样才能创建出科学化的基地品牌，极力打响无公害蔬菜的品牌效应，将区域内部的特色凸显出来，从而更加快速地发展无公害蔬菜。

第四节　栽培的意义及发展前景

一、无公害蔬菜栽培的意义

（一）生产无公害蔬菜有益于人体健康

安全、优质的蔬菜产品有益于人们的身体健康，如果蔬菜遭到污染，轻则导致疾病，严重的可造成死亡。

1. 硝酸盐含量检测标准

硝酸盐在蔬菜中超过一定的含量时，将对人体造成很大危害。体内 NO_3^-

浓度过高，使身体血液中异常地出现不能带氧的高铁血红蛋白，导致身体出现缺氧变蓝，严重者可致死。另外，硝酸盐转化成亚硝酸盐，会和胃内蛋白质分解物合成致癌物亚硝酸胺，给人体带来危害。

世界卫生组织（WHO）和联合国粮农组织（FAC）在1973年制定了食品中硝酸盐的限量标准，按人体重量及每天食用食物总量计算的 ADI 值（日允许量），硝酸盐（以 $NaNO_3$ 计）和亚硝酸盐（以 $NaNO_2$）的日摄入量最高分别为每千克5毫克和0.2毫克。

2. 农药检测标准

国际上通用的农药检测标准是 FAO/WHO1983 年在荷兰通过的允许农药残留量的世界统一标准，如表1-1所示。我国对"A"级绿色蔬菜中的农药残留限量也做了规定，如表1-2所示。

表1-1 无公害蔬菜农药残留最高限量

（单位：毫克／千克）

农药名称	蔬菜名称	允许指标	农药名称	蔬菜名称	允许指标
多菌灵	黄瓜	≤ 0.5	滴滴涕	根茎类	≤ 1.0
	番茄	≤ 5.0		其他蔬菜	≤ 7.0
甲基托布津	黄瓜	≤ 0.5	五氯硝基苯	番茄	≤ 0.1
	番茄	≤ 5.0		马铃薯	≤ 0.2
	芸豆	≤ 2.0		甘蓝	≤ 0.2
敌菌丹	黄瓜	≤ 2.0	西维因	黄瓜	≤ 3.0
	番茄	≤ 5.0		叶菜类	≤ 10.0
	茄子	≤ 5.0		番茄	≤ 5.0
	马铃薯	≤ 0.5		茄子	≤ 5.0
克菌丹	黄瓜	≤ 10.0	马拉硫磷	番茄	≤ 3.0
	辣椒	≤ 10.0		茄子	≤ 0.5
	番茄	≤ 15.0		甘蓝	≤ 8.0
	菠菜	≤ 20.0		菠菜	≤ 8.0

农药名称	蔬菜名称	允许指标	农药名称	蔬菜名称	允许指标
灭菌丹	黄瓜	≤ 2.0	敌敌畏	新鲜蔬菜	≤ 0.5
	番茄	≤ 5.0		番茄	≤ 0.5
杀螟松	番茄	≤ 0.2	除虫菊类	蔬菜	≤ 1.0
乐果	辣椒	≤ 1.0	敌百虫	番茄	≤ 0.1
	番茄	≤ 1.0		甘蓝	≤ 0.1
	其他蔬菜	≤ 2.0		辣椒	≤ 1.0

表1-2　我国"A"级绿色蔬菜中农药允许残留限量标准

（单位：毫克 / 千克）

农药名称	允许指标	农药名称	允许指标	农药名称	允许指标
六六六	≤ 0.2	乙酰甲胺磷	≤ 0.2	百菌清	≤ 1.0
滴滴涕	≤ 0.1	喹硫磷	≤ 0.2	敌百虫	≤ 0.2
甲拌磷	ND	地亚农	≤ 0.5	辛硫磷	≤ 0.05
杀螟硫磷	≤ 0.2	抗蚜威	≤ 1.0	对硫磷	ND
倍硫磷	≤ 0.05	溴氰菊酯	≤ 0.5（叶菜类）	马拉硫磷	ND
敌敌畏	≤ 0.2	溴氰菊酯	≤ 0.2（果菜类）	多菌灵	≤ 0.5
乐果	≤ 1.0	氰戊菊酯	≤ 0.2（叶菜类）		
二氯苯醚菊酯	≤ 1.0	氰戊菊酯	≤ 0.2（果菜类）		

注：ND——不得检出。

3. 重金属及有害物质限量

重金属及有害物质限量如表1-3所示。

表1-3 重金属及有害物质限量

（单位：毫克／千克）

项目	指标
铬（以 Cr 计）	≤ 0.5
镉（以 Cd 计）	≤ 0.05
汞（以 Hg 计）	≤ 0.01
砷（以 As 计）	≤ 0.5
铅（以 Pb 计）	≤ 0.2
氟（以 F 计）	≤ 1.0
亚硝酸盐（以 $NaNO_2$ 计）	≤ 4.0
硝酸盐	≤ 600（瓜果类）；≤ 1200（根茎类）；≤ 3000（叶菜类）

由此可见，生产无公害优质蔬菜产品才能有益于人体健康。

（二）增加农民收入和农业效益

随着居民生活水平的提高，人们对蔬菜质量的要求也越来越高，无公害蔬菜恰恰满足了人们这种需求，因此越来越受到人们的喜爱。现如今，市场上的蔬菜质量相对较差，不能很好地适应人们的需求，对于城市蔬菜产业来说，无公害蔬菜产业的发展对提高蔬菜质量、适应高要求的市场需求很有必要。市场研究表明，无公害蔬菜比普通蔬菜价格平均高出20%，因此发展无公害蔬菜可以提高农民的收入。我国一些大城市开始实行市场准入制，没有获得无公害农产品认证的农产品不得进入市场，因此，为了增加农业效益，促进农村经济稳步发展，必须积极地开展无公害蔬菜的产地认证和产品认证。

（三）生产无公害蔬菜有利于外销

改革开放以来，蔬菜栽培面积逐年扩大，生产得到长足发展，由于蔬菜产量的不断增加，国内市场供大于求，开发国际市场是发展蔬菜生产的有效途径之一。这一方面我国已经做了许多工作，近年来中国的蔬菜产品出口量也逐年增加。2018年，我国蔬菜出口量达948万吨，同比增长2.5%；出口金额达126.15亿美元，同比下降4.1%。其中，2019年1月至7月我国蔬菜出口数量达524万吨，同比增长3.7%；出口金额69.39亿美元，同比下降3.5%（图

1-2和图1-3）。①

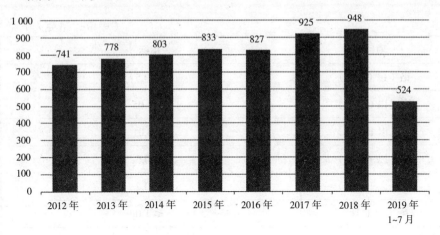

■蔬菜出口数量（万吨）

图1-2 2012年至2019年7月中国蔬菜出口数量统计情况

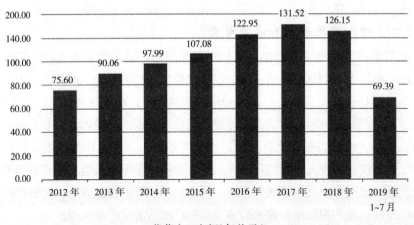

■蔬菜出口金额(亿美元）

图1-3 2012年至2019年7月中国蔬菜出口金额统计情况

但当前中国蔬菜生产中的公害问题却严重地制约着蔬菜的外销。出口的主体市场（日本、印度尼西亚、马来西亚、俄罗斯、韩国、美国、新加坡、荷兰、德国、越南等国家及中国香港等地区）都有相应的标准。中国出口到欧盟、日本、美国等地的肉类、鱼类、茶叶、蔬菜等产品，由于农药残留、兽药

————————

① 资料来源：中国海关，华经产业研究院整理。

残留及重金属等有害物质污染超标，被拒收、扣留、退货、销毁、索赔和中止合同的事件时有发生。许多传统大宗出口创汇蔬菜产品被迫退出了国际市场。所以，提高蔬菜产品质量，进行无公害生产势在必行。

二、无公害蔬菜发展前景

（一）发展因素

无公害蔬菜发展壮大，农民通过种植无公害蔬菜取得了较好的经济效益和社会效益，总体有以下几个原因：

1.选择环境条件达标的地区建立蔬菜生产基地

基地灌溉水应符合国家《农田灌溉用水标准》，基地的空气条件应在《保护农作物的大气污染物最高允许浓度》之下，基地周围没有排放有害物质的污染源，距公路主干线 50 ～ 100 米以上，相对集中成片，有利于规模化生产。

2.推广科学的施肥技术

制定科学的施肥技术规范，提倡采用有机肥和测土配方施肥技术。

3.采用无公害蔬菜病虫害防治技术

优先选用生物农药，减少化学农药的用量，合理施用农药，减轻污染程度，使蔬菜中农药的残留量低于国家规定标准。

4.建立健全监管体系

建立健全监管体系是无公害蔬菜生产的重要保证，必须建立市、区（县）、镇（乡）、村各级网络的监管体系，实施从生产过程、采后处理、运输到市场销售的全过程监督。

5.选用抗病虫品种

合理调整蔬菜品种布局，抑制病虫滋生蔓延，调整播种期和收获期，避免多种病虫害混合发生，选用无病虫害种子，结合培育无病虫壮苗，深翻冬翻，高畦垄作等措施，大面积推广脱毒和抗病虫蔬菜品种。

6.采用生物措施防治病虫害

主要使用生物农药，释放和保护天敌。利用天敌防治害虫已经有几千年历史，应该充分利用自然的生态环境、天敌来控制虫害的发生，也可以人工释放天敌，保护天敌。

7.采用物理方法防治病虫害

引进和推广蔬菜防虫网技术，可大幅度减少化学农药的使用量。

8.严格执行绿色蔬菜生产技术规程

必须严格按照绿色蔬菜生产技术规范组织病虫害防治，对菜农及其他相关人员进行培训，使广大菜农掌握绿色蔬菜病虫害防治技术，植保和科研部门要培养更多的人才，对生产进行指导。

9.建立蔬菜质量安全追溯系统

探索新的管理办法和技术手段，保证蔬菜质量安全的长期稳定，是搞好蔬菜质量安全工作的重要内容。可追溯系统是促进生产信息透明化，提高农产品卫生安全，增加农产品市场竞争力的重要措施。

（二）无公害蔬菜的发展前景

1.大力发展无公害蔬菜，前景广阔大有可为

首先，我国具有优良的自然条件。丰富的自然资源、适宜的气候、分明的四季、适中的雨量、肥沃的土壤为各类蔬菜的生长发育提供了良好的生态环境条件，成为适宜蔬菜发展的重要产区。经过多年来的发展，我国保护栽培基地已经基本形成，无污染、无公害的越夏菜生产也积累了丰富的经验，为我国无公害蔬菜的发展构筑了重要的资源基础。

其次，我国蔬菜生产具备一定的生产技术，蔬菜生产水平较高。近年来，通过实施科技兴菜战略和"良种产业化工程"，相继引进、推广了一批低毒、低残留或无毒害的生物农药、生物肥料以及无公害生产技术，试验、示范、推广了一批国内外蔬菜优良品种，先后评选出多个国家级、省级等蔬菜名牌，这为我国今后无公害蔬菜的发展奠定了较为坚实的基础。因此，我国蔬菜产业化发展较快。近年来，随着我国各级政府对蔬菜产后服务重视程度的不断提高，各地开始大力组织实施蔬菜产业化工程，取得了较好的成绩。所有这些都有效地提升了我国蔬菜产业的层次，为我国无公害蔬菜的进一步发展打下良好的产业基础。

2.大力发展无公害蔬菜，加速其发展进程

无公害蔬菜虽然拥有广阔的市场前景，但是发展速度缓慢，其主要原因是无公害蔬菜的物流配送难以达到预期效果。由于目前蔬菜物流配送的相关基础设施发展比较落后，蔬菜配送模式比较传统，无公害蔬菜在配送上存在许多问题。构建完善的无公害蔬菜物流配送系统将有利于解决无公害蔬菜配送问题，大大加快无公害蔬菜的发展，有助于保障从生产到销售全流程的安全，极大地激发消费者的消费热情，有利于无公害蔬菜的发展。无公害蔬菜生产前景是非常光明的，未来无公害蔬菜将会是蔬菜消费的主流，将以大比例占据消费

者的蔬菜消费量。

　　基于云平台的无公害蔬菜配送系统主体如下：农户＋蔬菜基地、云平台、配送中心、社区直销店＋电商等。功能定位如下：无公害蔬菜的集货、仓储功能，运转功能，无公害蔬菜的粗、深加工功能，包装功能，配送功能，无公害蔬菜的安全保障功能，无公害蔬菜生产配送的全流程信息实时处理、查询功能（图1-4）。

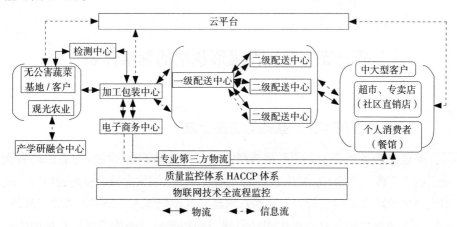

图1-4　云平台的无公害蔬菜配送系统

第二章　无公害蔬菜栽培的环境条件

第一节　无公害蔬菜栽培的标准体系

一、无公害蔬菜生产基地的选择标准

无公害蔬菜生产，必须严格选择产地。在选择的过程中应注意远离有大量工业"三废"的地方，并有良好的灌排条件。土壤重金属含量高的地区，或由土壤水源环境条件引起的人畜地方病高发区不能作为无公害蔬菜生产基地。同时，还应考虑到生产过程中的经济效益原则问题，即蔬菜产量和品质的提高、生产与消费、生产条件与技术之间以及国民经济的发展水平等的关系。

为了使无公害蔬菜的产品达到相应的标准，首先应检测蔬菜基地的环境质量标准。执行的标准均由法定部门认可，如绿色食品标准是由中国绿色食品发展中心颁发的分级标准；有机（天然）食品标准是由国家环境保护局颁发的分级标准；许多省市还有无公害蔬菜的地方分级标准。这些分级标准均参照国际和我国的有关标准制定。下面列出蔬菜生产基地的国家标准。

（一）无公害蔬菜土壤环境质量指标

生产无公害蔬菜的土壤不仅应满足蔬菜生长发育对土壤生态环境的基本要求，还应达到允许生产无公害蔬菜的标准。无公害蔬菜生产基地要求产地土壤元素位于背景值正常区域，周围没有金属或非金属矿山，并且没有农药残留污染，评价采用《土壤环境质量农用地土壤污染风险管控标准（试行）》（GB/15618—2018）中相关要求（表2-1）。同时，要求有较高的土壤肥力，富含有机质，土壤结构良好，活土层深厚，供水、保水、供氧能力强，土壤稳温性好，酸碱度适宜。土壤评价采用该土壤类型背景值的算术平均值加2倍的标准差。主要评价因子包括重金属及类重金属（Hg、Cd、Pb、Cr、As）和有机污染物（六六六、DDT）。

表2-1　农用地土壤污染风险筛选值（基本项目）

（单位：毫克／千克）

序号	污染物项目①②		风险筛选值			
			pH ≤ 5.5	5.5 < pH ≤ 6.5	6.5 < pH ≤ 7.5	pH > 7.5
1	镉	水田	0.3	0.4	0.6	0.8
		其他	0.3	0.3	0.3	0.6
2	汞	水田	0.5	0.5	0.6	1.0
		其他	1.3	1.8	2.4	3.4
3	砷	水田	30	30	25	20
		其他	40	40	30	25
4	铅	水田	80	100	140	240
		其他	70	90	120	170
5	铬	水田	250	250	300	350
		其他	150	150	200	250
6	铜	果园	150	150	200	200
		其他	50	50	100	100
7	镍		60	70	100	190
8	锌		200	200	250	300

注：①重金属和类金属砷均按元素总量计。
　　②对于水旱轮作地，采用其中较严格的风险筛选值。

（二）无公害蔬菜灌溉用水质量标准

根据中国的《农田灌溉水质标准》（GB 5084—2005）所规定的指标（表2-2），灌溉用水可分为3个等级：1级水（污染指数＜0.5）为未污染；2级水（污染指数为0.5～1.0）为尚清洁（标准限量用）；3级水（污染指数＞1.0）为污染（超出警戒水平），只有1、2级水适合于无公害蔬菜生产灌溉之用。农田灌溉水质标准适用于全国地面水、地下水和工业用水、城市污水作灌溉水源的农业用水。无公害蔬菜生产应尽量使用地下水（因为地表水和工业废水的水质很不稳定），并应符合加工用水标准。

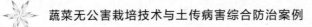

表2-2　无公害蔬菜生产基地灌溉水质量标准（限值）

项目	指标
pH	5.5～8.5
氯化物（毫克/升）	350
氰化物（毫克/升）	0.5
氟化物（毫克/升）	3.0
总汞（毫克/升）	0.001
总铅（毫克/升）	0.2
总砷（毫克/升）	0.05
总镉（毫克/升）	0.01
六价铬（毫克/升）	0.1

（三）无公害蔬菜空气环境质量标准

空气状况主要包括颗粒物、有害气体、有害元素和苯并芘等物质，这些物质可通过气孔进入蔬菜体内，有些成分对蔬菜的生长发育有不良影响，间接地影响到蔬菜产品的品质，而另一类成分则非蔬菜生长发育所必需，它们可以在蔬菜植株体内积累与运输，从而直接地影响着蔬菜产品的品质。符合《中华人民共和国环境空气质量标准》（GB 3095—1996）一、二级标准的环境下所生产的蔬菜产品，才有可能是无公害产品（表2-3）。

表2-3　无公害蔬菜生产基地空气质量标准（限值）

项目	日平均浓度	任何一次实测浓度	单位
总悬浮颗粒物	0.3		
二氧化硫	0.15	0.5	毫克/升（标准状态）
氮氧化物	0.1	0.15	
铅	1.5		微克/升（标准状态）
氟化物	5.0		微克/（米²·天）

除国家级的标准外，各省市区也在执行当地的地方标准。农业环境的污

染物主要包括重金属、有机氯、有机磷以及硝酸盐等。它们在农业生产过程中主要通过水、肥、气携带进入，并污染农田环境，同时会继续对周围环境产生二次污染。因此，无公害蔬菜生产基地的环境除符合上述标准外，还应有一套保证措施，确保在今后的生产过程中环境质量不出现下降。

三、无公害蔬菜生产技术规程

（一）生产技术规范

（1）种子与幼苗。

①选育良种。通过选用抗病虫能力强的蔬菜品种，减少农药使用量；选用抗逆性强、在不良环境条件下容易坐果、坐果率高的品种，减少坐果激素的使用量。

②培育壮苗。用壮苗进行栽培，增强植株抗性。

（2）加强肥水管理，增强植株的生长势，增强抗性。

（3）采用嫁接栽培技术或进行轮作，防治蔬菜土传病害的危害。

（4）控制生态环境。

①创造有利于蔬菜生长发育的环境，保持蔬菜较强的生长势，增强抗性。

②控制环境中的温度、水分、光照等因素，创造不利于病虫害发生和蔓延的条件。

（5）利用有益生物（包括生物制剂）防治病虫害。

（6）合理施肥，重视有机肥，化肥用量要适宜。

（7）用洁净的水灌溉。

（8）合理使用农药、激素等，不使用禁止使用的农药。

（二）施肥技术规范

1.无公害蔬菜生产允许使用的肥料类型和种类

（1）优质有机肥，如充分腐熟的堆肥、沤肥、厩肥、绿肥、沼气肥、作物秸秆、泥肥、饼肥等。

（2）生物菌肥，如腐殖酸类肥料、根瘤菌肥料、固氮菌肥料、磷细菌肥料、硅酸盐细菌肥料、复合微生物肥料等。

（3）无机肥料，如硫酸锌、尿素、过磷酸钙、硫酸钾等既不含氯又不含硝态氮的氮、磷、钾化肥及各地生产的蔬菜专用肥。

（4）微量元素肥料，含铜、铁、锰、锌、硼、钼等微量元素的肥料。

（5）其他肥料，如骨粉、氨基酸残渣、糖厂废料等。

2. 实施测土配方平衡施肥

配方施肥是无公害蔬菜生产的基本施肥技术，具体包括肥料的品种和用量，基肥、追肥比例，追肥次数和时间，以及根据肥料特征采用的施肥方式。

3. 深施、早施肥

深施肥可减少养分挥发，铵态氮施于 6 厘米以下土层；尿素施于 10 厘米以下土层；磷、钾肥及蔬菜专用肥施于 15 厘米以下土层。

早施肥可有效降低产品中硝酸盐的积累量，一般结果期严禁叶面喷施氮肥。

（三）农药使用规范

无公害蔬菜生产的农药使用原则如下。

（1）选择限定的农药品种，严禁使用高毒、高残留农药。

（2）防治农作物的病虫草害，应切实执行"预防为主，综合防治"的方针，积极采用改装有效的非化学手段，尽量减少农药的使用次数和用量。

（3）适时防治。根据蔬菜病虫害的发生规律，在关键时期、关键部位打药，减少用药量。

（4）选择合适药剂类型。应选用对栽培环境无污染或污染小的药剂类型，减少污染和维持较好的生态环境。

（5）合理用药。掌握合理的施药技术，避免无效用药或产生抗药性。

（6）蔬菜产品采收前严禁打药。

（7）使用农药后，施药器械不准在天然水域中清洗，防止污染水源。清洗器械的水不能随便泼洒，应选择安全地点妥善处理，已盛装过农药的器具，严禁用于盛放农产品和其他食品。

（8）施过农药的水田要加强管理，防止农田水流入河流或其他水域污染水源。

（四）采后处理规范

（1）包装。使用符合食品卫生标准的包装材料。

（2）标签、标识。标签、标识应标明产品名称、产地、采摘日期或包装日期、保存期、生产单位或经销单位。经认可的无公害食品蔬菜应在产品或包装上张贴无公害蔬菜标志。

（3）运输。应采用无污染的交通运输工具，不得与其他有毒、有害物品混装、混运。

（4）贮存。贮存场所应清洁卫生，不得与有毒、有害物品混存、混放。

第二节　无公害蔬菜栽培环境选择

一、环境资源的利用

（一）土地资源的利用

各地在蔬菜生产实践中总结出了许多对土地资源利用的经验，多作物、多茬次的复种栽培制度，不同的间、混、套作栽培方式，如菜—菜、菜—粮、菜—药等轮作，既发挥了土地资源的潜力，获得了良好的经济效果，又养育了土地，还减少了病虫害，因此也就减少了农药的使用，有利于无公害蔬菜的生产。四川彭州市、泸州，重庆璧山等地推广了多种形式的稻—菜轮作制，是一种很有发展前景的土地资源利用模式。其主要优点是减轻病虫害的发生和危害，提高地力，提高生产经济效益。

（二）气候资源的利用

在全年自然气候变化的条件下，要得到周年均衡供应市场，利用现代农业设施进行"反季节"栽培。因为不同蔬菜对温度条件的要求不同，有耐寒、半耐寒、喜温、耐热多种类型，这不但投资较高，而且生产技术要求强，要保证高产和优质也有一定的难度，难以达到无公害标准。若利用立体气候进行种植不仅可以获得较好的经济效益，还能取得显著的社会效益和生态效益。以重庆市的武隆仙女山片区为例，海拔高度在 1 200～1 700 米，最高海拔达 2 033 米，包括木根乡、双河乡，现已建成蔬菜基地 333.3 公顷，基地内主要生产糯玉米、青椒、茄子、菜豆、黄瓜、莲花白、大白菜、萝卜和葱蒜类。产地无污染源，病虫害少，是较好的无公害蔬菜生产基地。实践证明，不仅在海拔高的山区，即使海拔 300 米左右的低山地带，只要具有山区小气候特点，都能获得较高产量、少农药污染的蔬菜产品。要开发山区气候资源，应改善交通条件，建立相应的技术体系，方能保证获得良好的栽培效果。

除了海拔差的利用外，纬度差及地区间的气候差，甚至一个地区内的"微气象差"也可利用。

（三）废弃资源的利用

由于利用物种类不同，利用的方式也不同，利用效率也有很大差异。因此，在农业生产系统中，废弃物的利用潜力很大，一般包括一次性利用，如秸

秆还田；二次利用，如将油饼、秸秆等喂养牲畜后利用，效率要高一些；若进一步将粪便通过沼气池发酵后再利用，则形成一个生态系统，效率更高。这种将蔬菜无公害栽培、猪舍及厕所、沼气池集合于一体的庭院生态农业模式是一种高效率的生产模式。

二、无公害蔬菜生产环境的选择

对环境质量进行评价是选择无公害蔬菜生产基地的要求。评价的基本程序：先对环境的基本条件进行考察，采用查、观、访、听等方法了解产区的环境现状及污染控制程度，同时注意外部的环境对产区无公害蔬菜生产的影响；取样交有关部门进行检测；将检测的结果进行分析、整理；选定评价的数量、标准等指标；建立评价模式进行评价；写出环境质量现状结论；划分出环境质量等级；提出保护和改善环境的建议。大气、水体、土壤质量评价标准具体参数（表2-4）。

表2-4 土壤、水体、空气评价标准的具体参数

评价类型	土壤质量	水体质量	空气质量
主要评价参数	1. 重金属及其他有害物质：砷、汞、铅、锡 2. 有机毒物：油酚等 3.pH	1. 感觉指标：味、嗅、色、透明度、pH等 2. 氧平衡参数：溶解氧（DO）、化学耗氧量（COD）、总耗氧量（TOD）、生物耗氧量（BODs）等 3. 毒物参数：酚、氰化物、砷、汞、铅、有机氯等 4. 流行病参数：大肠杆菌等细菌 5. 其他：氯化物、氧化物等	1. 颗粒状：总悬浮物、飘尘等 2. 有害气体：二氧化硫、氮氧化合物、氟化物、一氧化碳等 3. 有害元素：汞、铅等 4. 有机物：苯并芘等
常用参数	一般常用8项，即六六六、滴滴涕、油酚、汞、铅、锡、铬、pH	一般选用10～15项，如DO、COD、TOD、BODs、酚、氰化物、砷、汞、铅、铬、有机氯、细菌密度等	一般选用二氧化硫、氮氧化合物、氟化物等

在评价中经常使用以下指标：

$$L_i = C_i / L_{ij}$$

式中：L_i——污染指数；

C_i——污染物的测定值；

L_{ij}——污染物的评价值。

$$综合污染指数\ P_{ij} = \sqrt{\left[\left(L_i\right)av^2 + \left(L_i\right)_{max}^2\right]/2}$$

当 $L_i > 1.0$ 时需要进行修正：

修正值 $=1.0+5l\left(L_i\right)$

综合污染指数法用于水质综合评价时，污染指数在 0.5 以下为 1 级水源，0.5～1.0 为 2 级水源，超过 1.0 时为 3 级，其水质超出警戒水平；用于土壤评价时，污染指数在 0.7 以下为 1 级，0.7～1.0 为 2 级，1～2 为 3 级，2～3 为 4 级，大于 3 为 5 级。3 级和 3 级以上的土壤有一定程度的污染，不能用于无公害蔬菜生产。

大气的综合污染指数由以下公式求得：

$$I = \sqrt{\left[\left(L_i\right)_{max} \cdot \sum\left(L_i\right)\right]/n}$$

污染指数小于 0.6 为 1 级，0.6～1.0 为 2 级，1.0～1.9 为 3 级，1.9～2.8 为 4 级，大于 2.8 为 5 级。3 级和 3 级以上的大气环境质量不能用于无公害蔬菜生产。

三、无公害蔬菜生产基地重金属污染的调控

重金属污染土壤后，一般不能被分解消除，因此农业环境一旦遭到重金属污染，恢复到无污染的程度和彻底治理就比较困难。这也是为什么无公害蔬菜栽培对土壤和水源的要求很严格的原因。

（一）采用低富集轮作法

人们可以利用不同的植物种类对污染物吸收差异的特性来安排蔬菜轮作茬口，使具有一定污染程度的土壤能生产出达到或接近食品卫生标准的蔬菜产品，降低重金属进入食物链的量，如上海市农业科学院在宝山区对以镉为主的重金属污染菜地（含镉 1～6 毫克／千克）的试验安排，先将土壤镉含量分为轻污染、中污染和重污染 3 个区域，同时把蔬菜对镉的富集量也分为低富集类（富集系数 < 1.5%）、中富集类（1.5% ≤富集系数 < 4.5%）、高富集类（富集系数 ≥ 4.5%）3 种类型。在轻污染区配置以中、低富集类蔬菜为主；中污染区配置以低富集类蔬菜为主，少量搭配中富集类蔬菜（如葱等）；重污染区配置低富集类蔬菜。从试验结果来看，3 种类型污染土壤应用低富集轮作法比习惯的栽培方式降低了蔬菜中镉残留量 50%～80%，两年的产量和产值增加近 20%。

（二）进行土壤重金属含量测定

无公害蔬菜生产中，应对菜区土壤、水质进行重金属含量测定，对于能够造成蔬菜产品污染的地区应改作别用，如植树造林或种植其他非食用的作物，并划分为不同含量的区域，在无污染区或轻污染区进行蔬菜的种植。

（三）采用客土法改良

农业工程客土法可以从根本上断绝植物生长的污染基质，在无外来污染源侵入的前提下，保证蔬菜的正常生长和残留不超标，达到无公害蔬菜栽培目的。我国农业工程尚在探索客土法，此法在日本污染地区应用很广，也取得了一定的效果，但耗资多、工程量大。上海市对已受镉污染的菜地（土壤含镉量为 1～6 毫克／千克）分别作 10 厘米、20 厘米、30 厘米 3 种土层客土处理，栽种瓢儿菜。结果表明：采用金属含量低的土换土后，土壤和蔬菜产品中的重金属含量均明显降低。不同深度客土处理的瓢儿菜中，镉残留量比对照分别下降 61.5%、72.3% 和 80.7%。

（四）施用土壤添加改良剂

中国科学院林业土壤研究所在沈阳张士灌区做了用土壤添加改良剂对重金属污染的土壤进行改良的试验研究，观测用胡敏酸、石灰、钙镁磷肥等土壤改良处理后的重金属形态的变化状况，发现施用适量石灰加钙镁磷肥后，土壤交换态镉减少率最大（77.5%），石灰加胡敏酸次之（69%），单施石灰又次之（30%）。土壤中重金属元素的形态是可逆的，如固定态的镉随着酸性物的侵染，又能被活化为交换态，因此对重金属污染土壤最彻底的改良方法是铲除其表土。

（五）控制灌溉水的质量

无公害蔬菜栽培必须严格控制灌溉水中重金属元素的含量，一方面对一些地区水资源进行严格检测，若重金属含量超标不能直接使用，应尽可能利用地下深层的水；另一方面不能直接引用未经处理的工业废水和城市污水灌溉田土。在进行无公害蔬菜栽培中对现有的不同水源应根据情况进行一些水质改良，若利用地表、江河、湖泊水，应做必要的水质处理，目的是杀菌。低廉的杀菌方法是用漂白粉等氧化剂灭菌；水中的金属离子和酸根离子应采用离子吸附剂吸附或进行离子交换树脂的层析过滤方法。

第三节　无公害蔬菜茬口安排

一、无公害蔬菜栽培制度内容

蔬菜栽培制度是指在一定时间、一定面积的土地上对蔬菜进行合理安排的制度，包括轮作和连作、间作和套作、混作及多次作等种植制度。安排蔬菜栽培的次序并配合以合理的施肥、灌溉制度，土壤耕作与休闲制度，即通常所说的"茬口安排"。蔬菜栽培制度充分体现了我国农业精耕细作的优良传统，其优点在于广泛采用间作、套作，复种次数增加，日光能和土壤肥力利用率提高；重视轮作、倒茬、冻地、晒垡等制度来减轻病虫危害，恢复与提高土壤肥力。

（一）轮作的概念及方法

在一定土地范围内按计划逐年按一定顺序轮换栽培不同种类的蔬菜称为轮作。蔬菜间为了减轻病虫侵害、保持土壤养分平衡、改善土壤结构、抑制杂草等必须合理轮作。例如，西瓜和花椰菜的轮作能够减轻病虫侵害，保持土壤养分平衡；菜豆和大白菜的轮作有利于土壤肥力调节、恢复与利用，促进土壤结构改善；洋葱和大白菜的轮作有利于促进土壤结构改善和抑制杂草等。

1.轮作的原则

（1）根系深浅不同，互相轮作吸收土壤营养不同。叶菜类吸收氮肥较多，根茎类吸收钾肥较多，果菜类吸收磷肥较多，可轮流栽培。深根性的根菜类、茄果类应与浅根性的叶菜类、葱蒜类轮作。

（2）避免将同科蔬菜连作，互不传染病虫害。每年调换种植性质不同的蔬菜，可使病虫害失去寄主或改变生活条件，达到减轻或消灭病虫害的目的。粮菜轮作对控制土壤传染性病害是行之有效的措施。

（3）与豆科、禾本科蔬菜轮作，改良土壤团粒结构。

（4）注意不同蔬菜对土壤酸碱度的要求。例如，种植甘蓝、马铃薯后能增加土壤酸度，而种植玉米、南瓜后，能降低土壤酸度，故对土壤酸度敏感的洋葱等作为玉米、南瓜后作可获较高产量，作为甘蓝的后作则减产。豆类的根瘤菌给土壤遗留较多的有机酸，连作常导致减产。

（5）考虑前茬作物对杂草的抑制作用。前后作物配置时，注意前作对杂草的抑制作用，为后作创造有利的生产条件。一般胡萝卜、芹菜等生长缓慢，抑制杂草的作用较弱，葱蒜类、根菜类也易遭杂草危害，而南瓜、冬瓜、甘蓝、马铃薯等抑制杂草的能力较强。

2.无公害蔬菜轮作的年限

无公害蔬菜轮作的年限依据蔬菜种类、病虫害种类及其危害程度、环境条件等不同而异。一般白菜、芹菜、甘蓝、花椰菜、葱蒜类、慈姑等在没有严重发病的地块上可以连作几茬，且需增施有机肥；需2～3年轮作的有黄瓜、辣椒、马铃薯、山药、生姜等；需3～4年轮作的有白菜、番茄、茄子、甜瓜、豌豆、芋、茭白等；需6～7年以上轮作的有西瓜等。总体来说，禾本科蔬菜耐连作；十字花科、百合科、伞形花科蔬菜也较耐连作，但以轮作为佳；茄科、葫芦科（南瓜除外）、豆科、菊科蔬菜不耐连作。

（二）间作的概念和方法

间作是将两种或两种以上不同的蔬菜隔畦或隔行同时种植在同一地块上。间作时应考虑"深浅搭配、高矮搭配、尖圆搭配"的原则。例如，架黄瓜间作甘蓝是利用两种蔬菜间的株高不同进行的间作搭配，黄瓜间作小白菜的搭配符合蔬菜间套作中"阴阳搭配"的原则，毛豆间作玉米可充分利用土壤中的养分，等等。

二、无公害蔬菜园田规划的依据

（一）社会经济条件

建园前必须考虑蔬菜商品的特殊性、生产的季节性和消费的经常性，进行周密调查研究，特别要考虑拟建菜园的市场销售对象、范围，当地人们的消费习惯，不同季节消费的主要蔬菜品种、种类、数量等，以便确定自己的生产规模、种植品种、上市时间等；商品菜田从一开始就朝着专业化、商品化和现代化的方向发展；产品的销售渠道问题；建菜园前还要做好市场需求预测工作。

（二）建园单位的生产条件

1.人口劳力状况

无公害蔬菜生产属于劳动密集型产业，一定要了解人口劳力状况，一般常规管理时1个劳动力可以管理2栋日光温室或2亩菜田生产，定植或整地1栋温室需要5～7个人一天完成；上棚膜、保温被时需要10人以上协同完成。

2.经济状况

无公害蔬菜采用抗病品种和大量物理防治病虫草害方法，一次性投入较大，需要生产企业经济状况良好，如进口蔬菜种子每粒价格高达0.5元，每亩（1亩＝666.7平方米）地需要2 000粒种子。

3.农业生产及技术状况

每百亩地需要一名农业技术员。

4.基础设施条件

大棚、日光温室数量和配套设施合理，保证周年供应需求。

（三）自然条件

（1）地形地貌：地势平坦。

（2）农业气象条件：冬春无大风天气。

（3）土壤条件：团粒结构的土壤最适于蔬菜的正常生长，以壤土、沙壤土为最好。土壤pH在6.5～7.5之间最为适宜。

（4）水源条件：地下水位以距地表1～2米为宜。

（5）肥源：有机肥源充足，能够满足每年每亩最低2吨有机肥的用量。另外，还要注意远离有污染的地区。

三、蔬菜栽培季节和茬口安排

（一）蔬菜的栽培季节和排开播种

蔬菜的栽培季节是指该作物由种子直播或幼苗定植到产品收获完毕所经过的时期。育苗移栽蔬菜苗期不计入栽培季节。蔬菜栽培季节是由蔬菜的生物学特性、自然和经济生产条件等许多因素决定的。露地栽培中气候条件是主要的决定因素，这势必造成产品成熟上市过于集中的现象，生产上常采取设施栽培以延长供应期，达到均衡供应。

排开播种是把同一种蔬菜的不同品种，根据它们的早熟、中熟、晚熟、耐寒、抗热等特性或同一品种采用多种栽培形式，在一年内提前或延后，中间排开，多次播种，多次栽培，分期收获，使产品分期分批供应市场。排开播种主要有以下几种形式：提前栽培、中间排开、分期播种、排开上市（如快熟的小萝卜和小白菜分期种植）、延后栽培、设施反季节栽培等。

（二）无公害蔬菜露地茬口类型

蔬菜栽培的土地茬口是指在同一园地一年可以生产的茬次。一年三种三收（熟）、一年一茬等均是露地生产的茬次，指的是蔬菜栽培的土地茬口。蔬菜生产的季节茬口是指在时间上全年栽培的茬口。季节茬口主要分越冬茬、春茬、夏茬和秋茬，如华北露地蔬菜栽培常用茬口有春茬、秋茬和夏茬。露地栽培菠菜常用茬口是越冬茬、春茬和秋茬；果菜类蔬菜露地栽培常用茬口是春茬和夏茬；结球甘蓝露地栽培常用茬口是春茬和秋茬。

1. 早春茬

利用风障等保护设施，在早春播种小白菜、小萝卜、菠菜、茼蒿等耐寒性较强的速生性菜类，其生长期短，经济效益较好。

2. 春茬

一般于早春播种或育苗，春季定植，春末或夏初收获，是全年露地生产的主要茬口。适合春茬种植的蔬菜种类比较多，耐寒或半耐寒蔬菜一般于土壤解冻后在露地直播，喜温性果菜类则需在设施内育苗，于终霜后定植于露地。这茬菜是华北春菜主菜，面积大，品种多，供应时间长。较耐寒的绿叶菜可于3～4月份直播，耐寒且适应性广的葱蒜类、莴苣类（如莴笋）、甘蓝类蔬菜于3月土壤解冻即可直播或栽苗于露地。瓜类、茄果类、豆类等喜温性蔬菜则于断霜后定植于露地（包括地膜覆盖）。各种春播蔬菜于5～7月份收获上市，主要有甘蓝、菜花、莴笋、黄瓜、冬瓜、西葫芦、茄子、大椒、番茄、芸架豆、葱头、大蒜、土豆、豇豆等。

春茬蔬菜还包括一些较耐热且具较长生长期的晚熟茄子、甜椒、苦瓜、丝瓜、落葵等蔬菜，于春季较晚定植或直播于露地，夏季开始采收，直至早霜来临前拉秧，故亦称恋秋菜。

3. 夏茬

一般春末至夏初播种或定植，以解决8～9月份淡季供应为主，主要的种类有黄瓜、豇豆、菜豆、冬瓜、茄子、辣椒等，选用的大多是耐热性较强的种类和品种。

4. 秋茬

以喜冷凉或较耐寒的白菜类、根菜类、甘蓝类及油菜、芹菜、菠菜等部分绿叶菜为主，于8～9月份直播于露地（也可育苗移栽），10～11月收获上市。这茬菜在华北地区是重要茬口，特别是大白菜，播种面积较大，其中早熟白菜自9月下旬即可上市，晚熟白菜11月收后窖藏，可陆续供应到翌年4月。

5. 越冬茬

在晚秋或上冻前播种，以种子或一定大小幼苗越冬，翌年早春返青，供应市场，主要种类有菠菜、葱、韭菜等。越冬茬投入较少，成本较低，经济效益较好，但要根据当地的气候条件等因素选择适宜的种类和品种，确定适宜的播种期。

（三）温室茬口类型

季节茬口通常分为冬春茬、秋冬茬和深冬茬（越冬茬），土地茬口分为多茬周年生产、两茬生产和一茬生产。例如，番茄常采用冬春茬和秋冬茬进行生产。

1.冬春茬栽培

冬春茬是日光温室栽培难度最大、经济效益最高的茬口。一般于"十一"前后播种或定植，入冬后开始收获，翌年春结束生产。主要栽培喜温性果菜类，对于一些保温条件较差的温室，也可进行韭菜、芹菜等耐寒性较强的蔬菜的冬春茬栽培。

2.春早熟栽培

春早熟栽培是日光温室和塑料大棚的主要栽培茬口，以栽培喜温性果菜类为主。前期均利用温室育苗，保温性能较好的日光温室可于2～3月定植，塑料大棚可于3～4月定植，产品始收期可比露地提早30～60天。

3.越夏栽培

利用温室大棚骨架覆盖遮阳网或防虫网，栽培一些夏季露地栽培难度较大的果菜类或喜冷凉的叶菜类（白菜、菠菜等），于春末夏初播种或定植，7～8月收获上市。

4.秋延后栽培

秋延后栽培是塑料大棚的主要栽培茬口。一般于7～8月播种或定植，生产番茄、黄瓜、菜豆等喜温性果菜类蔬菜，供应早霜后的市场，也有相当一部分叶菜延后生产。

5.秋冬茬栽培

秋冬茬是日光温室生产的主要茬口之一，一般于8月前后播种或育苗，9月定植，10月开始收获直到春节前后。秋冬茬以栽培喜温性果菜类为主，前期高温强光，植株易旺长，后期低温日照，植株易早衰，栽培难度较大。

利用温室生产蔬菜，主要是在寒冷季节生产果菜类、叶菜类，以弥补冬季市场蔬菜的空缺。北京地区主要进行秋冬季和冬春季两茬生产，即上茬生产黄瓜、番茄，下茬也生产黄瓜、番茄，但在品种上则交叉安排，避免重茬，也有上下茬都生产黄瓜的，以及长季节生产甜椒（彩椒）的。但由于保温结构较差，北方地区秋冬季生产时，采收季节一般因低温影响只能到12月初，如果要延长采收期，一定要采用双层覆盖或采用加温措施。

（四）大棚茬口类型

常用茬口类型有春季早熟生产和秋季延后生产，如菜类蔬菜中的番茄采用大棚进行春早熟和秋延后生产。

第四节　无公害蔬菜栽培设施

一、塑料棚设施

（一）塑料棚的类型

1. 小棚

小棚的高度一般在 1.5 米以下，宽 1～3 米，长度一般在 10 米以上。小棚建造容易，成本较低，增温的效果并不比大棚差，只不过空间小，常用于园艺作物的育苗、提早定植或矮小植株的作物栽培。

小棚的结构简单，取材方便，容易建造，造价较低，在生产中应用的形式多种多样，可因地制宜，灵活设计，并可以与大棚、温室等大型设施结合使用。

2. 中棚

中棚也叫中拱棚，一般跨度为 3～6 米。在跨度 6 米时，以高度 2～2.3 米、肩高 1.1～1.5 米为宜。在跨度 4.5 米时，以高度 1.7～1.8 米、肩高 1.0 米为宜；在跨度 3 米时，以高度 1.5 米、肩高 0.8 米为宜；长度根据需要及地块长度确定。另外，根据中棚跨度的大小和拱架材料的强度来确定是否设立柱。用竹木或钢筋作为骨架时，需设立柱；而用钢管作为拱架时则不需设立柱。

中棚由于高度和跨度都比大棚小，可以加盖防寒覆盖物，这样就可以使其保温能力优于大棚。中棚除了进行园艺作物的早熟、延后栽培外，还广泛地用于防虫网栽培和在杂交育种中用于机械隔离。

3. 大棚

（1）竹木结构大棚。这种大棚的跨度为 8～12 米，高度多为 2～2.5 米，长 40～60 米，每栋生产面积 333～667 平方米。由立柱、拱杆、拉杆、棚膜、压杆（压线）和地锚等构成。

竹木结构的大棚立柱较多，使大棚内遮阴面积大，作业也不方便，因此可采用"悬梁吊柱"形式（图2-1），即将纵向立柱减少，用固定在拉杆上的小悬柱代替。小悬柱的高度约为20厘米，在拉杆上的间距与拱杆的间距相等，一般可使立柱减少2/3，大大减少了立柱的遮光，增加了大棚内的光照，同时便于作业。

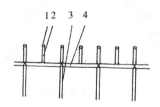

图2-1 "悬梁吊柱"示意图

1—与拱杆连接的位置；2—吊柱；3—立柱；4—拉杆压杆

（2）钢架结构大棚。大棚的骨架是用钢筋或钢管焊接而成，其特点是坚固耐用，中间无立柱或少立柱。通常大棚宽10～12米，高多为2.5～3米，长50～60米，单栋面积多为667平方米左右。这种大棚空间大，便于作业，遮光少，有利于植物生长。

钢架结构大棚因骨架结构的不同可分为单梁拱架、双梁平面拱架（图2-2）、三角形拱架（图2-3）。这类大棚空间大，透光性好，在棚内作业方便，使用寿命也长。

钢架大棚在使用过程中需要注意维修和保养。每隔2～3年应涂漆防锈，以增强耐锈蚀能力。

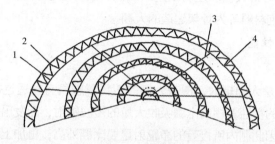

图2-2 双梁平面拱架

1—与拱杆连接的位置；2—吊柱；3—纵拉杆；4—拉杆

摇式卷膜器取代人工扒缝放风。

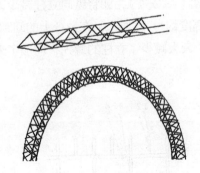

图 2-3 三角形钢拱架

（3）镀锌钢管装配式大棚。20 世纪 80 年代以来，我国一些单位研制出了定型设计的装配式管架大棚，这类大棚多是采用热浸镀锌的薄壁钢管为骨架建造而成，拉杆、拱杆和棚门的材料都相同，无立柱。这种大棚拉杆密，多的不足 1.5 米就有一道，用专门的连接部件把拉杆与拱杆紧紧定在一起，使整个大棚的骨架浑然一体，增强了抗压能力。

这类大棚在扣棚时，用专用的塑料压膜线以及卡槽、蛇形钢丝弹簧等固定棚膜。由于拉杆与拱架几乎在同一个面上，为了不磨坏棚膜，不能用普通压杆、铁丝等来代替专用压线。不用设地锚，有专门固定压线的位置，有的还有紧线装置。

（4）混合结构大棚。这种结构的大棚与竹木结构的大棚基本相同，只是有的部分采用其他材料代替，如有用钢材代替立柱、拉杆等部分的钢木结构大棚，用混凝土立柱的混合结构大棚，等等。主要是就地取材，降低成本。一般这种大棚的强度要比竹木结构的大棚高，但又不及钢架大棚。

（5）其他新型材料大棚。还有采用玻璃钢、玻纤增强聚氨酯、菱镁复合材料、无机复合发泡材料等为骨架建造的大棚。

（二）大棚的性能

1. 大棚内的温度

大棚内的热源是太阳辐射，覆盖大棚的塑料薄膜具有易透过短波辐射而不易透过长波辐射的特性，棚内土壤吸收大量的短波辐射，而发出的长波辐射被棚膜反射回来，因此棚内所接受的净辐射量要比棚外高，再加上大棚是一个相对比较密闭的系统，大棚内的空气很少与棚外的空气发生热交换，因此晴天棚内温度迅速上升，由于大棚的保温作用，夜间温度也高于棚外。当然，这种增温作用在不同的季节是不同的，受天气变化的影响也很大。

大棚的增温能力体现在早春低温时期，通常棚温只比露地高3～6℃；阴天时的增温值仅2℃左右；一般增温值为8～10℃；外界气温高时增温值可达20℃以上。

（1）棚内气温的日变化。大棚内气温的日变化规律与外界基本相同，即白天气温高，夜间气温低。每天日出后1～2小时内棚内温度迅速升高，7～10时气温回升最快，在通风的情况下平均每小时升温5～8℃。每天的最高温度出现在12～13时，比露地出现高温的时间要早。15时前后棚温开始下降，平均每小时下降5℃左右。夜间气温下降缓慢，平均每小时降温1℃左右。到黎明前气温降至最低。

（2）地温。大棚内的地温虽然也存在着明显的日变化和季节变化，但与气温相比，地温比较稳定，而且地温的变化滞后于气温。从地温的日变化看，晴天上午太阳出来后，地表温度迅速升高，14时左右达到最高值，15时后温度开始下降。随着土层深度的增加，日最高地温出现的时间逐渐延后，一般距地表5厘米深处的日最高气温出现在15时左右，距地表10厘米深处的日最高地温出现在17时左右，距地表20厘米深处的日最高地温出现在18时左右，距地表20厘米以下深层土壤温度的日变化很小。阴天大棚内地温的日变化较小，且日最高温度出现的时间较早。从地温的分布看，大棚周边的地温低于中部的地温，而且地表的温度变化是四周温度变化大于地中。

2. 大棚内的光照

大棚内的光照强度与薄膜的透光率、太阳高度、天气状况、大棚方位及大棚结构等有关，大棚内的光照也存在着季节变化和光照不均现象。

棚内光照存在着垂直变化和水平变化。从垂直方向看，越接近地面，光照强度越弱；越接近棚膜，光照强度越强。从水平方向上看，南北延长的大棚在同一高度观测，大棚两侧靠近侧壁处的光照较强，大棚的中部光照较弱；上午东侧光照较强，西侧光照较弱，午后则相反。

3. 大棚内的湿度

一般大棚内空气的绝对湿度和相对湿度均显著高于露地，这是塑料薄膜大棚的重要特性。通常大棚内的空气绝对湿度随着棚内温度的升高而增加，随着温度的降低而减小；而相对湿度则随着棚内温度的降低而升高，随着温度的升高而降低。

（三）塑料棚的应用

1.小棚的应用

（1）早春育苗。在高寒地区，露地栽培的蔬菜可以用温室播种，用小棚做移苗床，进行早春育苗，使用时需加盖草苫。在较温暖的地区，可以直接用来播种育苗。

（2）栽培耐寒蔬菜。耐寒的蔬菜可以利用小棚进行春季提早、秋季延后栽培。温暖的地区还可以进行越冬栽培。

（3）露地蔬菜提早定植。与露地定植时间相比，可以使定植期提早15～20天，待露地温度适宜后，可以将小棚去掉。主要栽培作物有甘蓝、花椰菜、芹菜、番茄、青椒、茄子、甜瓜、西瓜、西葫芦等。

（4）多层铺盖。在温室、大棚内可以再扣小棚，一般用竹片做成拱架，3～4垄宽，夜间覆盖，白天打开，可以减少散热，增强保温能力。在早春大棚栽培中，增加一层小棚可以比单层大棚提前15～20天定植。

（5）一膜多用技术。先在温室中临时扣小棚，通过增加覆盖来提前定植时间，然后在大棚中使用，最后再用于露地的早熟栽培。这样就提高了小棚的利用率，降低了生产成本。

2.塑料大棚的应用

在我国北方地区，塑料大棚主要用于喜温性蔬菜的春季早熟栽培和秋季延后栽培。早熟栽培果菜类蔬菜一般可比露地提早上市20～40天，秋延后栽培则一般使果菜类蔬菜采收期延后20～30天。耐寒性蔬菜在许多地区可在棚内越冬，而高寒地区的冬季只能闲置。在南方则可以周年生产。此外，在北方也常用于早春果菜类蔬菜的育苗。

二、温室设施

（一）温室的类型

（1）按温室类型的演化和发展顺序，温室大体可分为以下几种类型。

①原始型：有土洞子、暖洞子、火室、暖窖子。

②土温室型：一面坡土温室。

③改良型：有北京改良式、鞍山式、哈尔滨改良式、天津三折式。

④发展型：节能日光温室。

⑤现代型：大型连栋全日光温室。

（2）按照温室透明屋面的类型分类，可将温室分为单屋面温室、双屋面温室、拱圆屋面温室、连接屋面温室、不规则屋面温室等。其中，单屋面温室又分为一面坡温室、立窗式温室、二折式温室、三折式温室和半拱圆形温室；双屋面温室又分为等屋面温室、不等屋面温室（3/4温室、马鞍形屋面温室）和拱圆屋面温室；连接屋面温室又分为等屋面连栋温室、不等屋面连栋温室和拱圆屋面连栋温室；不规则屋面温室可以是多角形的，可分为三角形屋面温室、四角形屋面温室和五角形屋面温室等。

（二）连栋温室

连栋温室主体单元为双屋面玻璃温室或拱圆顶温室，两个以上相同类型、同一规格的双屋面玻璃温室或拱圆顶温室连接而构成连栋型温室。温室骨架材料多为一定断面的型钢、钢管材料、耐锈热镀锌钢材及抗腐蚀铝合金材料等。

连栋温室一般采用南北走向，光照分布均匀，室内温度变化平缓。与单栋相比，单位建筑面积建设成本低，抗风雪能力强，土地利用率高。因侧壁少，温室散热面积小，能耗少。同时，由于室内宽敞，便于机械操作和自动化管理。

一般连栋温室的各种设备都很齐全，如通风换气装置、加温设备、降温设备、双重覆盖保温装置、补光装置、二氧化碳施用装置等。

（三）单屋面温室

单屋面温室是温室中数量最多的一种，在园艺栽培中最为常用。单屋面温室主要由墙体、前屋面（透明屋面）、后屋面（也叫后阴坡或不透明屋面）、保温覆盖物及加温设备等组成，高寒地区多数还在温室墙体的四周设置防寒沟。

1.加温温室

（1）北京改良式温室型。它是20世纪50～70年代我国北方地区广泛应用的一种土木结构的中小型温室。这种温室的后屋面为倾斜的不透明保温屋顶，前屋面上部为天窗，下部为地窗，为两种不同倾斜角度的玻璃透明屋面，因其形成两个折面式屋面，故称二折式温室（图2-4）。跨度5～6米，中柱高1.6～2米，长12～48米，3～3.3米为一间，每间温室栽培床的面积为12～19平方米，一般为15平方米。这种温室多为火炉烟道加温，也有少量采用暖气加温。烟道加温时将其设在北墙内侧，每四间设一个炉灶，为一条龙式炉灶。烟道与栽培床之间留有一条作业道，宽80厘米，深50厘米。天窗长2.3米左右，与水平面的夹角为15°～22°；地窗长1.2～1.6米，与水平面成角35°～40°；每间温室在天窗和地窗上各设一个通风窗，交错排列。

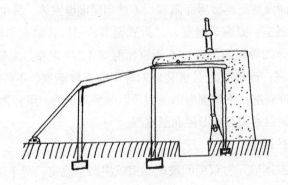

图2-4　北京改良式温室型结构示意图（单位：米）

这种温室的特点是能充分利用冬春季的不同太阳高度时的日光透射量，保温和受光条件较好，作业方便，适于冬春季果菜类蔬菜的栽培、盆花等花卉越冬以及切花生产，也可进行春季育苗。但因受加温设备的限制，室内局部温差较大，室温不易调节，不能再扩大温室空间和栽培面积，否则地窗冻冰，影响作物生长。

此类温室的骨架材料可用木材，也可用钢材。如果用钢架，室内可不设立柱，由于室内前坡适当加长使室内采光条件有所改进，北屋面相对降低，加厚北墙，因此防寒保温效果较好，如果要用暖气或热风加温来代替炉灶、火龙式加温，效果更好，作业也更加方便。

（2）天津三折式温室。这类温室以天津无柱式温室为代表。这种温室一般内部无立柱，其玻璃屋面是用丁字钢或角钢及圆钢焊接成桁架，桁架的宽度为15～20厘米，中间用腹杆焊成W形，然后将桁架连接成3个不同角度的折面，上面覆盖玻璃窗，故称三折式温室（图2-5）。其中顶天窗长2.5～3.5米，角度约10°；腰窗长2.7～3.9米，角度20°～24°；地窗长1.0米左右，角度40°左右。后屋面宽为1.35～1.50米，这类温室的高度和跨度都较大，并且后墙和山墙是夹皮墙，其中填充保温材料。北屋面为预制件构成，其上又添加一层灰、土混合物，以利防寒保温。这种温室与二折式温室比较，具有空间高、跨度大、栽培面积加大、土地利用率高、便于操作的特点。玻璃面由三个不同角度组成，因此适合季节性的变化，室内采光好，光能利用率高，后墙和屋顶防寒保温好，室内温度容易提高且稳定，局部温差较小，可保持适温，节约燃料。

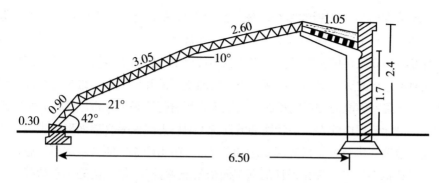

图2-5　三折式加温温室结构示意图（单位：米）

但是这类温室造价较高，温室前檐高度不宜超过3米，否则空间加大，增加热量，室温不易保持，不适宜在高寒地区使用。因为在高寒地区，外界温度太低，散热量大，消耗燃料太多。

2.节能日光温室

（1）鞍Ⅱ型节能日光温室。鞍Ⅱ型节能日光温室是由鞍山市园艺研究所设计的一种无立柱圆拱结构的节能日光温室（图2-6）。该温室前屋面骨架为钢结构，无立柱，为砖结构空心墙体，或是内衬珍珠岩（或干炉渣）组成的复合墙体，后屋面是钢架结构上铺木板，或草垫、苇席、旧薄膜等，用稻草、芦苇及草泥等为防寒保温材料，再抹厚2厘米左右的泥，总厚度40～50厘米。该温室采光、增温和保温性能良好，空间较大，利于蔬菜生长。

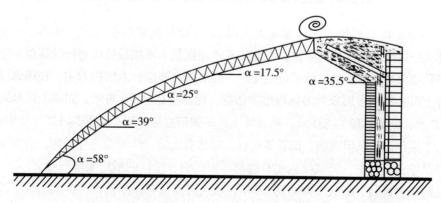

图2-6　鞍Ⅱ型节能日光温室结构示意图（单位：米）

（2）辽沈Ⅰ型节能日光温室。这种温室在结构上有如下特点：跨度7.5米，脊高3.5米，后屋面仰角30.5°。后墙高度为2.5米，后阴坡水平投影长度为1.5

米，墙体为砖与聚苯板的复合墙体，后屋面也采用聚苯板等复合材料为保温层，拱架材料采用镀锌钢管（图2-7）。该温室由沈阳农业大学、沈阳农业科技开发院等6家单位共同承担。主要应用现代工业技术对我国自主知识产权的日光温室进行改进、提高、创新。重点在温室剖面几何参数、维护结构优化设计、日光温室环境监控系统和保温系统等方面进行了研究。推出了日光温室结构优化设计等程序软件，设计建造的辽沈Ⅰ型日光温室采光屋面形状优良，使进光量较第一代节能型日光温室增加了7%。在北纬42°地区基本不加温就可进行果菜越冬生产。优化设计的钢平面桁架能承受30年一遇的风雪荷载，用钢量比同类产品低20吨，耐久年限可达20年，单栋造价低于6万元，新材料利用率达30%，并研制出卷帘机、保温被等日光温室配套设施，显著提高了环境调控能力，减轻了劳动强度。

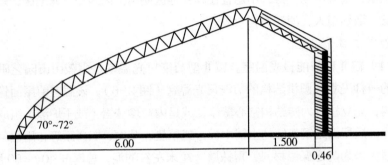

图2-7　辽沈Ⅰ型节能日光温室结构示意图（单位：米）

（3）43型温室。该温室是大庆市1996年从内蒙古引进的一种适应于北纬43°以北地区种植的温室。在北纬43°地区基本不加温就可进行叶菜越冬生产和果菜类春季早熟、秋季延后生产。原结构主要以竹木结构为主，在墙体设计上以冬季冻土层厚为墙体厚度的依据，比冻土层厚20厘米，如冻土层厚为1.8米，则墙体厚为2.0米。后墙堆土，多数带立柱，后屋面长为1.7～2米。近年来也逐步采用钢筋、钢管等材料，墙体有土墙、砖墙等几种结构。前屋面多以单斜面为主，新式结构也有抛物形屋面的，设计的屋桁架能承受20年一遇的风雪荷载，耐久年限可达15年。该类温室具有保温性优良、增温效果良好的特点，适合北方高寒地区应用。

（四）双屋面温室

这种温室多南北延伸，在温室的东西两侧，按照两坡相同的斜面安装玻璃，从日出到日落都能受到光照，因此又称为全日照温室。但这种温室保温性较差，需要有良好的采暖设备。一般多采用永久性的结构，适于修建大面积的温室。又因双屋面温室受光均匀，能够充分调节室内环境，适合植物的生长和发育，因此适宜各种蔬菜的栽培。

三、阳畦设施

（一）阳畦的基本结构

阳畦由风障、畦框、透明覆盖物（玻璃、塑料薄膜）、保温覆盖物（草苫、蒲席）等组成。改良阳畦是在普通阳畦的基础上，将北侧畦框加高、加厚，增加采光面的角度，以便于采光和保温。

1. 风障

其结构与完全风障畦基本相同，分为直立风障（用于槽子畦）和倾斜风障（用于抢阳畦）两种（图 2-8）。

多用土做成，上窄下宽呈梯形，分为南北框及东西两侧框。其尺寸规格根据阳畦类型的不同而有所区别。

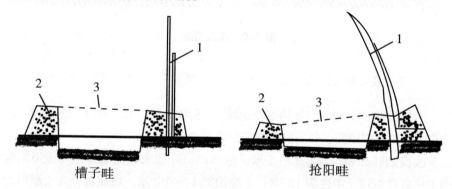

槽子畦 抢阳畦

图 2-8 阳畦的构造

1—风障；2—畦框；3—玻璃

2. 透明覆盖物

畦面可以加盖玻璃窗或薄膜等透明材料。玻璃窗的长度与畦的宽度相等，窗的宽度 60 ～ 100 厘米，框多为木质，做法与房屋的窗扇相同。但近年来多在畦面上用竹竿等做支架，然后覆盖上塑料薄膜，称为"薄膜阳畦"。

3. 保温覆盖物

多用蒲席、草苫子覆盖。材料可以用蒲草、旱生芦苇、稻草等。厚约 5 厘米，宽约 1.2 米。

（二）阳畦的类型

1. 普通阳畦

普通阳畦主要指的是前面介绍的抢阳畦和槽子畦两种。

2. 改良阳畦

改良阳畦又名小洞子、小暖窖、立壕子（图 2–9），是在阳畦的基础上加以改良而成。主要把阳畦框增高，改为土墙，玻璃窗斜立，成为屋面，增加了棚顶及柁、檩、柱等棚架，因而加大了作物的生长空间，提高了防寒保温效果。

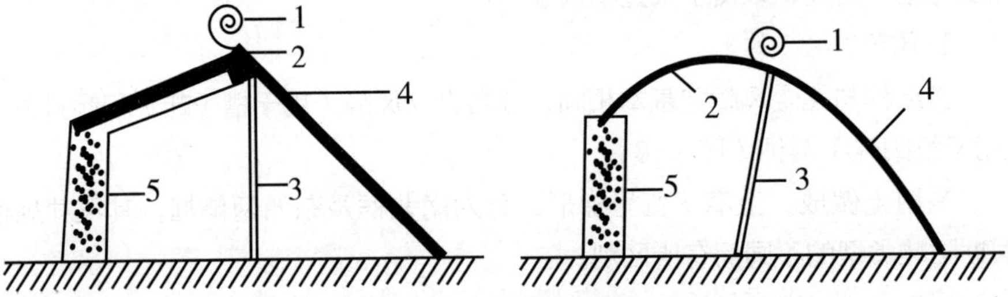

图 2–9　改良阳畦

1—保温覆盖物；2—土屋顶；3—柱；4—玻璃窗或塑料薄膜棚面；5—土墙

改良阳畦由土墙（包括后墙和山墙）、棚架（柱、檩、柁）、土屋顶、玻璃窗或塑料薄膜棚面、保温覆盖物等组成。

改良阳畦的后墙高 0.9 ～ 1 米，厚 40 ～ 50 厘米；山墙脊高与改良阳畦的中柱高度相同；中柱高 1.5 米，土棚顶宽 1 ～ 1.2 米。玻璃窗斜立于棚顶的前檐下，与地面成 40° ～ 45° 的角。生产上多用塑料薄膜做透明覆盖物，呈半圆拱形。栽培床南北宽约 2.65 米。每长 3 ～ 4 米为一间，每间设一立柱，立柱上加柁，上铺两根檩（檐檩、二檩），檩上放秫秸等，然后再抹泥、铺土，前屋面晚上用草苫子覆盖保温。畦长因地块和需要而定，一般 10 ～ 30 米。

（三）阳畦的性能

1. 普通阳畦

阳畦除具有风障的效应外，由于增加了土框和覆盖物，保温能力大大增强。透明覆盖物可以使阳畦白天吸收更多的太阳辐射能，更加有效地提高畦内温度，土框和保温覆盖物可以使夜间减少放热。但是，由于畦内温度受天气的影响，晴天畦内温度较高，阴雪天畦内温度较低。畦内昼夜温差和湿度变化幅度都较大。畦内的温度分布也不均匀，一般中心部位和北部温度较高，南框和东西两侧附近温度较低。

2.改良阳畦

改良阳畦的性能与普通阳畦基本相同，所不同的是由于玻璃窗覆盖成一面坡形的斜立窗，加大了倾斜角度，从而增加了透光率，减少了反射率，而且又有土墙、棚顶及草苫子覆盖，因此保温能力又比普通阳畦强了许多。而且改良阳畦空间大，栽培管理方便。从目前的使用情况来看，生产中主要应用的是塑料薄膜改良阳畦。

（四）阳畦的应用

1.普通阳畦

普通阳畦除主要用于蔬菜、花卉等作物育苗外，还可用于植株矮小的阔叶作物春季提早、秋季延后及假植栽培。在山东、河南、江苏等一些较温暖的地区还可用于耐寒作物的越冬栽培。

2.改良阳畦

改良阳畦的性能比普通阳畦优越，而且可以进入畦内进行操作，栽培管理方便，应用的范围更加广泛。主要用于耐寒蔬菜的越冬栽培，温暖地区果菜类的春季提早和秋季延后栽培，也可用于蔬菜、花卉、部分果树的育苗，在华北的南部还可以用于栽培草莓。

四、风障畦设施

（一）风障的结构与性能

风障也叫风障畦，就是在作物栽培畦的北面立起一排东西延长的挡风屏障。风障畦由风障和栽培畦组成。风障由篱笆、披风和土背组成，是一种简易保护设施。

风障的主要增温原理是在垂直于来风方向架设风障后，对风形成阻碍，降低了空气流动速度，近地面空气相对比较稳定，这样就减少了由于空气而造成的近地表面散热，使栽培畦内的温度比露地高。减弱风速，不仅能提高栽培畦内近地表面的气温和土壤温度，还能够减少障前冻土层的厚度，减缓畦内水分的扩散，有利于稳定空气湿度。此外，风障还有防霜、防流沙和防暴风的作用。一般单道风障防风、防寒、保温的有效范围为风障高度的8～12倍，风障前土壤解冻比露地约提早20天，畦温比露地高6℃左右，可使越冬作物提早返青。

（二）风障的类型

由于设置高度的不同，风障可分小风障畦和大风障畦。

1. 小风障畦

小风障畦结构简单，只在栽培畦的北侧竖立高 1 米左右的挡风屏障。防风效果较差，春季有效防护范围约为 2 米。一般只用于早春定植前期的防风、保温防护。

2. 大风障畦

大风障畦又分为简易风障畦和完全风障畦（图 2-10）两种。

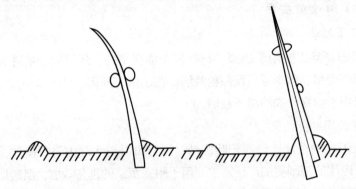

图 2-10　简易风障、完全风障

（三）设置风障所用的材料

风障一般用芦苇、秫秸、木棍、竹竿、树枝、板皮等架设篱笆，为了增强抗风能力，一般在篱笆内隔一定距离用较粗的木棍或竹竿做骨干桩。披风一般用稻草、草苫子、草包片、席片等质地较软、结构较致密的材料制作。也有的用旧塑料膜，甚至用反光膜做成披风，或与其他骨架材料一起作为风障，增温效果则更好。

（四）设置风障的技术要求

1. 风障的方位和角度

风障正确的设置方位是风障的延长方向与当地的季候风的方向垂直，这样设置的风障防风、增温效果最好。在使用风障的季节，引起我国大部分地区降温的季候风是西北风，设置风障时应与这一方向垂直。考虑到遮光等因素，许多地区设置风障的方向是东西延长或与南偏东 5° 的方向垂直。

在个别地区，由于地形较特殊，风吹来的方向可能不在北侧，而且风还较强，这时一定要把风障设置在迎风方向。

风障与地面的夹角，冬、春季以保持 70°～75° 为好，这样可以减少垂直方向上的对流散热，加强风障的保温性能。在温暖季节单纯为了挡风沙的情况下，以与地面垂直为好，这样可以避免对作物造成遮阴。

2. 风障的间距

风障的间距要根据栽培季节、作物种类、栽培方式、风障的类型和材料的多少而定。一般完全风障主要在冬春季使用，每排风障的间距为 5～7 米，或相当于风障高度的 3.5～4.5 倍，保护 3～4 个栽培畦。简易风障主要用于春季及初夏。每排之间的距离为 8～14 米，最大距离有 15～25 米。小风障的距离为 1.5～3.3 米，大小风障可以配合使用。

3. 风障的长度和排数

长排风障比短排的防风效果好，可减少风障两端由于风的回流而造成的影响，在风障材料不足时，加排风障不如减少排数而延长风障的长度。加设长排风障时，单排风障不如多排的防风、保温效果好。

多风地区可在风障区的西面再设置一道风障，以增强整个栽培区的防风能力。

（五）风障畦的应用

风障畦多用于我国北方地区，这些地区晴天多，季候风明显。秋冬季节用于蔬菜的越冬栽培（如芹菜、韭菜、菠菜、小葱、青蒜等），也用于某些蔬菜幼苗的越冬防寒。

风障畦在春季主要用于春季叶菜类的早熟栽培，如小水萝卜、小白菜、油菜等，也用于耐寒蔬菜，如春季提早定植的甘蓝防寒保温。

五、地膜覆盖设施

（一）地膜的种类

地膜是专门用于地面覆盖的一种很薄的塑料膜，其厚度一般在 0.01 毫米以下。按照地膜的性能与应用范围不同，一般将地膜分为以下几种类型。

1. 无色透明地膜

这是最普通、使用最广泛的一类地膜。这种地膜透光性好，覆盖后在遮阴的情况下，一般可使土壤表层温度提高 2～4 ℃。适用于南方、北方、沿海、内陆等不同地理环境及多种类型的土壤，广泛地应用在各类农作物的早熟栽培上。

2. 有色地膜

在聚乙烯树脂中加入有色物质，可以制成具有不同颜色的地膜，如黑色地膜、绿色地膜、银灰色地膜和黑白双面地膜等，因为它们有不同的光学特性，对太阳辐射光谱的透射、反射和吸收性能不同，所以对杂草、病虫害、地温变化、近地面的光照、生物、气象因子都有不同的影响，进而对作物的生长发育也有不同的影响。

3.具有特殊功能的地膜

（1）耐老化长寿地膜。在聚乙烯树脂中加入适量的耐老化助剂，可使用寿命较普通地膜长45天以上。非常适用于"一膜多用"的栽培方式，还便于旧地膜的回收、加工和再利用，不易使地膜残留在土壤中，但该地膜价格稍高。

（2）除草地膜。在聚乙烯树脂中，加入适量的除草剂，经吹塑制成，有除草作用。

（3）有孔地膜。这种地膜在生产加工时，按照一定的间隔距离，在地膜上打出一定大小的播种用或定植用的孔洞，便于实现地膜覆盖栽培的规范化。这种地膜为专用膜，应用的局限性比较强，使用时要注意是否合乎自己的要求。

（二）地膜覆盖的效应

1.提高地温

土壤覆盖上地膜以后，由于透明的地膜容易透过短波辐射，而不容易透过长波辐射，白天太阳光就大量透过地膜使土壤表层温度升高，同时热量不断向下传导而使下层土壤增温，所以膜下的地温高于露地。

2.保持土壤水分

覆盖地膜后，土壤水分蒸发量减少，可以较长时间地保持土壤水分的稳定。在多雨季节，可以减缓雨水下渗，加大地表径流，能在一定程度上降低土壤含水量和减轻涝害。

3.保持土壤结构

由于地膜覆盖后能避免因土壤表面风吹雨淋的冲击，减少了中耕、除草、施肥、浇水等人工和机械操作、践踏而造成的土壤板结现象，使土壤容重、孔隙度、三相（气态、液态、固态）比和团粒结构等均优于未覆盖地膜的土壤。

4.提高土壤中的速效养分

覆盖地膜后，地膜下的土壤中，温度、湿度适宜，促进了土壤微生物的活动。经实验测定，土壤中速效的氮、磷、钾等营养元素的含量都比露地有明显的增加，因而地膜覆盖会使土壤肥力得到提高。

但需注意的是，地膜覆盖后，栽培前期土壤的养分供应强度比较大，土壤养分消耗也比较多，如不及时补充肥料，栽培后期容易养分供应不足，出现脱肥早衰现象。

5. 防止地面返盐

地膜覆盖后由于减少了土壤水分的蒸发，从而也减少了随水分带到土壤表面的盐分，在一定程度上防止了土壤返盐（就是俗话说的"返碱"）。

6. 增加近地面光照

由于地膜的反光作用，地膜覆盖可使晴天中午作物群体中下部多得到 12% ～ 14% 的反射光，从而可以提高作物的光合强度。如果使用反光膜，这种效果会更加明显。

7. 防除杂草

地膜覆盖对膜下土壤杂草的滋生有一定的抑制作用。特别是在透明地膜覆盖得非常密闭或者使用黑色地膜、绿色地膜的情况下，防除杂草的效果更为突出。高垄地膜覆盖对杂草的抑制作用要比平畦效果好，黑色地膜对杂草有全面的防治作用。

（三）地膜覆盖的方式

地膜覆盖的方式依当地自然条件、栽培作物种类、生产季节及栽培习惯的不同而异，主要有平畦覆盖、高垄覆盖、高畦覆盖、沟畦覆盖、穴坑覆盖、微棚覆盖等方式。

1. 平畦覆盖

将地膜覆盖在平畦的畦面上，畦宽 1 ～ 1.2 米，畦长依地块而定。播种后或定植前，将地膜平铺畦面，四周用土压紧。

2. 高垄覆盖

土壤经施肥整地后进行起垄。垄宽 45 ～ 60 厘米，高 10 厘米左右，在垄面上覆盖地膜，一般每垄栽培 1 ～ 2 行作物。

3. 高畦覆盖

与高垄覆盖的方式基本相同，但畦面为平顶，高出地平面 10 ～ 15 厘米，地膜平铺在高畦的面上。

4. 沟畦覆盖

将畦做成 50 厘米左右宽的沟，沟深 15 ～ 20 厘米，把育成的秧苗定植在沟内，然后在沟上覆盖地膜，当幼苗生长顶到地膜时，在苗的顶部把地膜割成十字，称为"割口放风"。待晚霜过后，将苗从膜下放出，再把地膜落地，覆盖于地面。

5.穴坑覆盖

在平畦、高畦或高垄的畦面上用打眼器打成穴坑，穴深 10 ～ 15 厘米，直径 10 ～ 15 厘米，穴内播种或定植作物，株行距按作物要求而定，然后在畦或垄上覆盖地膜，待苗顶膜后割口放风。

6.微棚覆盖

先在垄上或畦面上播种或定植作物，然后在播种或定植的垄上用铁丝或细竹竿做成小拱架，宽度与垄相同。将地膜覆盖在拱架上，形似一个小拱棚。

六、设施环境条件与调控

（一）光照条件与调控

1.影响设施光照条件的因素

（1）设施的透光率。设施的透光率是指设施内的光照强度与外界自然光照强度的比，透光率（以百分率表示透光率）的高低反映了设施采光性能的好坏，透光率越高，设施的采光性能越好，设施的光照条件越优。

（2）覆盖材料。太阳光投射到设施覆盖物上，一部分太阳辐射能被覆盖材料吸收，一部分被棚膜反射，另一部分透过覆盖材料进入设施内。覆盖材料的落尘和老化会加大吸收率而降低透射率，棚膜附着水滴，一方面强烈吸收太阳光的红外光部分，另一方面还能增加反射率。

（3）设施结构。设施结构对设施透光率的影响较大，主要包括设施的屋面角、类型、方位、间距等对透光率的影响。

2.设施内光照条件的调控措施

（1）增加室内自然光照。

①设施方位和采光面角度。以日光温室为例，生产上选择冬季阴天少、粉尘和烟雾等污染少的地区和地段建造温室。在高纬度地区透明屋面以南偏西 5° ～ 10° 为宜。这是因为高纬度地区冬季清晨气温低、光照弱，有些地方还有雾，早上揭苫晚，偏西一点可充分利用中午和下午的光照。我国黄淮流域气候温暖的中低纬度地区则以南偏东 5° ～ 10° 为宜，这是因为作物上午光合作用强，充分利用上午的日照对作物生长发育有利。

②设施结构及骨架材料。在保证骨架强度的基础上使用细材，以减少骨架的遮阳。

③薄膜。选择透光率高、无滴、防尘、耐老化膜，扣膜时要拉平、拉紧，薄膜上皱褶多也影响透光。

④反射光。把后墙用白灰涂白，能增加室内的反射光量。在后墙张挂反光幕，可使膜前3米范围内的光强增加7.8%～43%。地面铺设地膜可增加近地面的光照。

⑤棚膜、草帘。要经常打扫或清洗设施的透明覆盖物，保持表面清洁。

⑥作物布局。高棵和高架作物对中下部遮光重，要适当稀植，并采用南北向大小行距栽培法。不同种类作物搭配种植时，矮棵或矮架作物在南部和中部，高棵或高架作物在北部和两侧。最好进行高、矮间作或套作栽培，如番茄、茄子与草莓的间套作。

（2）遮光。

①覆盖遮阳物。

②涂白或抹泥。玻璃面涂白或塑料膜抹泥浆法。

③流水法。在透明屋面上不断流水，既能遮光，又能吸热。

（二）温度条件与调控

1.设施内热量支出途径

（1）贯流放热。把透过覆盖物和维护结构（指墙体和后屋面等）的放热过程称为贯流放热。这种贯流传热量是几种传热方式同时发生的，它的传热主要分为3个过程。

①保护设施内表面，吸收了从其他方面来的辐射热和从空气中来的对流热，在覆盖物内外表面形成温差。

②以传导的方式，将内表面的热量传至外表面。

③在保护设施的外表面，又以对流的方式将热量传至外界空气中。

（2）缝隙放热。设施内的热量通过放风口、覆盖物及维护结构的缝隙、门窗等，以对流的方式将热量传至室外，这种放热称为缝隙放热。

（3）地中传热。设施内在垂直方向与深层土壤、水平方向上温室内外的土壤都能进行热交换。

2.设施内温度条件的调控措施

（1）保温。保温措施的目的是减小设施内表面的对流传热和辐射传热；减小覆盖材料自身的热传导散热；减少设施外表面向大气的对流传热和辐射传热；减少覆盖材料表面的漏风而引起的换气传热。具体保温措施如下。

①保持墙壁体的厚度和墙体的干燥。墙体干燥时墙土间空隙多，土粒间连接差，传热慢，保温性好，而墙壁体潮湿时，由于水的导热系数较高，必然会降低墙体保温性能。

②加厚屋顶，保持屋顶干燥。屋顶厚度根据各地设施内外温差来确定，如北方冬季严寒地区，屋顶秸秆层厚度不能少于30厘米。另外，秸秆层外部都要用薄膜或油毡封闭起来，同时要在上面抹一层封闭严密的泥层，以加强保温效果。

③设置防寒沟。通常在设施周围设置宽30厘米、深50厘米的防寒沟，可切断室内外土壤的联系，减少热量散失，提高地温。

④提高防寒覆盖物的保温。草苫是北方地区经常采用的防寒覆盖物，可以通过增加厚度提高温室的保温性能。在高寒地区还可以用棉被及新型保温防寒材料来使温室的保温性更好。

⑤采用多层覆盖。温室内增设二层保温幕、小拱棚，或利用不织布等进行简易覆盖来增加保温性。

⑥减小缝隙放热。设施密封要严实，墙体的裂缝要及时粘补和堵塞。通风口和门窗关闭要严，门的内、外两侧应加挂保温帘。

⑦设施四周设置风障。一般用于多风地区，于设施的北部和西北部设置为宜。

（2）增温。

①增加白天的透光量。采用光照调节增加室内自然光照的措施，不仅使设施内光照条件得到改善，还能提高室内的温度，如用无滴薄膜覆盖的温室，最高温度可比覆盖有滴膜的温室高4～5℃，地面最低温度可提高2℃左右。

②提高地温。白天土壤吸热量加大，即地温提高后，夜间地面散放到温室中的热量增多，利于温室增温。

③采用复合墙体、屋顶。内侧用蓄热能力强的材料，外侧用隔热好（导热率低）的材料，增加白天蓄热，夜间放热增温，同时可减少热量散失。

④增大保温比。保温比是指设施内的土地面积与覆盖及围护表面积之比。保温比最大值为1。设施的保温比值越大，覆盖及围护的表面积越小，通过设施表面积进行的热交换和辐射量越少，设施的保温能力越强。适当降低工艺设施的高度，缩小夜间保护设施的散热面积，有利于提高设施内昼夜的气温和地温。

⑤人工加温。我国传统的单屋面温室，大多用炉灶煤火加温，近年来也有人用锅炉水暖或地热水暖加温。日光温室一般采用临时加温，主要用于连阴天或寒潮造成的连续低温及降幅过大等情况，方式有炉火加温、火盆加温、明火加温等。大型连栋温室和花卉用温室采用集中供暖方式的水暖加温。

（3）降温。

①通风换气降温法。通过开启设施不同部位的通风口，散放出热空气，同时外界的冷空气进入室内，使温度下降。

②遮光降温法。遮光20%～30%时，室温相应可降低4～6℃。在与设施顶部相距40厘米左右处张挂遮光幕，对降温效果显著。另外，也可在采光表面涂白，降低光照，从而降低温度。

③屋面流水降温法。流水层可吸收约8%投射到屋面的太阳辐射，并能吸热冷却屋面，室温可降低3～4℃。采用此法时需考虑安装费和清除采光面的水垢污染问题。

（三）水分条件与调控

1.设施内湿度条件的特点

由于设施是一种封闭或半封闭的系统，空间相对较小，气流相对较稳定，使内部的空气湿度有着与露地不同的特点。

（1）空气湿度大。温室大棚内相对湿度和绝对湿度均高于露地，平均相对湿度在90%左右，经常出现100%的饱和状态。对于日光温室及大、中、小棚，由于设施空间相对较小，冬春季节为保温又很少通风，空气湿度相对较高。

（2）存在季节变化和日变化。设施内湿度环境的另一个特点是季节变化和日变化明显。季节变化一般是低温季节相对湿度较高，高温季节相对湿度低。白天温度高，光照好，可进行通风，相对湿度较低；夜间温度下降，不能进行通风，相对湿度上升。由于湿度过高，当局部温度低于露地温度时，会导致结露。

（3）随天气情况发生变化。晴天设施内的空气湿度低，一般为70%～80%；阴天特别是雨天设施内空气相对湿度较高，可达80%～90%，甚至100%。

（4）湿度分布不均匀。由于设施内温度分布不均匀，导致相对湿度分布也不均匀。一般情况下，温度较低的部位，相对湿度较高，反之则低。

2.设施内湿度条件的调控措施

空气湿度的调控主要是降低空气湿度，保持设施内适宜于作物生长发育的湿度环境。

（1）除湿。设施内的空气湿度大，调节湿度的重点是降低湿度，主要措施如下。

①通风排湿。通风是降低湿度的重要措施，排湿效果最好。

②减少地面水分蒸发。室内覆盖地膜或膜下暗沟灌溉，可抑制土壤水分蒸发；浇水后立即升温烤地，促进地面水分蒸发，降低地面湿度；浇水后及时中耕、松土，切断土壤毛细管，减少表层土壤水分。

③合理使用农药和叶面肥。设施内尽量采用烟雾剂、粉尘剂取代叶面喷雾。一定要叶面喷雾时，用药量也不要过大，并且选在晴暖天的上午喷药，以便喷药后有足够长的时间通风排湿。

④减少薄膜、屋顶的聚水量。

⑤增温降湿。当寒冷季节设施内温度较低时，可以通过适当加温等措施，既能满足作物对温度的要求，又能降低空气相对湿度，减少病虫害的发生。

（2）加湿。大型园艺设施在进行周年生产时，到了高温季节还会遇到高温、干燥、空气湿度不够的问题，尤其是大型玻璃温室由于缝隙多，此问题更加突出，当栽培对湿度要求高的作物，如黄瓜和某些花卉时，还必须加湿以提高空气湿度。

（四）土壤营养条件与调控

露地土壤在自然环境的影响作用下，一般性状比较稳定，变化较小。但在设施内，由于缺少酷暑、严寒、雨淋、暴晒等自然条件的影响，加上栽培时间长、施肥多、浇水少、连作严重等一系列栽培特点的影响，土壤性状就会发生不同程度的改变，其主要特点表现为土壤营养失衡、土壤盐分浓度大、土壤酸化等。此时可采用测土施肥、增施有机肥、科学施肥、灌水洗盐、生物除盐、选择合适的肥料、施石灰等方法解决。

第三章 无公害蔬菜栽培技术

第一节 叶菜类无公害蔬菜栽培技术

一、大白菜

（一）生物学特性

1.形态特征

大白菜属于十字花科芸薹属、能形成叶球的草本植物。根系发达，有肥大的肉质直根和发达的侧根。茎粗大短缩，进入生殖生长期抽生花茎，花茎上端有分枝，花茎浅绿色，有蜡粉。叶片主要是中生叶，叶呈倒披针形，互生在短缩茎上，有叶翅而无叶柄，叶片绿色，大而薄，多皱有网状叶脉。花为总状花，十字形，黄色，完全花。果为圆筒形长角果，有果柄，成熟时纵裂。种子为紫褐色圆球形，千粒重 2.5～4.2 克。

2.对环境条件的要求

大白菜为半耐寒性植物，不同品种和类型之间差异很大。对温度条件的要求：生长的适应温度为 5～30 ℃，适宜温度为 15～23 ℃，在发芽和幼苗期要求温度稍高。对湿度条件的要求：营养生长期需要水分较多，要求土壤潮湿，苗期较耐旱，开花结荚期喜空气干燥的晴天。对光照条件的要求：在不同品种及不同生育阶段，要求光照条件不同，长日照有利于叶片展开，短日照有利于叶片直立抱球。对营养条件的要求：大白菜对氮素敏感，对氮、磷、钾吸收的比例为 1：0.47：1.33。为防止生理性病害，在营养生长时期还要施硼、钙、锰等微肥。每生产 1 000 千克大白菜，需要氮 1.5 千克、磷 0.7 千克、钾 2 千克。对土壤条件的要求：大白菜对土壤的要求较严，最适宜的为土层深厚肥沃、易保水保肥的土壤或轻黏土壤，土壤酸碱度以中性为好。

（二）栽培技术

1. 品种选择

大白菜在我国至少有 600 年的栽培历史，形成了丰富的类型。大白菜喜温暖凉爽的气候，耐寒性、耐热性弱，根据栽培季节，主要分为春季耐抽薹品种、夏季耐热品种和秋季耐贮藏品种。

2. 栽培季节

大白菜以秋播为主。为了争取较长的生长期以达到增产的目的，常利用幼苗期具有较强的抗热能力的特点提前播种，但播种过早易染病毒病。推迟播期又会缩短营养生长期以致包心松弛，影响产量和品质，所以大白菜的适播期较短。各地区都有比较明确的适宜播种期，如山东地区大白菜稳产播种期是 8 月上中旬，最迟不超过 8 月 5 日。具体播种期还要考虑品种、栽培技术和当年的气候因素。一般抗病品种和生长期长的品种都可早播种，早熟品种可晚播。

近年来，为了丰富市场上大白菜的供应，除秋季栽培外，春、夏、早秋大白菜的栽培面积也在不断扩大。春季栽培大白菜一般利用设施育苗，华北地区的播种时间是 3 月中下旬，苗龄 30 ～ 35 天，于 4 月中下旬露地定植；夏季大白菜一般在 6 ～ 7 月份露地直播，播后 60 天左右即可收获。

3. 选地和整地

大白菜连作容易发病，所以要进行轮作，特别提倡粮菜轮作、水旱轮作。在常年菜地上栽培则应避免与十字花科蔬菜连作，可选择前茬是早豆角、早辣椒、早黄瓜、早番茄的地栽培。种大白菜的地要深耕 20 ～ 27 厘米，炕地为 10 ～ 15 天，然后把土块敲碎整平，做成 1.3 ～ 1.7 米宽的畦，或 0.8 米的窄畦、高畦。作畦时要深开畦沟、腰沟、围沟 27 厘米以上，做到沟沟相通。

4. 重施基肥，以有基肥为主

前作收获后，深翻土壤炕地。整地时，每亩撒施石灰 100 ～ 150 千克。在发生根肿病的地块，还得在播种沟内施上适量石灰。要求重施基肥，并将氮、磷、钾搭配好。在 7 月上旬，按亩施 2 000 千克猪粪、75 千克左右菜枯、40 ～ 50 千克钙镁磷肥混合拌匀，加 1 500 ～ 2 000 千克人粪尿，并用适量的水浇湿，堆积发酵，外面再盖上一层塑料薄膜，让它充分腐熟，作畦时开沟施入。与此同时，每亩还要施上 10 ～ 15 千克 45% 复合肥。

5. 苗床准备

因结球白菜育苗期短，生长快，所以多用作畦法育苗。定植每亩生产田，需用秧苗畦 30 平方米，可以在生产田内就地作高畦。在每 30 平方米的畦内施用腐熟厩肥 50 千克、过磷酸钙 1 千克、尿素 0.5 千克，再适当掺些细沙或草木灰。肥料普撒均匀后，耕翻菜地 15 厘米深，耙平后做出的畦面应高出地面 10 厘米左右，以防积水沥涝。

6. 播种、育苗

（1）直播。直播有条播和穴播两种方法。条播是在垄面中间或在平畦内按 50 ～ 70 厘米的行距开 1.0 ～ 1.5 厘米深的浅沟，沿沟浇水，水渗完后将种子均匀播入沟内，然后覆土平沟，每亩用种量 125 ～ 200 克。穴播时按 45 ～ 65 厘米间距，开直径 12 ～ 15 厘米、深 1.0 ～ 1.5 厘米的浅穴，按穴浇水，水渗完后每穴均匀播入种子 5 ～ 6 粒，播后平穴，每亩用种量为 100 ～ 125 克。

苗出齐后及时定苗，一般分三次间苗，直播应抓紧，早间苗，分次间苗。第一次在幼苗"拉十字"时，去除苗过迟生长拥挤的细弱幼苗，苗距 4 ～ 5 厘米；第二次间苗在 2 ～ 3 片叶时，苗距为 7 ～ 10 厘米；第三次在幼苗长出 5 ～ 6 片叶时进行，苗距 10 ～ 12 厘米；待大白菜"团棵"时定苗。无论间苗还是定苗都要注意选留生长健壮、无病虫害和具有本品种特征的幼苗，间去杂苗、弱苗和病残苗。间苗或定苗最好在晴天中午进行，因为此时病、弱苗会萎蔫，很易辨别。间苗时发现缺苗应及时补栽。

（2）育苗移栽。育苗移栽便于苗期集中管理，便于控制温度和水分条件，同时有利于延长前作的生长期。一般苗床宽 1.0 ～ 1.5 米，长 8 ～ 10 米，栽植每亩约需苗床 35 平方米，每 35 平方米苗床内应施充分腐熟的底肥 200 千克、硫酸铵 1.0 ～ 1.5 千克，并可施入适量过磷酸钙和草木灰。育苗大白菜的播期应比直播提前 3 ～ 5 天。

苗床播种多采用条播的方法，提前浇足底水，保证幼苗顺利出土，待床土干湿适宜时，每隔 10 厘米开深 1 ～ 2 厘米的浅沟，将种子均匀撒入沟内，然后轻轻耙平畦面，覆盖种子。每 35 平方米的苗床需种子 100 ～ 120 克。播种面积大时，也可以用撒播法，播后可进行地面覆盖，待幼苗出土后及时揭去覆盖物。

注意及时间苗，苗距 8 ～ 10 厘米，并要定期喷药防治病虫害。

7. 定植

定植时的适宜形态是苗龄 20 天左右、5 ～ 6 片真叶。起苗时要多带土，少伤根，移栽应选晴天下午或阴天进行，以减轻幼苗的萎蔫，栽苗时，先按一定行株距定点挖穴，栽苗深度要适宜。在高垄上应使土坨与垄面相平，在平畦上则要略高过畦面，以免浇水后土壤下沉，淹没菜心而影响生长。定植后要立即浇足水。

8.田间管理

（1）追肥。大白菜定植成活后，就可开始追肥。每隔3～4天追1次15%的腐熟人粪尿，每亩用量200～250千克。看天气和土壤干湿情况，将人粪尿兑水施用。大白菜进入莲座期应增加追肥浓度，通常每隔5～7天追1次30%的腐熟人粪尿，每亩用量750～1 000千克，以及菜枯或麻枯75～100千克。开始包心后，重施追肥并增施钾肥是增产的必要措施，每亩可施50%的腐熟人粪尿1 500～2 000千克，并开沟追施草木灰100千克，或硫酸钾10～15千克，这次施肥菜农将其叫作灌心肥。植株封行后，一般不再追肥，如果基肥不足，可在行间酌情施尿素。

（2）中耕培土。为了便于追肥，前期要松土，除草2～3次。特别是久雨转晴之后，应及时中耕炕地，促进根系的生长。莲座中期施用饼肥培土做垄，垄高10～13厘米。培垄的目的主要是便于施肥浇水，减轻病害。培垄后粪肥往垄沟里灌，不能溅污叶片。保持沟内空气流通，使株间空气湿度减少，这样可以减少软腐病的发生。

（3）灌溉。大白菜苗期应轻浇、勤泼保湿润，莲座期间断浇灌，见干见湿，适当炼苗；结球时对水分要求较高，土壤干燥时可采用沟灌。灌水时应在傍晚或夜间地温降低后进行，要缓慢灌入，切忌满畦。水渗入土壤后，应及时排出余水。做到沟内不积水，畦面不见水，根系不缺水。一般来说，从莲座期结束后至结球中期，保持土壤湿润是争取大白菜丰产的关键因素。

（4）束叶和覆盖。大白菜的包心结球是它生长发育的必然规律，不需要束叶。但晚熟品种如遇严寒，为了促进结球良好，延迟采收供应，小雪后把外叶扶起来，用稻草绑好，并在上面盖上一层稻草或农用薄膜，能保护心叶免受冻害，还具有软化作用。早熟品种不需要束叶和覆盖。

二、结球甘蓝

（一）生物学特性

1.形态特征

结球甘蓝属于十字花科芸薹属、能形成叶球的草本植物。甘蓝为浅根系蔬菜，根系呈圆锥形分布，茎呈短缩状态的营养茎。叶片为绿色或紫红色，椭圆形，叶面光滑，有皱有蜡粉，莲座叶丛生在短缩茎上，叶片抱合呈球状。有的老根上的侧芽也可形成叶球。花为十字形淡黄色，异花授粉。果为长角果，成熟后开裂。种子圆球形，黑褐色，千粒重为3.2～4.7克。

2. 对环境条件的要求

结球甘蓝适应性广，抵御不良环境的能力强。对温度条件的要求：适应温度为 7～25 ℃，适宜温度为 18～20 ℃。对水分条件的要求：有较湿润的环境，土壤相对湿度为 70%～80%，空气相对湿度为 80%～90%。对光照条件的要求：由于结球甘蓝为长日照植物，因而在未通过低温春化的条件下，长日照有利于营养生长，对光照强度要求不严，不论光照强还是弱，都可正常生长。对营养条件的要求：结球甘蓝较喜肥耐肥，全生育期吸收氮、磷、钾的比例为 3∶1∶4，每生产 1 000 千克结球甘蓝，需吸收氮肥 4.76 千克、磷肥 1.9 千克、钾 6.53 千克。对土壤条件的要求：结球甘蓝对土壤的适应性强，而且较耐盐碱，最适宜于保水保肥的中性和微酸性土壤生长。

（二）栽培技术

1. 播种育苗期

结球甘蓝对温度的适应性强，而且品种多，一年四季均可栽培。春甘蓝选早熟品种，2 月育苗，4 月定植。夏甘蓝虫害严重，而且经济效益低，很少栽培。秋甘蓝一般 6～7 月播种，经 25 天左右定植，苗期必须有遮阳防雨措施。春季露地甘蓝在 3 月播种，5 月定植。冬、春季为保护栽培甘蓝，育苗期虽可达 3～4 个月，但应缩短到 1～2 个月，以控制早期抽薹。

2. 品种和播种量

结球甘蓝的品种很多，早熟品种有中甘 11、8398、报春、元春等，多在早春和春、夏季选用；中熟品种有圆春、东农 605、西园 2 号、杂交种庆丰、中甘 8、东农 609 等，多在春、夏季选用；中晚熟品种有亲丰、秋丰、晚丰、冬冠等，多用于秋季生产。结球甘蓝育苗每亩播种量为 30～100 克。

3. 种子消毒与催芽

将选好的种子先用冷水浸湿，再用 45 ℃的热水搅拌浸烫 10 分钟，然后用温水淘洗干净，在室温下浸种 4 小时，接着再用清水淘洗干净，放在 20 ℃下保湿催芽。之后每 6 小时翻动 1 次，一般 2～3 天即可出芽。出芽后应及时播种，如不能及时播种，必须降温至 13 ℃左右，以防胚芽过长。

4. 配制床土与消毒

最好选用种植葱蒜的园田土 5 份，腐熟的马粪 4 份，腐熟粪干粉或鸡粪 1 份，分别过筛后搅拌均匀，然后每立方米床土加 500 克尿素、1 500 克过磷酸钙、100 克 40% 多菌灵，充分搅拌均匀后，装入营养钵或纸袋，以备分苗用。在苗床内平铺床土 5 厘米厚，在分苗床内平铺床土 10 厘米厚。

5. 播种与苗期管理

播种前先用温水浇透床土，然后再覆 0.1 厘米左右厚细土，随后即可播种。播后覆细潮土 1 厘米左右，然后覆盖地膜保湿。秧苗出土前，保持土温 17 ℃以上、气温 20 ℃以上，一般经 3 天即可出苗。秧苗出土后，应立即揭膜降温降湿，以防徒长。在叶片上无水珠时，可撒一层细干土（0.2 厘米厚），有利于降湿。长出 2 片真叶，即可分苗。如果在夏季，可采用直播方法，在出苗后进行间苗，苗距以 4 厘米 ×5 厘米为宜。也可以直接移栽到营养钵或纸袋里，移栽的深度也要保持移栽前的水平。长到 4 叶期进行第二次分苗，苗距 8 厘米 ×10 厘米。每次分苗前都要先用温水潮润床土，分苗后及时覆盖塑料膜保温保湿，使土温保持在 8 ～ 20 ℃，气温保持在 25 ℃左右。缓苗后，则应揭开塑料膜降温降湿，使土温保持在 12 ℃左右，气温保持在 15 ～ 18 ℃。如果在夏季育苗，必须遮阳降温，而且雨过后要用井水浇园，以降低土温。

在甘蓝的育苗过程中，不可长期处在 9 ℃以下，否则定植后会出现早期抽薹现象。此外，对籽苗和幼苗可适当控水、中耕，以促进根系发育；到成苗期则不可缺水，在干旱时要进行低温锻炼。在保护生产方面，要增加通风量，揭开塑料膜或草苫等覆盖物，白天控温在 13 ～ 15 ℃，而且要控水。如果在营养土块（土方）育苗，应进行低温锻炼，这样的苗抗逆性强，定植后缓苗快。

6. 甘蓝壮苗标准

苗龄 30 天左右，株高 8 ～ 12 厘米；叶片 6 ～ 8 片，肥厚，呈深绿带紫色；茎粗，紫绿色，下胚轴短，节间短；根系发达，须根多，未春化。全株无病虫害，无机械损伤。

7. 育苗注意事项

（1）早期春化。当早甘蓝 3 片叶或晚甘蓝 6 片叶、茎粗 0.6 厘米左右时，遇低于 12 ℃的低温且达 25 ～ 30 天，会出现春化而早抽薹。遇 9 ℃以下的低温 15 天，就可完成春化阶段。

（2）徒长苗。在阴雨日照条件下，床土高温高湿，易出现徒长现象，胚轴长，叶片薄而黄绿，叶柄细长，叶间距大。甘蓝耐低温，适应性强，为防徒长，必须蹲苗。

（3）老化苗。床土干旱或过低土温的时间较长，则易出现秧苗矮小现象，生长慢，叶片小而色黑绿，根系不舒展或呈现锈色。

8. 定植

当甘蓝具有 6 ～ 7 片真叶时应及时定植，适宜苗龄为 40 天左右，气温高则苗龄短，气温低则苗龄长。定植时尽可能带土。定植密度视品种、栽培季节和施肥水平而定，一般种每公顷种早熟品60 000株，中熟品种45 000株，晚熟品种30 000株。

9. 肥水管理

甘蓝的叶球既是营养储藏器官，也是产品器官，要获得硕大的叶球，要有强盛的外叶，因此必须及时供给肥水促进外叶生长和叶球的形成。定植后及时浇水，随水施少量速效氮，可加速缓苗。为使莲座叶壮而不旺，促进球叶分化和形成，要进行中耕松土，提高土温，促使蹲苗。从开始结球到收获是甘蓝养分吸收强度最大的时期，此时保证充足的肥水供应是长好叶球的物质基础。追肥数量根据不同品种、计划产量和基肥而定。早熟品种结球期短，前期增重快，因此在蹲苗结束、结球初期要及时分两次追肥，每次每公顷施150千克尿素。注意从结球开始要增施钾肥。甘蓝喜水又怕涝，缓苗期应保持土壤湿润，叶球形成期需要大量水分，应及时供给，雨后和沟灌后及时排出沟内积水，防止浸泡时间过长，发生沤根损失。

10. 采收

一般在叶球达到紧实时即可采收。早秋和春季蔬菜淡季时，叶球适当紧实也可采收上市。叶球成熟后如天气暖和、雨水充足则仍能继续生长，如果不及时采收，叶球会发生破裂，影响产量和品质。采用铲断根系的方法可以比较有效地防止裂球，延长采收供应期。

三、花椰菜

（一）生物学特性

1. 形态特征

花椰菜属于十字花科芸薹属、结花球的草本植物。花椰菜根系发达，须根多，茎粗短，呈白色圆柱状，茎的四周着生花薹和花枝，其顶端着生短缩的花蕾，共同聚合组成花球。叶片狭长，绿色，有皱有蜡粉，随着花球的生长，内叶自然卷曲或扭转保护花球。花呈黄色，十字形小花着生在花茎上，下面有伸长的花枝。果为角果，成熟后开裂。种子圆球形，黑褐色，千粒重2.5～4克。

2. 对环境条件的要求

花椰菜为半耐寒性蔬菜，喜冷凉气候。对温度条件的要求：生长适应温度范围为6～26℃，生长适宜温度为16～22℃，超过24℃则产品质量不佳。对水分条件的要求：花椰菜耐旱不耐涝，喜湿润条件，尤其在花球期供水必须充足。对光照条件的要求：喜弱光和长日照，尤其是在花球膨大期，不可让阳光直接照射，否则花球淡黄或变绿，生长小叶，营养和商品价值下降。对营养条件的要求：花椰菜对营养条件要求较高，营养生长期需要较多氮肥，进入花球发育期还需较多磷肥和钾肥。每生产 1 000 千克花椰菜，需氮 6.17 千克、磷 2.73 千克、钾 5.57 千克，还需要适量的硼。如果营养不足，则花球开裂，味苦变褐。对土壤条件的要求：土壤要深厚疏松，保水保肥，富含有机质。

（二）栽培技术

1.选用优良品种

选用植株生长势强、抗病抗逆性强、商品性状好、产量高、耐贮藏运输的一代杂交品种，如天王、兴富、花仙子、金星、高富等品种。

2.栽培季节

花椰菜的播种、育苗与栽培季节因地区和品种特性不同而异。花椰菜采用早、中、晚熟品种，分期播种。华北地区多在春、秋两季栽培，春季栽培于 2 月上旬、中旬在保护设施中育苗，3 月中下旬定植，5 月中下旬开始收获；秋季栽培于 6 月下旬至 7 月上旬露地育苗，8 月上旬定植，10 月上旬至 11 月上旬收获。也可露地栽培中晚熟品种，于 11 月假植于假植沟、阳畦、大棚等设施中，翌年 1 ～ 2 月收获。

3.育苗

花椰菜育苗方法与结球甘蓝大致相同，但技术要求较为精细。春季要在温室、温床、普通阳畦等保护设施内育苗，夏季可在露地育苗，但要在苗床上搭小拱棚，其上覆盖塑料薄膜或遮阳网，降温防雨。苗床土要肥沃，床面宜平整。

4.种子消毒与催芽

将种子放在 30 ～ 40 ℃的水中进行搅拌浸种 15 分钟，同时除去瘪籽，然后在室温的水中浸泡 5 小时左右，再用清水淘洗干净，放置在 25 ℃条件下保湿催芽。而后每 6 小时用 25 ℃温水淘洗 1 次，并将种子上下翻动，使其温湿度均匀，一般经 2 ～ 3 天即可出芽。

5.床土配制与消毒

将肥沃的园田土 6 份、过筛的腐熟马粪 3 份、腐熟的大粪干或猪粪 1 份均匀混合后平铺在苗床里（5 厘米厚）。床土消毒，可用配制的药土。药土的配制方法：用 50% 甲基硫菌灵或 50% 多菌灵粉，以 1：100 比例与细土混匀，即成药土。播种前，先普撒 1/3 药土，播完后再普撒 2/3 药土即可。

6.播种与苗期管理

当床土温度稳定在 13 ℃以上、气温稳定在 15 ℃以上时，即可播种。播种方法和程序：先浇足底水，然后每平方米床土上撒 10 千克药土，接着进行播种，一般每平方米播种量为 10 克左右。播种后，每平方米再覆 5 千克药土，然后再覆盖 0.5 厘米厚的细土，最后覆盖地膜保湿。出苗前，保持气温 20 ℃；出苗后，则揭开地膜，使气温降至 15 ～ 18 ℃。在子叶展开后间苗，苗距 2 ～ 3 厘米，也可进行第一次分苗。当幼苗长到 3 ～ 4 片真叶时，即可进行分苗，或称第二次分苗。一般往营养钵、纸袋或营养土块里分苗。分苗前，床土要用温水浇透；分苗后，要及时搭盖塑料小拱棚，保持 20 ℃左右的气温，并保持土壤湿润。缓苗后，揭开塑料小拱棚降温降湿，气温保持在 15 ～ 18 ℃。

夏、秋季花椰菜的播种期正是高温多雨季节，必须加大播种量，一般每平方米达 50 克左右，并需采取遮阳降温和防雨措施。同时，夏季多采取直播育苗，苗龄一般在 20 ～ 25 天。在苗期的田间管理中，不可伤根，以防病毒病。下雨时要及时排水防涝，雨后必须排涝浇园，降低土温，以利于培育壮苗。

7.花椰菜的壮苗标准

一般壮秧的苗龄，春苗为 50 天左右，夏播苗为 25 天左右。壮苗的株高 15 厘米左右，具有 5 ～ 6 片真叶，叶色浓绿稍有蜡粉，叶片大而肥厚，节间短，叶柄也短，根系发达，须根多，全株无病虫害和无机械损伤。

8.育苗注意事项

在育苗期，首先要注意温湿度调节。在干旱低温条件下，易形成小老苗，小老苗的子叶小，而且多呈畸形。如果高温日照，则易形成徒长苗，秧苗细弱，胚轴长，子叶细长，这样的秧苗容易患病。如果苗期缺少氮肥，或移苗时伤根，都会影响产量，而且花球小，质量不佳。因此，在苗期要注意营养供给，加强田间管理。另外，春季培育的秧苗在定植前还应适当炼苗，以适应定植环境。

9.定植

花椰菜虽喜湿润环境，但耐涝力较差，所以在多雨地区及地下水位高的地方都应采用深沟高畦栽培，以利排水，这是花椰菜栽培成功的一个关键，其他地区可作平畦栽培。定植时，少伤根。若温度过高，最好在傍晚定植，浇足定植水，减少蒸腾量，保证幼苗成活。

10. 田间管理

对于春、秋季定植的花椰菜，在定植缓苗后，应适当降温降湿，并进行中耕蹲苗6～10天，然后再恢复水肥管理。对于夏季高温期定植的较耐热花椰菜，如白峰、夏雪40等品种，应该一促到底，不进行蹲苗。

肥水管理的关键是使花球在形成前达到一定的同化面积，满足叶簇生长对养分和水分等条件的要求，促进叶簇适时旺盛生长，为获得产量高、品质好的花球打下良好的基础。

花椰菜整个生长期间对肥水的要求较高。前期追肥以氮肥为主，到花球形成期，须适当增施磷、钾肥。一般花椰菜定植后植株缓苗开始生长时，进行第一次追肥，每亩施硫酸铵15～20千克，并浇水。第一次追肥后15～20天，植株进入莲座期，进行第二次追肥，每亩施腐熟的粪干或鸡粪400～500千克，浇水1～2次，促进莲座叶生长。叶丛封垄前，结合中耕适当蹲苗。

在花球直径达2～3厘米时，应结束蹲苗，进行第三次追肥，最好每亩施氮、磷、钾复合肥20～25千克，并浇水。此后要保持地面湿润，不能缺水。特别是在叶簇旺盛生长和花球形成时期，需大量水分，但切忌漫灌，防止土壤积水。

一般在生长期中耕3～4次，结合中耕清除田间杂草。后期中耕可适当进行培土，以防止植株后期倒伏。一般在花球形成初期，将老叶内折，盖住花球，但不要将叶片折断，可避免阳光直射，防止花球颜色变黄、浅绿或发紫，保持花球洁白，使花球品质柔嫩。在有霜冻的地区，将内层叶上端束扎起来，可防止霜冻。

11. 花球异常与防止

生产中常遇到花球异常现象，如毛花、青花、紫花、散花等，影响花椰菜的产量和品质，应采取相应的措施加以克服。

（1）毛花。毛花是花球表面上形成绒毛状物的现象，多在花球临近成熟时骤然降温、升温或重雾天发生。防止措施是适时播种，适期收获。

（2）青花。青花是指花球表面花枝上绿色包片或萼片突出生长，使花球表面不光洁，呈绿色，多在花球形成期连续的高温天气下发生。防止措施是适期播种，躲过高温季节。

（3）紫花。紫花是指花球表面变为紫色、紫黄色等不正常的颜色。在突然降温的情况下，花球内的糖苷转化为花青素，使花球变为紫色。在秋季栽培，收获太晚时易发生。防止措施是适期播种，适期收获。

（4）散花。散花是指花球表面高低不平，松散不紧实。产生原因主要是收获过晚、花球老熟、水肥不足、生长受阻、蹲苗过度、温度过高、病虫危害等。针对产生原因采取相应措施避免散花。

12. 采收

花球形成和成熟期往往很不一致，可分期分批采收。采收的标准是花球充分长大、洁白鲜嫩、球面圆整、边缘尚未散开。收获过早影响产量；过晚，花球松散，品质降低。采收时，每个花球外面留3～5片小叶，以保护花球，避免在包装运销过程中受到损伤或污染。

四、芹菜

（一）生物学特性

1. 形态特征

芹菜属于伞形花科芹属二年生草本植物。浅根系植物，有主根和大量的侧根。茎短缩，在短缩茎上生有叶柄。叶为羽状复叶，通过较长的叶柄着生在茎基部。叶片和叶柄为绿色或黄绿色，叶柄有实心和空心之分。花小而白，形成复伞状花序。果为双悬果，成熟时裂成两半。种子暗褐色，椭圆形，有纵纹，籽粒小，千粒重 0.4 ～ 0.5 克，外有革质保护，不易吸水。

2. 对环境条件的要求

芹菜喜冷凉，耐寒怕热。对温度条件的要求：适应温度范围为8～30℃，适宜生长的温度为15～20℃。对水分条件的要求：芹菜喜湿润的土壤和空气，如水分充足，不但生长快，而且品质好。对光照条件的要求：芹菜属长日照作物，在每日14个小时以上的日照条件下才抽薹开花。对营养条件的要求：芹菜喜肥，每生产1 000千克芹菜，需氮400克、磷140克、钾600克，而且对硼的需要量大，每亩需硼砂0.7千克。对土壤条件的要求：芹菜适于富含有机质、保水保肥力强的黏壤土，对土壤酸碱度适应性强，在轻碱的潮湿地里仍可生长。

（二）栽培技术

1. 播种与育苗期

芹菜喜冷凉湿润的环境。在我国北方的春、秋季节，天气冷凉，适于芹菜生长。一般6～8月都可播种，苗龄在40～60天。在高温多雨季节，需有遮阳防雨措施。如果在冬季保护生产，可在1～3月于保护设施内育苗，苗龄60天左右。芹菜可一年四季排开播种，中小拱棚或简易日光温室都可栽培。

一般 7～8 月播种,10 月定植。在春季露地种植,一般在 4～5 月播种,6～7 月定植。

2.品种和播种量

芹菜的早熟品种有西芹、铁杆青、天津实心芹等;中晚熟品种有京芹 1 号、康乃尔 019、意大利冬芹、美国白芹等。一般每亩播种量 600～1 000 克,育苗后可定植 3～5 亩生产田。

3.种子消毒与催芽

芹菜的种皮厚而坚,并有油腺,难透水,发芽困难,而且是双悬果,有刺毛。所以,育苗可用厚布鞋底或厚皮手套或用砖石等,将双悬果搓擦分开,除去刺毛,然后再浸种催芽。先用 50 ℃热水搅拌烫种 10 分钟,再用清水浸种,接着用冷凉清水浸泡 12～14 小时,然后揉搓,用清水淘洗干净。待种子表面湿而无水时,与等量湿沙均匀搅拌(也可不掺细沙),而后放在 15～20 ℃冷凉环境条件下保湿催芽。随后每 4～6 小时用清水淘洗 1 次。要在弱光下催芽,在湿布上平铺 5 厘米厚种子,通过喷水保湿,经常翻动淘洗,经 7～8 天即可出芽。待 60% 以上种子萌动后,即可播种。

夏季育苗,也可用 5 毫克/千克赤霉素溶液浸种 12 小时,以代替低温催芽。露地直播的播种量要加大,而且地温必须稳定在 12 ℃以上时才可播种。

4.育苗床准备与床土消毒

芹菜育苗只用苗床,不用营养钵或土方。配制床土,多用肥沃的园田土 6 份,加腐熟马粪 3 份、细沙 1 份,分别过筛后混匀撒施。在苗床土浅翻、施足基肥后,再平整作畦。如果需要床土消毒,可配制药土备用(配制药土的方法与种植黄瓜或番茄配制药土的方法相同)。

5.播种与苗期管理

(1)播种。宜选用实心品种。定植 1 亩需 200 克种子、50 平方米左右的育苗床。苗床宜选择地势高燥、排灌便利的地块,做成 1.0～1.5 米宽的低畦。种子用 5 毫克/千克的赤霉素溶液或 1 000 毫克/千克的硫脲浸种 12 小时后掺沙撒播。播前把苗床浇透底水,播后覆土厚度不超过 0.5 厘米,搭花阴或搭遮阴棚降温,亦可与小白菜混播。播后苗前用 25% 除草醚可湿性粉剂 11.25～15 千克/公顷兑水 900～1 500 千克喷洒。

(2)苗期管理。出苗前保持畦面湿润,幼苗顶土时浅浇 1 次水,齐苗后每隔 2～3 天浇 1 次水,宜早晚浇。小苗长有 1～2 片叶时覆 1 次细土并逐渐撒除遮阴物。幼苗长有 2～3 片叶时间苗,苗距为 2 厘米左右,然后浇 1 次水。幼苗长有 3～4 片叶时结合浇水追施少量尿素(75 千克/公顷),苗高 10

厘米时再随水追1次氮肥。苗期要及时除草。当幼苗长有4～5片叶、株高为13～15厘米时定植。

6.芹菜秧苗的壮苗标准

苗龄一般45～70天，株高7～10厘米，有3～5片真叶，叶色浓绿，根系较多，无病虫害，无机械损伤。

7.芹菜育苗注意事项

芹菜喜冷凉环境。育苗地温在13℃左右，气温在18℃左右，可以控制徒长。由于苗期生长缓慢，根又喜湿，所以土壤墒情要好。芹菜种子有需光性，浸种催芽时应让种子见光。芹菜种子小，种皮厚，吸水困难，应温汤浸种后再催芽。为了保证顺利出苗，夏、秋季播种时要遮阳，以防强光高温。播种床表面要盖草，以保湿降温。

8.定植与定植后管理

（1）定植。土壤翻耕、耙平后先做成1米宽的低畦，再按畦施入充分腐熟的粪肥45 000～75 000千克/公顷，并掺入过磷酸钙450千克/公顷，深翻20厘米，粪土掺匀后耙平畦面。定植前一天将苗床浇透水，并将大小苗分区定植，随起苗随栽随浇水，深度以不埋没菜心为度。定植密度：洋芹为24～28厘米，本芹为10厘米。

（2）定植后管理。

①肥水管理。缓苗期间宜保持地面湿润，缓苗后中耕蹲苗促发新根，7～10天后浇水追肥（粪稀15 000千克/公顷），此后保持地面经常湿润。20天后随水追第二次肥（尿素450千克/公顷），并随着外界气温的降低适当延长浇水间隔时间，保持地面见干见湿，防止湿度过大感病。

②温、湿度调控。芹菜敞棚定植，当外界最低气温降至10℃以下时应及时上好棚膜。扣棚初期宜保持日夜通风；降早霜时夜间要放下底角膜；当温室内最低温度降至10℃时，夜间关闭放风门。白天当温室内温度升至25℃时开始放风，午后室温降至15～18℃时关闭风口。当温室内最低温度降至7～8℃时，夜间覆盖草苫防寒保温。

9.适时采收

芹菜一般生育期为120～140天，在成株有8～10片成龄叶时，就可采收。如果水肥条件好，光照适宜，叶柄长可达40～70厘米。如果营养条件差，缺水干旱，光照又太强，则易老化，品质差，产量低，株高只有20～30厘米。不管怎样，到采收期必须采收，否则品质会进一步下降，而且易引起病虫害或倒伏。采收要在无露水条件下进行。采收方法有3种，一是成片割收或连根拔起，倒茬腾地时必须采用这种方法。二是间拔大株留小株，这种采收方法既可保证产量和质量，又可进行多次采收，为小株增加营养面积和生长空间，并可通过加强水肥管理，促使小株加快生长。三是实行擗收，每次每株只擗2～4片大叶。擗的时候一只手按住根部，另一只手把住叶柄基部擗下，一定不可转动根茎。一般每7～10天擗收1次。芹菜每亩产量在3 000～5 000千克。

（三）露地秋茬芹菜栽培技术

露地秋茬芹菜育苗技术和定植方法、密度与日光温室秋冬季芹菜相似。前茬宜选择春黄瓜、豆角或茄果类，选择排灌便利的地块栽培芹菜。播种前对种子进行低温处理，可促进种子发芽。

露地秋茬芹菜定植后缓苗期间宜小水勤浇，保持地表湿润，促发根缓苗。缓苗后结合浇水追1次肥（尿素150～225千克/公顷），然后连续进行浅中耕，促叶柄增粗，蹲苗10天左右。此后一直到秋分前每隔2～3天浇1次水，若天气炎热则每天小水勤浇。秋分后株高为25厘米左右时，结合浇水追第二次肥（尿素300～375千克/公顷）。株高为30～40厘米时，随水追第三次肥并加大浇水量，地面勿见干。霜降后，气温明显降低，应适当减少浇水，否则影响叶柄增粗。准备储藏的芹菜应在收获前一周停止浇水。

培土软化芹菜，一般在苗高约为30厘米时进行，注意不要使植株受伤，不让土粒落入心叶之间，以免引起腐烂。培土一般在秋凉后进行，早栽的培土1～2次，晚栽的3～4次，每次培土高度以不埋没心叶为度。准备冬储后上市的芹菜应在不受冻的前提下尽量延迟收获。芹菜株高60～80厘米，即可陆续采收。

五、莴苣

（一）生物学特性

1. 形态特征

莴苣属于菊科莴苣属草本植物。浅根系蔬菜，根浅而密。茎为短缩茎，茎上着生叶片。叶片皱，有锯齿或深裂，叶全绿色或黄绿色，叶片有散生和形成叶球等形式。花黄色，头状花序，自花授粉。果为瘦果，黑色或灰色，有冠毛。种子细长，微小，千粒重8～12克。

2. 对环境条件的要求

叶用莴苣喜冷凉环境，适应温度范围为10～25 ℃，适宜温度为

15 ～ 20 ℃。对湿度条件的要求：全生育期要求有充足水分。对光照条件的要求：它属于长日照作物，光照充足有利于植株生长，在日照 14 小时以上时，有利于抽薹开花。对营养条件的要求：生长期需要氮、磷、钾肥配合使用，每生产 1 000 千克叶用莴苣，需吸收氮 2.5 千克、磷 1.2 千克、钾 4.5 千克。对土壤条件的要求：叶用莴苣要求富含有机质、保水保肥力强的黏质壤土，土壤的适宜 pH 以 5 ～ 7 为宜，莴苣一般喜微酸性土壤。

（二）栽培技术

1.种子选择

选择优质、高产、抗逆性能强、适应性广、商品性好的莴苣品种。

2.栽培季节

根据莴苣喜凉爽，不耐高温，不耐霜冻，在长日照下形成花芽的特性，一般以春、秋两季栽培为主。

春莴苣即越冬莴苣，约在 9 月播种，使幼苗在入冬前停止生长时能达到 4 ～ 5 片真叶，次春返青后，其根系及叶簇充分生长，积累多量的干物质，在营养充足，适宜的情况下茎部即迅速肥大。如秋播过早，幼苗易徒长，花芽分化早，茎细长，产量低。播种过迟，苗小易遭冻害。

一般秋莴苣生育期需 85 ～ 90 天，所以播种期应在大暑到立秋之间，直播或育苗移栽，11 月上旬以前收获。

3.春莴苣的栽培要点

（1）播种期。在一些露地可以越冬的地区常实行秋播，植株在 6 ～ 7 片真叶时越冬。春播时，各地播种时间比早甘蓝稍晚些，一般均进行育苗。

（2）育苗。播种量按定植面积播种 1 千克 / 公顷左右，苗床面积与定植面积之比约为 1 ：20。出苗后应及时分苗，保持苗距 4 ～ 5 厘米。苗期适当控制浇水，使叶片肥厚、平展，防止徒长。

（3）定植。春季定植，一般在终霜前 10 天左右进行。秋季定植，可在土壤封冻前 1 个月的时期进行。定植时植株带 6 ～ 7 厘米长的主根，以利缓苗。定植株行距分别为 30 ～ 40 厘米。

（4）田间管理。秋播越冬栽培者，定植后应控制水分，以促进植株发根，结合中耕进行蹲苗。土地封冻以前用马粪或圈粪盖在植株周围保护茎以防受冻，也可结合中耕培土围根。返青以后要少浇水多中耕，植株"团棵"时应施一次速效性氮肥。长出两个叶环时，应浇水并施速效性氮肥与钾肥。

（5）收获。莴苣主茎顶端与最高叶片的叶尖相平时（"平口"）为收获适期，这时茎部已充分肥大，品质脆嫩，如收获太晚，花茎伸长，纤维增多，肉质变硬甚至中空。

4. 秋莴苣的栽培要点

秋莴苣的播种育苗期正处高温季节，昼夜温差小，夜温高，呼吸作用强，容易徒长，同时播种后的高温长日照使莴苣迅速花芽分化而抽薹，所以培育出壮苗及防止未熟抽薹是秋莴苣栽培成功的关键。

选择耐热不易抽薹的品种，适当晚播。培育壮苗，控制植株徒长。定植时植株日历苗龄在 25 天左右，最长不应超过 30 天，4～5 片真叶大小。注意肥水管理，防止茎部开始膨大后的生长过速，引起茎的品质下降。为防止莴苣的未熟抽薹，可在莴苣封行、基部开始肥大时，用 500～1 000 毫克 / 千克的青鲜素（MH）或 600～1 000 毫克 / 千克的矮壮素（CCC）喷叶面 2～3 次，可有效地抑制薹的抽长，增加茎重。

第二节　瓜类无公害蔬菜栽培技术

一、黄瓜

（一）生物学特性

1. 形态特征

黄瓜属于葫芦科一年生蔓生植物。浅根系，根量少而且易木质化，不易出现再生根，根的好气性强，而且茎节上易产生不定根。茎为细长攀缘蔓生，有刚毛，茎五棱，中空，茎节有分枝或卷须。叶片深绿色，呈五角形，叶缘有缺刻，叶片和叶柄上有刺毛。花黄色，雌雄同株异花，有单性结实习性，筒状花冠，多在早晨开花。果实为假浆果，外皮绿色或黄绿色，有瘤刺，果实呈长筒形或棒状，含有苦瓜素。种子扁平，长椭圆形，黄白色，千粒重 22～43 克。

2. 对环境条件的要求

黄瓜喜温喜湿。对温度条件的要求：适应的气温范围为 10～38 ℃，白天适温较高，为 25～32 ℃，夜间适温较低，为 15～18 ℃。对水分条件的要求：对水分很敏感，要求空气相对湿度为 60%～90%；土壤必须潮湿，含水量达到田间最大持水量的 70%～80%。对光照条件的要求：光饱和点为 5.5

万勒克斯，光补偿点为2000勒克斯。由于黄瓜为短日照作物，对日照的长短要求不严。在日照8～11小时的条件下，有利于提早开花结实。对营养条件的要求：黄瓜喜肥，氮、磷、钾必须配合施用。每生产1000千克黄瓜，需氮1.7千克、磷0.99千克、钾3.49千克，而且在结瓜期需肥量占总需肥量的80%以上。在光合作用进行过程中，对二氧化碳很敏感。对土壤条件的要求：适于疏松肥沃、透气良好的沙壤土，土壤pH以5.5～7.0为宜。

（二）栽培技术

1. 温室选址

选择远离生活区、厂矿、医院和交通干线，土壤肥沃，有机质含量高，空气清新，水源洁净，排灌设施齐备，前茬没有种植过葫芦科作物的温室，进行种植。

2. 育苗方式

根据季节和生产条件可在露地、阳畦、塑料拱棚、日光温室育苗，可加设酿热物温床、电热温床及穴盘育苗。

3. 品种选择

选用早熟、丰产、优质、抗病性强、商品性好的品种。华南型黄瓜品种有申青1号、南杂2号和宝杂2号等，华北型黄瓜品种有津优1号、津春4号、津春5号和津绿4号等，欧洲光皮型黄瓜有申绿03、碧玉2号和春秋王等。

4. 播种期

赤峰地区日光温室冬春茬黄瓜一般上一年9～10月份定植，第二年5～6月份拉秧。下茬种植豆角或二茬黄瓜。

5. 营养土配制

播种育苗前需进行营养土配制，一般按体积配比，菜园土（3年以上未种植过瓜类作物）6份、充分腐熟的有机肥（可采用精制商品有机肥）3份、砻糠灰1份，按总重量的0.05%投入50%多菌灵可湿性粉剂，充分搅匀后密闭24小时，晾开堆放7～10天，待用。

6. 种子处理

先用清水浸润种子，再放入55℃的温水烫种，水量是种子的4～5倍，不断搅拌，10～15分钟后捞出用清水冲洗，去杂去瘪。

7. 营养钵电加温线育苗

选择排灌方便、土壤疏松肥沃的大棚地块。苗床播种前1个月深翻晒白。

整平苗床后，按 80～100 瓦／米² 铺电加温线。

选择直径为 8 厘米的塑料营养钵，装入营养土，排列于已铺电加温线的苗床上。播种前一天，营养钵浇足底水。选择饱满的种子，每营养钵播种 1 粒，轻浇水，再用营养土盖籽，厚度为 0.5～1 厘米。然后盖地膜、搭小环棚，做好防霜冻工作。

播种至种子破土，白天保持小环棚内温度达到 28～30 ℃，夜间 25 ℃。破土后揭去营养钵上的地膜，保持白天温度达到 25～28 ℃，夜间温度达到 20 ℃。齐苗后土壤含水量保持在 70%～80%。

8. 适期播种

9 月初，最好选用包衣种子进行播种。选用普通种子时，要先在 50 ℃ 左右的温水中浸种 30 分钟，洗掉黏液，沥干水，用纱布包好，放在 28 ℃ 的恒温箱中，催芽 24～48 小时。待种子露白时，点播在 10 厘米×10 厘米的营养器内，每个营养器内放 2 粒，筛细营养土盖好，保湿育苗。

（1）一般播种。在育苗地深挖 15 厘米苗床，内铺配制床土厚 10 厘米，浇水渗透后，上铺药土厚 2 厘米，按行株距 3 厘米×3 厘米点种，上覆药土堆高 2 厘米，床土覆盖塑料防雨保温。

（2）容器播种。将 15 厘米深苗床先浇透水，用直径 10 厘米、高 12 厘米的纸筒（塑料薄膜筒或育苗钵），内装配制床土 8 厘米，上铺药土 2 厘米，每纸筒内点播 1 粒种子，用喷壶浇透后，上覆药土 2 厘米。

（3）嫁接苗的播种。用靠接法的黄瓜比南瓜（南砧 1 号或云南黑籽南瓜）早播种 3 天；用插接法的南瓜比黄瓜早播种 3～4 天。

9. 苗期管理

整个苗期以防寒保暖为主，白天多见阳光，夜间加强小环棚覆盖，白天温度达到 20～25 ℃，夜间温度达到 13～15 ℃。苗期以控水为主，追肥以叶面肥为宜，应在晴天中午进行，并掌握低浓度。

定植前 7 天逐渐降低苗床温度，白天温度控制在 15 ℃，夜间温度控制在 10 ℃（表 3-1）。

壮苗标准为子叶平展、有光泽，茎粗在 0.5 厘米以上，节间长度 3～4 厘米，株高 10 厘米，4 叶 1 心，子叶完整无损，叶色深绿，无病虫害，苗龄为 30～40 天。

表 3-1　黄瓜苗期温度管理

（单位：℃）

时期	白天适宜温度	夜间适宜温度
播后至出土	28～32	18～20
出土至破心	25～30	16～18
破心至分苗	20～25	14～16
分苗至缓苗	28～30	16～18
缓苗至定植	20～25	14～16

10. 适时定植

（1）定植期。黄瓜属于喜温作物，因而其定植期必须选在温暖时期，或创造出温暖环境再定植。露地生产，必须在终霜期过后进行，一般在 10 厘米土温稳定在 12 ℃以上，气温在 18～20 ℃时定植。如果地膜覆盖，可提前 1周定植；如果在大棚内定植，可提前 15～20 天。如果在温室内定植，必须掌握 10 厘米土温在 12 ℃以上，气温在 20 ℃左右，而且要事先整地。

（2）定植前整地。黄瓜是喜水喜肥作物，而且根的再生力弱，因此要求耕作土层深厚，排灌良好，土质肥沃，中性或微酸性土壤。每生产 1 000 千克黄瓜需氮 1.7 千克、磷 0.99 千克、钾 3.49 千克。此外，还需氧化钙 3.1 千克、氧化镁 0.7 千克和适量的二氧化碳。因此，应在多次深翻熟化土壤的基础上，每亩施腐熟的优质粗肥 1 万千克、磷酸二铵 50 千克。深翻后，做成高畦或大垄皆可。一般畦（垄）宽 100 厘米，高 10 厘米。如果在棚室内生产，畦（垄）上面应覆地膜，地膜下应留水沟，以备进行膜下暗灌。这样，可以降低棚室内的湿度，减少病虫害发生。

（3）定植方法。在冬春季棚室内定植，必须选冷尾暖头，应该在冷尾暖头的晴天中午开始定植。在夏天或气温高时定植，则应选阴天或下午定植，这样有利于缓苗成活。定植采用大垄（畦）双行、内紧外松的方法，这样既有利于通风透光，又便于田间作业。每垄（畦）栽 2 行，小行距为 45 厘米，株距30 厘米，每亩 4 000 株。如果采用嫁接苗定植，应采用 120 厘米宽畦（大垄），小行距 55 厘米，株距 40 厘米，每亩 2 800 株左右。定植时，用打孔器按一定株行距打穴眼，然后放进带土坨的壮秧。随后浇水（冬季浇温水），以水能渗透土坨为度。栽的深度可稍露土坨，要求嫁接苗切口处不可有土。水渗下后应及时封埯。在冬季和春季定植后，为了保温，还可扣小拱棚。在夏季定植，为防止高温、强光照和雨水冲刷，应支遮阳网或遮阳棚。

11.田间管理

（1）温光调控。

①定植至缓苗期。定植后5～7天基本不通风，保持白天温度为25～28℃，晚上温度不低于15℃。

②缓苗至采收。以提高温度，增加光照，促进发根、发棵，控制病虫害的发生为主要目标。管理措施以小环棚及覆盖物的揭盖为主要调节手段。缓苗后，晴天白天以不超过25℃为宜，夜间维持在10～12℃，阴天白天温度在20℃左右，夜间温度在8～10℃，尽量保持昼夜温差在8℃以上。晴天应及时揭除覆盖物，下午在室内气温下降到18～20℃时应及时覆盖。室温超过30℃以上，应立即通风。如果室内连续降至5℃以下时，应采取辅助加温措施。

（3）采收期。进入采收期后，保持白天温度不低于20℃，以25～30℃时黄瓜果实生长最快。

（2）植株整理。

①搭架。在黄瓜抽蔓后及时搭架，既可搭"人"字形架或平行架，也可用绳牵引，用绳牵引的要在大棚上拉好铁丝，准备好尼龙绳，制作好生长架。

②整枝。及时摘除侧枝。10节以下侧枝全部摘除，其他可留2叶摘心，生长后期将植株下部的病叶、老叶及时摘除，以加强植株通风透光，提高植株抗逆性。剪枝摘叶需在晴天上午10时以后进行，阴雨天一般不整枝。整枝后为避免整枝处感染，可喷施药剂进行保护。

③引蔓。黄瓜抽蔓后及时绑蔓，第一次绑蔓在植株高30～35厘米时，以后每3～4节绑一次。绑蔓一般在下午进行，避免发生断蔓。当主蔓满架后及时摘心，促生子蔓和回头瓜。用绳牵引的要顺时针向上牵引，避免折断瓜蔓。当主蔓到达牵引绳上部时，可将绳放下后再向上牵引。

12.肥水管理

（1）追肥。

①定植至采收。定植后根据植株生长情况，追肥1～2次。第一次在定植后7～10天施提苗肥，每亩施尿素2.5千克左右或有机液肥，如氨基酸液肥、赐保康每亩施0.2千克；第二次在抽蔓至开花，每亩施尿素5～10千克，促进抽蔓和开花结果。

②采收期。进入采收期后，肥水应掌握轻浇、勤浇的原则，施肥量先轻后重。

（2）水分管理。黄瓜需水量大且不耐涝。幼苗期需水量小，此时土壤湿度过大容易引起烂根；进入开花结果期后，需水量大，此时如不及时供水或供水不足，会严重影响果实生长和削弱结果能力。因此，在田间管理上需保持土壤湿润，干旱时及时灌溉，可采用浇灌、滴灌、沟灌等方式，避免急灌、大灌和漫灌，沟灌后要及时排出沟内水分，以免引起烂根。

13.适时采收

黄瓜只要水肥充足，在适宜的温度和光照下，瓜条生长膨大得较快，有的一昼夜可长 3～5 厘米。因此，必须及时采收，只要达到商品成熟度就可采收。在冬、春季生产黄瓜，如有降温天气、连阴雨、雪天，或发现有脱肥现象时，应提前采收。特别是对根瓜应该早摘，因为根瓜的生长直接影响到其他瓜的发育。另外，对于畸形瓜，如螺旋瓜、尖嘴瓜及大肚瓜等，必须及早摘除，以减少营养消耗。

二、冬瓜

（一）生物学特性

1.形态特征

冬瓜属于葫芦科一年生蔓生植物。冬瓜根系发达，吸收力强，茎五棱、中空，蔓生，绿色，有茸毛，茎节上有卷须，叶腋可抽生侧蔓。叶片大，掌状浅裂，有叶柄和茸毛。花为黄色大花，雌雄同株异花，一般早晨开花。果实为扁圆或椭圆形，幼嫩果有茸毛，成熟果实绿皮，有蜡粉和茸毛。种子呈乳黄色、椭圆形，千粒重 80～100 克。

2.对环境条件要求

冬瓜是喜温耐热蔬菜，种子发芽的适温在 30 ℃左右，生长期适温在 22～28 ℃，其中以 25 ℃最好。冬瓜对光照要求不严，但幼苗期处在 16 ℃左右的温度下，11 小时以下日照，则不但开花早，而且开雌花的节位低，一般第 5 至第 6 节就有雌花。冬瓜根系发达，吸收力强，所以比较耐旱。同时，因茎叶茂盛，蒸腾力强，因此需水较多。在坐果以后需肥剧增，每生产 1 000 千克冬瓜，需氮 3～6 千克、磷 2～3 千克、钾 2～3 千克。冬瓜喜富含有机质的肥沃土壤。

（二）栽培技术

1. 栽培方式

（1）地冬瓜。植株爬地生长，株行距较稀，一般每亩种植300株左右，管理比较粗放，生长初期可选留1～2条强壮侧蔓，其余侧蔓摘除，结果后任其生长。

（2）棚冬瓜。用竹木搭棚引蔓，有高棚和矮棚之分。高棚一般高1.7～2米，矮棚一般高0.6～0.8米，瓜蔓上棚以前摘除侧蔓，上棚以后任其生长。高棚一般按株距设立支架，上面用竹木搭成纵横交错的棚面，棚下管理方便，并可间套种。

（3）架冬瓜。架冬瓜是冬瓜大棚栽培的主要形式，就是让冬瓜上架生长，生产上应用较多。支架的形式有多种，有"一条龙"，即每株一桩，在130～150厘米高处，用横竹连贯固定；有"一星鼓架龙眼"和"四星鼓架龙眼"，即用三或四根竹竿搭成鼓架，各鼓架用横竹连贯固定，一株一个鼓架。

2. 栽培季节

冬瓜喜温耐热，开花期气候条件对坐果率影响很大，为获得丰产，应选冬瓜坐果和果实发育的适宜气候条件栽植。天气晴朗，气温较高，湿度较大等气候条件有利于坐果；而空气干燥，气温低或阴雨天时，因昆虫活动少，不利于授粉，则坐果差。北方栽培冬瓜的春茬播种期为3月中旬至4月下旬，夏茬在5月上中旬直播，秋冬茬在7月中上旬。

3. 确定播种育苗期

因冬瓜喜温耐热，我国北方露地栽培较晚，一般于4月育苗，5月定植，在露地直播于5月开始。

4. 选择品种和确定播量

冬瓜的早熟品种有一窝蜂、一串铃、五叶子冬瓜等；晚熟品种有青皮、车头、北京地冬瓜和玉林大石瓜等。在生产中多选用早熟的小冬瓜，如选用一串铃冬瓜等。育苗每亩播种量在300克左右。

5. 种子消毒与催芽

冬瓜种子皮厚，而且有角质层，不易吸水。因而，在催芽前，应在80℃水中搅拌烫种10分钟，然后在30℃水中浸泡8～10小时。随后，用清水淘洗干净，放在25～30℃条件下保湿催芽，每6小时用温清水淘洗1次。一般经3～5天即可发芽，当芽长到相当于种子长度一半时，播种最好。

6. 配制床土

选用肥沃的园田土 4 份、腐熟的马粪 3 份、细炉渣或细沙 2 份、腐熟的大粪干粉 1 份，每立方米床土再加复合肥 5 千克，充分混合均匀后，装进营养钵或纸袋，摆在苗床里即可。

7. 播种育苗

播种前一天先将营养土浇透水，以利于营养土蒸发少许水分后变得疏松些，便于胚根下扎；每个营养钵播露白种子 1 粒，种子平放，露白芽尖朝下；播种时可先用一小木杆在钵中间扎一小洞穴，以便于放置种子；播后撒一层细土盖种。而后用竹片在苗床上搭起小拱棚，盖上薄膜保温保湿，确保整齐出苗。由于播前营养土已浇透水，为防止浇水造成泥土粘住种壳，不利子叶展开出苗，播后 5 天内可不用浇水。

8. 苗期管理

播种出苗后要及时补充水分，保持土壤湿润，切勿浇水过多，以防沤种烂根。至 70% 幼苗破心展开第 1 片真叶后，及时揭除薄膜通风炼苗，或昼揭夜盖（早春易遇低温，夜晚仍覆盖），并适当控制水分，促进根系生长，使瓜苗稳健生长，苗龄 25～30 天，即可移植大田；移栽前 2～3 天，浇施一次10% 稀人粪尿，喷洒 80% 代森锌或 75% 百菌清 600 倍药液，做到带肥带药移植。

（1）温度管理。苗期苗床土温至少需保持在 10 ℃以上，最适宜温度26 ℃。种子发芽时昼夜温度须控制在 25～30 ℃。齐苗至炼苗前，白天气温保持在 25～30 ℃；夜温则随着苗龄增长而顺次降低，即 2 片叶前，夜温20～25 ℃，2～4 片叶期，夜温降到 20 ℃，4 片叶以后，夜温降到 15 ℃。

（2）湿度管理。苗床温度要掌握"宁干勿湿"的原则。如土壤确实干燥，必须浇水时要浇与床温相近的温水。在早上揭开草帘后，膜上凝有水珠，这时床内温度不高，可短时间通风，放去湿气。要经常保持土表湿润，不能忽干忽湿。

（3）施肥管理。冬瓜育苗要求用腐熟的有机肥、熟土以及砻糠灰配制营养土，育苗后期视情况而定，可浇一点稀粪水。

9. 定植

（1）移栽定植。苗龄达 25～30 天，幼苗展叶 3～4 叶，即可移栽大苗定植。定植前后先用 40% 辛硫磷 1 000 倍液浇淋种植穴，杀灭地下害虫。定植时，将种植穴部位地膜撕开一圆洞，挖一小穴，将营养钵中的小苗连土取出，植于穴中，用土固定；定植后及时浇足根水，可用 2.5% 适乐时 2 000 倍液或 45% 恶霉灵 3 000 ～ 4 000 倍液做定根水，预防枯萎病。

（2）适时定植。当地温达到 18 ℃，气温达到 25 ℃，就可移苗定植。每畦 2 行，小行距 70 厘米，株距 50 厘米，按株行距打孔栽苗，然后浇透坐苗水，待水渗下后覆土封埯。也可栽苗后就及时封埯，稍镇压后按畦浇水。一般 3 天即可缓苗，缓苗后中耕松土，促进生根。

10. 田间管理

（1）灌溉、追肥与中耕。冬瓜的灌溉原则和其他瓜类相似，要促控结合，蹲苗期以控为主，浇过缓苗水后，要及时深耕细耙，保温保墒。幼苗期及抽蔓期，结合浇水每亩追施氮肥 2 ～ 3 千克（折合尿素 4.3 ～ 6.5 千克）。冬瓜坐果后是供水的关键时期，应给予充足的水肥，结合浇水每亩追施氮肥 3 千克（折合尿素 6.5 千克）、钾肥 5 千克（折合硫酸钾 10 千克）。

（2）植株的整理。冬瓜一般是主蔓结果，为使主蔓生长健壮，营养集中，应及时摘除侧蔓，在整蔓的同时，要做好引蔓、压蔓的工作。架冬瓜要把坐果节位放在棚架的横杆处，以便吊瓜，所以一般当主蔓上有 15 ～ 20 节时才引蔓上架（多余的蔓或盘于竖杆周围，或贴地横走至适应的竖杆处上架）。地冬瓜蔓长 50 ～ 70 厘米时开始压蔓，压蔓可以人为调整安排和固定瓜蔓的走向，以促进不定根的发生。压蔓时要把瓜蔓均匀散开，布满整个畦面，使之充分利用阳光。

（3）肥水管理。

①缓苗期管理。定植后 5 ～ 10 天内，是确保幼苗成活的关键时期，必须保持土壤湿润。天气持续晴朗，空气干燥，需 3 ～ 5 天浇水一次。

②定植后至开花期。定植后根系不断扩展，但仍较弱小，吸肥吸水能力差，为加速抽蔓，壮大根系，要薄肥勤施，并保持土壤湿润。一般每隔 7 ～ 10 天追施一次腐熟人粪尿液，开始浓度为 10%，随着瓜蔓伸长，浓度可增加到 30% ～ 50%。

③坐瓜期。当幼瓜长至拳头大小时，及时重施坐果肥，每亩追施 15：15：15 硫酸钾复合肥 40 ～ 45 千克，间隔 7 ～ 10 天一次，分两次施用，两次施肥点要分开；至冬瓜迅速膨大期，需水量大，保持土壤湿润，若遇干旱灌溉"跑马水"。

（4）理蔓与留瓜。

①搭棚架。采用平架棚栽培，棚架高 1.7 ～ 2.0 米。

②盘蔓。冬瓜生长势强，生长速度快，瓜蔓易发生不定根，为了扩大吸收营养面积，将根茎部 10 个节左右瓜蔓在畦面绕成一个直径 1 米左右的圆圈，

再让其延伸上架。

③绑蔓上架。在植株旁插一木杆或竹竿，或在棚架上瓜蔓上架对应位置绑一塑料绳悬垂至畦面，将瓜蔓绑扎于杆上或塑料绳上，使瓜蔓顺着支柱杆或塑料绳上架。

④整蔓。一是指抹除架下各节位长出的侧蔓及卷须，减少养分消耗；二是引蔓，瓜蔓上架后，继续摘除侧蔓，并经常整理主蔓的生长方向，使茎叶在棚架上均匀分布；待坐瓜后，在瓜以上留 8～10 片叶摘心，并抹除其余侧蔓。

⑤留瓜定瓜。大型冬瓜坐果节位以 30～35 节为宜，这个节位范围内坐的果瓜形大，且重实；其次为 23～28 节位的瓜。这些节位开花坐果后，视瓜形每株选留 1～2 个，待瓜长至拳头大小，约 0.25 千克重时，在瓜柄上系上布条或麻绳，捆绑在棚架横杆上，以防掉落。

11. 适时采收

冬瓜由开花到成熟需 40 天左右，小型冬瓜达到商品成熟期就可采收，大型冬瓜必须达到生理成熟期才能收获。收获时，用剪刀从果柄处剪下，一般每亩产量可达 8 000 千克左右。

三、苦瓜

（一）生物学特性

1. 形态特征

苦瓜属于葫芦科一年生攀缘草本植物，具有特殊苦味。苦瓜根系发达，侧根较多；茎蔓绿色，被生茸毛，茎有 5 条纵棱，茎节上多生卷须和侧蔓。初生叶片绿色呈盾形对生，以后出生的真叶为绿色，呈掌状深裂，叶片互生，有叶柄。花为钟形，雌雄同株异花，黄色并具有长花柄。果实为圆锥形或纺锤形，呈绿白色，果表面有纵棱或有白绿瘤状突起，成熟时果肉开裂，露出橙黄色种子、鲜红色果肉，果肉味甜，可生食。种子皮厚而坚硬，种皮有花纹，千粒重 170 克左右。

2. 对环境条件的要求

苦瓜喜温耐热，种子发芽适温 30～35 ℃，幼苗生长适温 24 ℃左右，开花结果期适温 28 ℃左右。在气温 15 ℃以下，则生长缓慢，发芽困难。气温高于 30 ℃和低于 15 ℃时，对苦瓜的生长和结果都不利。苦瓜喜湿而不耐涝，生长期需要保持土壤潮湿，空气相对湿度应在 80%～90%。苦瓜属于短日照作物，喜光而不耐阴，开花期需要强光照，光照充足有利于果实发育。苦瓜喜肥耐肥，喜富含有机质的肥沃园田土壤。

（二）栽培技术

1. 品种与类型

一般按果形，苦瓜分为两大类：果形长而大的为大苦瓜，如大白苦瓜、长白苦瓜、广州大顶等；果实短而粗的为小苦瓜，其果实多为短纺锤形，皮厚、籽多、产量低，不适于栽培。

2. 育苗

为适应市场需求，要选用抗病、优质、高产、耐贮运、品质好的品种。一般选择夏丰2号、青玉苦瓜等。由于苦瓜种子种皮坚硬，表皮还有蜡质，吸水较慢，播种前要进行浸种催芽。方法：先用清水将种子清洗干净，再用 50 ～ 60 ℃温水浸种 10 ～ 30 分钟。温水浸种能将附着在苦瓜种子表面的病菌杀死，改善种皮的通透性。边浸种边搅拌，自然冷却后再用清水浸泡10 ～ 12 小时；清水浸泡时，每隔 4 ～ 5 小时换一次水。浸泡结束后，用干净的纱布或者毛巾将种子包起来，再置于 30 ～ 35 ℃下催芽。需要特别注意的是，在催芽过程中，每天用与催芽温度相当的清水擦洗一次，以除去种子表面黏液。苦瓜播种通常采用营养钵育苗、营养土切块育苗。营养钵直径为10 厘米，营养土块 10 平方厘米。播种在棚内进行，在每个营养钵中点播 1 粒种子，随后覆上 1.0 ～ 1.5 厘米厚的营养土。采用营养土切块的方式育苗，播种时胚芽朝下，播后覆盖 2 厘米厚细土，然后覆膜。苦瓜播种后，苗床的温度控制是关键。出苗前的温度应保持在 30 ～ 35 ℃，出苗后保持在 25 ℃左右。夜间温度低于 15 ℃时，要加盖草帘保温。

3. 整地施基肥

栽培苦瓜要选择地势高、排灌方便、土质肥沃的泥质土为宜，前茬作物最好是水稻田，忌与瓜类蔬菜连作。播前耕翻晒垡，整地作畦。每亩要施入基肥（腐熟的土杂肥）1 500 ～ 2 000 千克，过磷酸钙 30 ～ 35 千克。

4. 适当密植

苦瓜苗长出 3 ～ 4 片真叶时，可选择晴天的下午定植。行距 × 株距为 65厘米 ×30 厘米，一般密度 2 000 ～ 2 250 株 / 亩。定植不可过深，因为苦瓜幼苗较纤弱，栽深易造成根腐烂而引起死苗，定植后要浇定苗水，促使其缓苗快。

5. 定植

当苦瓜幼苗长到 4 ～ 5 片真叶时，即可定植。苦瓜移栽前 1 周，要除去苗床上的薄膜。移植前一天要适当喷水，让根系带土，以便缓田。苦瓜苗的定植一般是大行距 80 厘米，小行距 40 厘米，株距 35 厘米。采用高培起垄的方式，每垄栽 2 行。苦瓜定苗不要过深，因为苦瓜幼苗纤细，容易造成根部腐烂，引起死苗。移栽时，把定植穴周围土整细，再把幼苗连土坨一起放入穴内，覆土并稍压实，覆土高度以子叶露出地面为准。定植后浇足定苗水，然后覆盖地膜。在膜上开口掏苗，促进缓苗。苦瓜定植后，白天温度要保持在 30 ℃左右，夜间不能低于 15 ℃。缓苗后，白天温度控制在 25 ℃，夜间 14 ～ 18 ℃。

6. 管理

（1）肥水管理。苦瓜栽培过程中，要结合锄草进行松土和培土，这样有利于提高土壤温度和增加土壤通透性，改善田间通风透光条件，促进根系发育。每次中耕锄草以后，都要培土起垄。尤其是在瓜蔓上架以后，及时给瓜秧根部培土，不要使根部外露。苦瓜耐肥不耐瘠薄，充足的养料是丰产的基础。苦瓜耐肥不耐涝，忌连作。栽种前要整地施基肥，每亩施有机肥 500 千克。苦瓜生长期长，结果多，对水肥要求高，要施足基肥。定植前，一般施充分腐熟的有机肥、钾肥、过磷酸钙、尿素或三元复合肥。为防治地下害虫和病害，应撒入敌克松原粉、辛硫磷颗粒剂。先将 2/3 肥料和药剂基施，施肥后要深翻 40 ～ 50 厘米；余下的肥料表施。苦瓜施足基肥后，在生长前期不必进行追肥浇水。进入开花结果期后，追肥时可在现蕾、开始结果和采收初期，追硫酸铵复合肥。在结果盛期，追 2 ～ 3 次过磷酸钙。根瓜坐住后，可选择晴天上午浇小水，结合浇水，追施磷酸二铵。以后的追肥浇水都应在果实采收后进行，每隔 10 天浇一次水。追肥要本着"少量多次，随水带肥，化肥与有机肥交替使用"的原则。浇水要坚持小水勤浇、不旱不浇的原则。

（2）田间管理。

①浇水。生长前期要保持土壤湿润，要求空气湿度较高。苦瓜不耐涝，雨天要及时排水，不使地面积水。

②整枝搭架。苦瓜爬蔓后及时插架。一般用竹竿或木杆搭成"人"字架或塑料绳吊蔓。苦瓜枝蔓很多应及时整枝。整枝方法有两种：一种是保留主蔓，将基部 33 厘米以下侧蔓摘除，促使主蔓和上部子蔓结瓜；另一种是留主侧蔓结瓜，当主蔓 1 米时摘心，使发生侧蔓，选留基部粗壮的侧蔓 1 ～ 2 个，当侧蔓着生雌花后摘心。

生长期要摘去部分侧蔓和瘦弱的枝蔓，以利通风透光，同时减轻支架的负荷，避免风雨后倒伏。

（3）植株管理。当植株长到 8 ～ 10 片叶、主蔓长到 40 ～ 50 厘米长时，可以对苦瓜植株进行吊蔓。吊蔓时，应按照苦瓜定植的株距，每 1 株苦瓜苗吊

1根尼龙绳。具体做法是，用尼龙绳吊起瓜秧，将瓜蔓缠绕在细绳上，使它向上生长。苦瓜吊蔓要及时，时间以晴天下午为宜，以免折蔓。苦瓜吊蔓以后，主蔓生长很快，而且分枝能力强。若任其自然生长，虽也能开花结果，但过多的侧枝将消耗大量的养分，从而影响植株主蔓的正常生长、开花和结果，因此必须对植株进行整枝打杈，以确保主蔓生长粗壮，叶片肥大，为开花结果积累养分。一般离地面50厘米以下的瓜蔓结果较少，要全部摘除。另一种整枝的方法是在主蔓距地面1米时摘心，留2条长势茁壮的侧蔓。在整枝的同时，要适当摘除过密的老叶、黄叶，以利通风透光，增强光合作用，并可减轻病害发生，提高产量。

7.适时采收

当苦瓜的果实充分长大，瓜肩瘤状物突起增大，瘤沟变浅，瓜尖干滑，皮层鲜绿或呈乳白色，并有光泽时，即可采收嫩果，根瓜可适当早摘。对于留种的成熟老瓜，也应适时采收，以防雨水过大或暴晒开裂。每亩产量一般在1 500～2 500千克。

四、南瓜

（一）生物学特征

1.形态特征

南瓜是葫芦科南瓜属一年生蔓性草本植物。南瓜在我国既当菜又当粮，有着广泛的食用群体。近年来，人们发现南瓜具有较高的营养价值和药用价值，因此南瓜系列产品如雨后春笋相继问世，人们对南瓜的市场需求也在不断地增加，故一些科研单位引进国外良种，使南瓜的品质和产量有了较大提高，南瓜的栽培面积也在逐年扩大。

2.对环境条件的要求

选择地势较高、排水良好、土质疏松及透气性好的地块，远离工矿企业和公路铁路主干线，避开工业和城市生活污染源的影响。最好是沙壤土和轻壤土，pH为5.5～6.8。低洼易涝的地块不宜种植南瓜。最好前茬作物为谷科或豆科作物，忌与葫芦科及茄科作物重、迎茬，以免土传病害严重发生。

（二）栽培技术

1.品种选择

选择色泽鲜亮、味香质佳、适于当地栽培的品种。种子质量：纯度≥95%，净度≥98%，发芽率≥90%。

2. 田块选择

选择土层深厚、排灌方便的旱地种植，并避免连作。

3. 栽培季节

（1）春早熟栽培。2月中下旬播种、大中棚育苗，3月中下旬地膜覆盖定植，5月中旬至6月底分批采收嫩瓜和成熟瓜。

（2）春季栽培。3月中下旬播种育苗，4月中下旬定植，6月下旬至9月上旬采收。

（3）秋延迟栽培。8月初播种育苗，8月中旬定植，10月上旬开始采收。

4. 育苗设施

根据育苗季节、气候条件的不同选用温室、塑料大棚、小拱棚等育苗设施，夏季育苗还应配有遮阳设施。有条件的可采用穴盘育苗和工厂化育苗。

5. 营养土

选用3年未种过葫芦科作物的田块，每立方米生茬园土中，加入25%多菌灵75克、3%辛硫磷颗粒剂30克及氮、磷、钾含量均为15%的硫酸钾三元复混肥1千克，充分掺匀，3天后装入营养钵中备用。

6. 苗床与苗期管理

每亩栽培面积需准备苗床20平方米。将配制好的营养土均匀铺于苗床上，厚度10厘米；或直接装入营养钵中。春季大棚育苗重点是保温、保湿，加快出苗。当80%以上幼苗出土时，应增加光照，降温降湿，防徒长。齐苗后，要保证充足的光照，同时昼温要控制在20～25℃，夜温15～18℃，地温20～23℃。定植前5～7天蹲苗。秧苗有3～4片真叶（苗龄25～30天）时即可定植。

7. 播种

（1）浸种。用55℃的温水浸种15分钟，然后使水温降到室温浸种1～2小时，最后用干净毛巾搓去种子表面的黏液。

（2）催芽。将浸泡后的种子放在25～30℃恒温条件下催芽，保持湿度，每天翻动3～4次，48小时即可出芽。

8. 播种方法

（1）育苗移栽。采用营养钵大棚或小拱棚育苗，将催好芽的南瓜种子放入10厘米×10厘米的大营养钵中，每钵1粒，盖上1.5厘米厚的消毒营养土，再盖上地膜，保持一定的温湿度，2叶1心时定植到大田。

（2）大田直播。春季直播应比育苗移栽稍晚播种。播种前作深沟高畦，畦宽2.5米，株距50厘米。出苗后，破膜放苗，防止高温烧苗。

9. 整地施肥

精细整地。整地前，每亩施优质农家肥4 000～5 000千克、磷酸二铵20千克，有条件的还可施生物菌肥。一般采用底肥一次性施入，要深翻，使土肥均匀。禁止使用未经国家和省农业部门登记的化学肥料或生物肥料，禁止使用硝态氮肥。起垄距离为60～120厘米，可以根据垄距采取窄畦单行或宽畦双行等种植方案。

10. 定植

（1）整地。6米宽大棚内做成2畦，露地做成宽2.5米（含沟）的深沟高畦。在畦的中间每亩条施腐熟农家肥2 000～3 000千克、蔬菜专用生物有机复合肥40～80千克，然后铺地膜覆盖。

（2）定植方法。大棚栽培密度为每亩约500株，露地栽培株距为50厘米。定植时注意瓜苗不宜栽植过深，否则容易积水引起烂根。

11. 田间管理

（1）间苗、定苗。当瓜苗大部分出土并且发出1片真叶时，进行第1次间苗，拔除病苗、弱苗、畸形苗，及时补苗，保证全苗，每穴最好留2株壮苗。待瓜苗长出3～4片真叶时进行第2次间苗，每穴留1株即可。

（2）中耕除草。南瓜的整个生育期都要锄草，杂草不但和南瓜争水、争肥、争光照，而且还是害虫藏匿之处，给南瓜病害的传播带来危害。南瓜的生长前期及时中耕可以增加土壤温度，抗旱保墒，还有利于碳水化合物的产生，从而增强长势。

（3）整枝、压蔓和留瓜。要及时进行整枝打杈，整枝时选留植株基部健壮主蔓，待植株坐瓜后可停止整枝。植株倒蔓后要及时理顺拉直，当主蔓长到40～50厘米时开始压蔓，每5～6节压一道，结合压蔓摘去所有侧枝或在4～6叶时摘心，而后根据种植密度选留2～3个侧蔓。留瓜一般主蔓上留第2或第3个瓜，留瓜过早会抑制瓜秧生长，影响产量。

（4）肥水管理。开花坐果前，要严格控制氮肥和浇水，防止徒长造成落花，待第1瓜坐住后立即追肥浇水，以后视天气情况再浇第2次水，随水带肥，每0.067公顷追施腐熟人粪尿1 000千克。另外，在雨季还应注意瓜田的排水，防止长时间淹水造成死秧。

（5）人工授粉。在生长前期及多雨季节，于每天7～9时进行人工授粉。

12. 适时采收

雌花授粉后40天左右果实成熟，成熟标志是果柄木质化，且向外凸出，此时可在晴天 17 时左右采收，采收时剪留 2 厘米左右果梗，装运工具要清洁卫生，并放在阴凉通风处保存。

五、西葫芦

（一）生物学特性

1.形态特征

西葫芦属于葫芦科一年生草本植物。西葫芦根系发达，主根长，侧根多，吸水吸肥力强。茎蔓生、半蔓生和茎蔓丛生。主蔓易生分枝。叶片大，绿色，互生；叶柄和叶面有刺，叶柄中空易折。花为黄色，单性花。果为扁圆形或筒状，皮色绿，有的有黄条，成熟果实皮厚，呈乳黄色。种子呈披针形，乳黄色，千粒重 150～200 克。

2.对环境条件的要求

西葫芦为较耐低温、耐旱作物。适应的温度范围为 15～38 ℃，生长发育的适宜温度为 18～25 ℃；适应土温为 12～35 ℃，适宜土温为 15～25 ℃。西葫芦较耐旱，生长前期以土壤不干燥为度，果实膨大期需水量较多，要求保持土壤湿润，空气相对湿度保持在 45%～55%。西葫芦为短日照作物，在日照 7～8 小时条件下雌花多，开花结果早。西葫芦吸肥力强，需钾肥较多，施肥时宜将氮、钾、磷、钙、镁肥配合施用。一般每产 1 000 千克西葫芦，需氮肥 3.92 千克、磷肥 2.08 千克、钾肥 8.08 千克。西葫芦既喜水肥，同时又耐瘠薄，适宜在疏松肥沃、保水保肥力强的微酸性土壤上种植，土壤以 pH 以 5.5～6.8 为宜。

（二）栽培技术

1.品种选择与种子处理

西葫芦的早熟品种有早春一代、一窝猴、阿太一代、特早一号、小白皮和花叶葫芦等，中熟品种有长蔓西葫芦等。一般于早春季节在大棚（室）里进行栽培，效益较高。播种前选择无杂质、籽粒饱满的种子放在 50～55 ℃的温水中，搅拌 15 分钟，然后放在室温水中浸泡 6～8 小时，接着再搓洗干净，并再用清水洗净，放到 25～30 ℃条件下保温保湿催芽，并每 6 小时用清水淘洗一次，经 2～3 天即可发芽。

2.培育壮苗

西葫芦多采用育苗方式栽培。在露地生产，一般在 3～4 月育苗，苗期 25～30 天；在塑料大棚内生产，一般在 2～3 月育苗，苗期 30～40 天。

定植时土温必须在 12 ℃以上。床土配制：用园田土 6 份和腐熟圈肥 4 份，过筛后均匀混合，再加上按 1 立方米床土加过筛的鸡粪 15 千克和复合肥 5 千克，均匀混合后备用。将床土装入营养钵内或纸袋里，也可在苗床内将床土平铺 10 厘米厚，再用温水浇透，划好 10 厘米 × 10 厘米的营养土方，即可播种。每个营养钵或土方内平放 1 粒发芽的种子，种芽朝下，然后再盖上 2 厘米厚细土，随即覆盖塑料膜保温保湿。幼苗出土前，保持苗床土温在 15～18 ℃，保持气温在 28 ℃，一般经 3～5 天即可出苗。出苗后，揭掉塑料膜，降温降湿防徒长，控制气温在 20～25 ℃。如发现戴帽苗，再覆 1 次细土，或用人工摘帽。为防止徒长，夜温可控制在 15 ℃左右。为促雌花，在三叶期可喷 40% 乙烯利 2 500 倍液。在定植前，必须达到壮苗标准。西葫芦壮苗标准：苗龄在 30 天左右，株高 15～20 厘米，茎粗色绿，节间短，叶片大而绿，定植前达 4 叶 1 心，根系发达，吸收根多，无病虫害和机械损伤。在定植前 7 天应锻炼秧苗，即采用逐步降温降湿措施，一般不浇水，降温至 7～8 ℃，这样锻炼的秧苗抗逆性强，定植后缓苗快。

3. 育苗注意事项

西葫芦为喜温蔬菜，在冬春季育苗时，必须采取保温和增温措施。由于西葫芦生长快，要求营养面积较大，因而最好采用营养钵育苗。在高温多湿条件下，易引起徒长，茎细长，节间长，叶薄而淡绿。在低温干旱条件下，植株矮小，节间短，叶片小而墨绿，植株停长，根系不发达。西葫芦是喜光植物，整个苗期都应有充分光照。如果采用嫁接育苗，其砧木多用黑籽南瓜。

4. 定植

西葫芦一般在 4 月下旬至 5 月上旬定植。如覆地膜，可提前 1 周左右定植；如扣小拱棚，可提前 10 天左右定植，地温应稳定在 12 ℃以上。定植前，要先施肥整地。施腐熟优质粗肥，还需施尿素，普撒肥料后，耕翻 30 厘米，然后做成 1.6 米宽的高畦，畦中间开 1 条水沟，再覆膜烤地。当地温升至 12 ℃以上时，即可定植。定植方法：采用大畦双片，小行距 60 厘米、株距 60 厘米或打 80 厘米小垄，每垄栽 1 行，株距不变。定植后覆土稍加镇压，然后按畦浇水。也可进行膜下暗灌。对于不覆地膜的幼苗，也可在定植行两侧开沟浇水，或者栽苗后先按畦浇足坐苗水，待水渗下后再封埯。早春定植，应选无风晴天的中午进行。

9. 田间管理

定植后，应支小拱棚，以保温保湿，促进缓苗。白天控温 25～28 ℃，夜间控温 18 ℃左右，保持土壤潮湿，经 4～6 天即可缓苗。缓苗后，应降温降湿，通小风，调控气温白天在 20～25℃，夜间在 15℃左右。如果不覆地膜，还应中耕松土，促进生长。为促进茎叶生长，缓苗后应穴施追肥，距根部 15 厘米处开沟施尿素（每亩施用 15 千克），随后覆土浇水。

西葫芦一般在主蔓 7～8 节开第一雌花，以后隔 2～3 节开一雌花。可在早晨 6～7 时进行人工授粉，而且在露水未干时授粉坐果率高。

对于蔓生或半蔓生品种，在甩蔓时应进行吊蔓，露地栽培可以用土压蔓，每隔 3～4 节用土堆压一道蔓。同时，摘掉老叶、卷须，并进行侧枝打尖。当主蔓老化时，要留 2 个粗壮侧枝，待侧枝出现雌花后，再剪掉主蔓。

在西葫芦的水肥管理方面，一般在根瓜长到 5～6 厘米时，开始浇水追肥。每亩随水施尿素 15 千克，此后应一直保持土壤湿润。一般每次采收以后，都应进行追肥浇水。

10. 适时采收

西葫芦定植后 20 天左右，根瓜就可坐住，再过 10 多天根瓜可长到 15 厘米左右，这时即可采收。为了使其他瓜能正常生长而不化瓜，根瓜应该适当早收。其他瓜一般长到 20 厘米左右才适合采摘。但也不可采收太晚，否则不但瓜皮老化，而且也易引起茎蔓早衰。

西葫芦的采摘方法：可以用剪刀将瓜从柄处剪割下来，也可左手把住瓜柄，用右手将瓜扭下来。采收时，要注意不可伤及茎叶和根系。采收应在无露水的条件下进行。采摘的西葫芦，可在 5～10℃的条件下，保鲜 10 天左右。

第三节　茄果类无公害蔬菜栽培技术

一、番茄

（一）生物学特性

1. 形态特征

番茄属于茄科一年生或多年生草本植物。植株高 0.6～2 米。全株被黏质腺毛。茎为半直立性或半蔓性，分枝能力强，茎节上易生不定根，茎易倒伏，触地则生根，所以番茄扦插繁殖较易成活。奇数羽状复叶或羽状深裂，互生；叶长 10～40 厘米；小叶极不规则，大小不等，常 5～9 枚，卵形或圆形，长 5～7 厘米，先端渐尖，边缘有不规则锯齿或裂片，基部歪斜，有小柄。花为两性花，黄色，自花授粉，复总状花序。花 3 朵，成侧生的聚伞花序；花萼 5 ～ 7 裂，裂片披针形至线形，果时宿存；花冠黄色，辐射状，5 ～ 7 裂，直径约 2 厘米；雄蕊 5 ～ 7 根，着生于筒部，花丝短，花药半聚合状，或呈一锥体绕于雌蕊；子房 2 室至多室，柱头头状。果实为浆果，扁球状或近球状，肉质而多汁，橘黄色或鲜红色，光滑。种子扁平、肾形，灰黄色，千粒重 3 ～ 3.3 克，寿命 3 ～ 4 年。花、果期夏秋季。根系发达，再生能力强，但大多根群分布在 30 ～ 50 厘米的土层中。

2. 对环境条件的要求

（1）温度条件。番茄属于喜温喜光喜肥植物。适应的气温范围为 8 ～ 35 ℃，适宜的气温范围为白天 20 ～ 25 ℃，夜间 15 ～ 18 ℃，低于 8 ℃ 植株停止生长，高于 35 ℃ 植株生长不良。不同生长发育阶段对温度的要求不同，发芽期和开花期对温度的要求偏高，以 20 ～ 30 ℃ 为宜；适应的土温为 10 ～ 25 ℃。

（2）水分条件。番茄需水量大，植株的 90% 以上，果实的 94% ～ 95% 是水分。但由于番茄根系强大，吸水力强，叶片呈深裂花叶，表面上又有茸毛，能减少水分蒸发，因此番茄属半耐旱性作物。它对水分条件的要求：空气相对湿度为 45% ～ 50%，盛果期土壤湿度为田间最大持水量的 60% ～ 80%。

（3）光照条件。番茄为喜光植物，整个生长发育过程都需要较强的光照。番茄的光饱和点为 7 万 ～ 7.5 万勒克斯，光补偿点为 0.4 万勒克斯。属于短日照作物，在短日照条件下可提前现蕾开花。

（4）土壤和营养。它对营养条件的要求：需要氮、磷、钾、钙等营养元素，每生产 1 000 千克番茄，需要吸收氮 2 千克、磷 1 千克、钾 6.6 千克。番茄对土壤要求不严，以土层深厚、透水透气、富含有机质的沙壤、黏壤土为好，土壤 pH 以 6 ～ 7 为宜。

（二）栽培技术

1. 番茄春茬栽培要点

（1）品种选择。要考虑品种熟性、抗病抗逆性、产量及品质，还要考虑市场对果实色泽的要求，符合销售地区的消费习惯，长途运输销售时还应考虑品种的耐贮运性。

（2）培育壮苗。培育适龄壮苗是番茄早熟丰产的重要基础，春季定植大花蕾的番茄幼苗，应保证有 1 000 ～ 1 200 ℃ 的活动积温。如果出苗后日均温度保持 25 ℃，仅需 40 ～ 48 天，20 ℃ 需 50 ～ 60 天，15 ℃ 需 66 ～ 80 天成苗。育苗期间一般维持日均温度 20 ℃（昼温 25 ℃、夜温 15 ℃），考虑到分苗后的缓苗期，以70～80天的育苗天数为适宜。如黄河中下游沿岸地区定植期在4月中旬，采用有土育苗时多在1月下旬播种；采用穴盘育苗一般于2月上中旬播种。

有土育苗的床土采用6份腐熟农家肥、4份大田表土配制，催芽后播种，播前浇透底水。1平方米苗床播8克种子，覆土1厘米。播种后至60%种子出土，保持昼夜28～30℃的高温，以利出苗。60%出土至"吐心"，保持白天20℃左右、夜间10℃左右，以防形成高脚苗。番茄"吐心"至2～3片真叶展平，保持白天25℃左右、夜间15℃左右。2～3片真叶展平时分苗，采用护根育苗措施，把幼苗分至直径10厘米的塑料营养钵中，也可分苗到10厘米×10厘米见方的营养土方中。分苗营养土配比一般采用4份腐熟农家肥、6份大田表土配成，1立方米培养土中加烘干鸡粪10千克。分苗后至缓苗前，保持白天28℃左右，夜间16℃以上，以利缓苗。缓苗后至定植前1周，白天23～25℃，夜间12～15℃，定植前一周进行放风锻炼，白天15～20℃，夜间8～10℃。采用营养土方育苗时，于定植前4～5天，进行"囤苗"，即把幼苗按土方面积切成10立方厘米的土块，在苗床内移动位置，营养土方之间用潮土填充，使幼苗损伤的根系在苗床较高的温度下得到愈合并萌发新根，以利定植后的缓苗。

穴盘育苗时，常采用50孔穴盘，育苗基质可按2份草炭、1份蛭石，或6份草炭、3份花生壳粉、1份烘干鸡粪，或1份草炭、1份蛭石、1份珍珠岩的比例配制。采用草炭、蛭石、珍珠岩做育苗基质时，每50孔穴盘添加20克烘干鸡粪、5克尿素、7克磷酸二氢钾补充营养，4片叶前浇清水。4片叶后，采用5克尿素、7克磷酸二氢钾加15千克水配成的简单营养液补充肥水。

（3）整地施肥。春季整地时每亩施优质腐熟农家肥5 000千克左右，40厘米深翻，使粪土混合均匀，整平耙细，可沟施50千克/亩的过磷酸钙或25千克/亩的复合肥。有条件时基肥的2/3普施，1/3垄施。

北方地区春茬番茄一般采取一垄双行高垄栽培，垄距1.2米，其中垄宽70厘米，沟宽50厘米，垄高15～20厘米。

（4）定植前准备与定植。

①定植前准备。

a.整地作畦。选择地势高爽，前两年未种过茄果类作物的大棚，施入基肥并及早翻耕，然后做成宽为1.5米（连沟）的深沟高畦，每标准棚（30米×6米）做成4畦。畦面上浇足底水后覆盖地膜。

b.施基肥。一般每亩施腐熟有机肥4 000千克或商品有机肥1 000千克，再加25%蔬菜专用复合肥50千克或52%茄果类蔬菜专用肥30～35千克，肥料结合耕地均匀翻入土中后作畦。

②定植。

a.定植时间。当苗龄适宜，棚内温度稳定在10 ℃以上时即可定植。一般在1月下旬至2月上旬，选择晴好无风的天气定植。

b.定植方法。定植前营养钵浇透水，畦面按株行距先用制钵机打孔，定植深度以营养钵土块与畦面相平为宜。定植后立即浇水，定植孔用土密封严实。同时搭好小环棚，盖薄膜和无纺布。

c.定植密度。每畦种两行，行距60厘米，株距30～35厘米，每亩栽2 400株左右。

（5）田间管理。大棚春番茄的管理原则以促为主，促早发棵、早开花、早坐果、早上市，后期防早衰。

①温光调控。定植后闷棚（不揭膜）2～4天。缓苗后根据天气情况及时通风换气，降低湿度，通风先开大棚再适度揭小棚膜。白天尽量使植株多照阳光，夜间遇低温要加盖覆盖物防霜冻，一般在3月下旬拆去小环棚。以后通风时间和通风量随温度的升高逐渐加大。

②植株整理。第一花序坐果后要搭架、整枝，整枝时将其他侧枝及时摘去，使棚内通风透光，以利植株的生长发育。留3～4穗果时打顶，顶部最后一穗果上面留2片功能叶，以保证果实生长的需要。每穗果应保留3～4个果实，其余的及时摘去。结果后期摘除植株下部的老叶、病叶，以利通风透光。

③追肥。肥料管理掌握前轻后重的原则。定植后10天左右追一次提苗肥，每亩施尿素5千克。第一花序坐果且果实直径3厘米大时进行第二次追肥，第二、第三花序坐果后，进行第三、第四次追肥，每次每亩追尿素7.5～10千克或三元复合肥5～15千克。采收期，采收一次追肥一次，每次每亩追尿素5千克、氯化钾1千克。

④水分管理。定植初期，外界气温低，地温也低，不利于根系生长，一般不需要补充水分。第一花序坐果后，结合追肥进行浇灌，此时大棚内温度上升，番茄植株生长迅速，并进入结果期，需要大量的水分。每次追肥后要及时灌水，做到既要保证土壤内有足够的水分供应，促进果实的膨大，又要防止棚内湿度过高而诱发病害。

⑤生长调节剂使用。第一花序有2～3朵花开时，用激素喷花或点花，

防止因低温引起的落花落果，促进果实膨大，抑制植株徒长是确保番茄早熟丰产的重要措施之一。常用激素主要为番茄灵，用于浸花，也可用于喷花，浓度掌握在30～40毫克/千克。使用番茄灵必须在植株发棵良好、营养充足的条件下进行，因此定植后不宜过早使用。番茄灵也可防止高温引起的落花落果，在生长后期也可使用，但使用后要增加后期的追肥，防止早衰。

（6）采收。番茄果实已有3/4的面积变成红色时，营养价值最高，是作为鲜食的采收适期。通常第一、第二花序的果实开花后45～50天采收，后期（第三、第四花序）的果实开花后40天左右采收。采收时应轻拿、轻放，并按大小等分成不同的规格，放入塑料箱内。一般每亩产量4 000千克左右。

2.番茄夏茬栽培

黄河中下游夏茬番茄栽培对解决北方8～9月的秋淡季果菜类供应具有重要作用。夏番茄的收获期正值南方炎热多雨季节，因此对北方来说夏番茄也是重要的南运蔬菜。另外，在北方小麦产区，进行小麦和夏番茄的轮作，对增加粮区农民的收入也具有重要作用。

（1）适地栽培。北方6月份高温干旱，7～8月份高温多雨，因此夏季番茄前期易发病毒病，中后期易发晚疫病。因此，要选择在夏季小气候冷凉的地区进行栽培，如山区、丘陵、河谷地带等。

（2）品种选择。生产上常用的品种有佳粉10号、毛粉802、中杂9号、金棚1号、粉都女皇、红宝石2号等，其中金棚1号、红宝石2号为耐贮运的硬肉质番茄品种。

（3）适期播种。确定播期的因素包括苗龄30天、高温到来前封垄、8月初开始上市等。夏番茄适宜播种期应在4月25日至5月10日，始收期在8月5日至15日。

（4）培育壮苗。为防止高温诱导病毒病发生，在夏番茄育苗时，首先采用小苗分苗技术，即第1片真叶展平时进行分苗；其次是采用营养钵护根育苗技术，即采用营养钵为分苗容器；第三是采用遮阳育苗技术，即把原苗苗床、分苗苗床都建在遮阳防雨棚下，使苗床避免强光和高温。

（5）适期定植，合理密植。夏番茄前茬多为麦茬，麦收后及时整地，每亩施农家肥3 000～5 000千克、尿素15千克、硫酸钾10～15千克、过磷酸钙35千克做基肥，深耕耙平后做垄。垄距130厘米，垄肩宽70厘米，垄沟宽60厘米，垄高15～20厘米。为防止夏季大苗定植伤根严重，夏茬番茄采用小苗定植技术，幼苗4片真叶展平即开始定植，定植株距33厘米，定植后浇透底水。

（6）田间管理。定植后要及时浇水、松土、培土。活棵后施提苗肥，每亩施尿素 10 千克左右。第一穗果坐果后，每亩施三元复合肥 15 ～ 20 千克，追肥穴施或随水冲施。以后视植株生长情况再追肥 1 ～ 2 次，每次每亩施三元复合肥 10 ～ 15 千克。

开花后用番茄灵防止高温落花落果。坐果后注意水分的供给。

秋番茄不论早晚播种都以早封顶为好，留果 3 ～ 4 层，这样可减少无效果实的产生，提高单果重量。秋番茄后期的防寒保暖工作很重要，一般在 10 月底就要着手进行。种在大棚内的，夜间要放下薄膜；种在露地的，要搭成简易的小环棚。早霜来临前，盖上塑料薄膜，一直沿用到 11 月底。作延后栽培的，进入 12 月份后，要开始加强保暖措施。可在大棚内套中棚，并将番茄架拆除放在地上，再搭小环棚，上面覆盖薄膜和无纺布等防寒材料。如果措施得当，可延迟采收到翌年 2 月中旬。其他田间管理与春季大棚栽培相同。

（7）采收。10 月中下旬可开始采收。采用大棚延后栽培的，可采收到翌年的 2 月份。露地栽培的秋番茄每亩产量为 1 000 ～ 2 000 千克，大棚栽培的秋番茄每亩产量为 2 000 ～ 2 500 千克。

二、茄子

（一）生物学特征

1. 形态特征

茄子属于茄科茄属一年生草本植物。根系发达，易木质化，而且再生能力差。茎直立粗壮，有多级分枝，主茎长到一定节数后则顶芽变花芽，茎和枝条易木质化。叶片呈卵圆形或椭圆形，单叶互生，叶色深绿或带紫色。花为白色或紫色，筒状两性花，花萼宿存。果实为浆果，成熟后为黑紫色或乳黄色。胎座是海绵状薄壁组织，如未授粉易出现僵果。种子扁平，肾脏形，紫褐色，光滑坚硬，千粒重 4 ～ 5 克。

2. 对环境条件的要求

（1）温度条件。适应温度 15 ～ 35 ℃，适宜温度 22 ～ 32 ℃；种子发芽适温 25 ～ 30 ℃，苗期适温 20 ～ 30 ℃，生长期适温 25 ～ 30 ℃。

（2）水分要求。空气相对湿度为 70% ～ 80%，土壤含水量在 15% 左右。

（3）光照条件。茄子为强光短日照植物，光照的补偿点为 2 000 勒克斯，光饱和点为 4 万勒克斯，在短日照条件下有利于开花结实。

（4）营养条件。茄子喜肥耐肥，茎叶生长期以氮肥为主，结果期需氮、磷、钾肥配合施用。一般每生产 1 000 千克茄子，需氮 2.95 千克、磷 0.63 千克、钾 4.78 千克。茄子喜中性至微酸性土壤，以土层深厚、富含有机质的冲积土壤最好。

（二）栽培技术

1.整地作畦施基肥

茄子根系较发达，吸肥能力强，如果要获得高产，宜选择肥沃而保肥力强的黏壤土栽培，不能与辣椒、番茄、马铃薯等茄科作物连作，要与茄科蔬菜轮作 3 年以上。在茄子定植前 15 ～ 20 天，翻耕 27 ～ 30 厘米深，做成 1.3 ～ 1.7 米宽的畦。武汉地区也有做 3.3 ～ 4 米宽的高畦，在畦上开横行栽植。

茄子是高产耐肥作物，多施肥料对增产有显著效果。苗期多施磷肥，可以提早结果。结果期间，需氮肥较多，充足的钾肥可以增加产量。一般每亩施猪粪或人粪尿 2 000 ～ 2 500 千克，垃圾 3 500 ～ 4 000 千克，过磷酸钙 15 ～ 25 千克，草木灰 50 ～ 100 千克，在整地时与土壤混合，但也可以进行穴施。

2.播种育苗

播种育苗的时间，要看各地气候、栽培目的与育苗设备来定。一般在 11 月上中旬利用温床播种，用温床或冷床移植。例如，用工厂化育苗可在 2 月上中旬播种。播种前宜先浸种，播干种则发芽慢，且出苗不整齐。

茄子种子发芽的温度，一般要求在 25 ～ 30 ℃。经催芽的种子播下后 3 ～ 4 天就可出土。茄子苗生长比番茄、辣椒都慢，所以需要较高的温度。育茄子苗的温床，宜多垫些酿热物，晴天日温应保持 25 ～ 30 ℃，夜温不低于 10 ℃。

苗床增施磷肥，可以促进幼苗生长及根系发育。幼苗生长初期，需间苗 1 ～ 2 次，保持苗距 1 ～ 3 厘米，当苗长有 3 ～ 4 片真叶时移苗假植，此后施稀薄腐熟人粪尿 2 ～ 3 次，以培育壮苗。

3.定植

茄子定植时间必须是终霜期以后，保证 10 厘米深处的地温稳定在 15 ℃以上。

定植前必须整地施肥，每亩施优质腐熟粗肥 6 000 千克以上、过磷酸钙 20 千克，普撒肥料后深翻 30 厘米，平整后做成高垄，垄距 1.2 米，垄高 15 厘米，大垄中间开一水沟，然后覆上地膜。一般要在定植前 1 周，覆地膜烤地增温。

定植方法：按大垄双行、内紧外松的方法定植，小行距 50 厘米，株距 40 厘米，用打孔器打孔后，将带有壮秧的土坨栽到埫内。可以适当深栽，露出子叶为宜，然后浇水封埫。为了预防黄萎病，在定植时可用 50% 多菌灵可湿性粉剂 500 倍液蘸根。

4. 田间管理

（1）追肥。茄子是一种高产的喜肥作物，以嫩果供食用，结果时间长，采收次数多，故需要较多的氮肥和钾肥。如果磷肥施用过多，会促使种子发育，以致籽多，果易老化，品质降低，所以生长期的合理追肥是保证茄子丰产的重要措施之一。定植成活后，每隔 4～5 天结合浇水施一次稀薄腐熟人粪尿，催起苗架。当根茄结牢后，要重施一次人粪尿，每亩 1 000～1 500 千克。这次肥料对植株生长和以后产量关系很大，以后每采收一次，或隔 10 天左右追施人粪尿或尿素一次。施肥时不要把肥料浇在叶片或果实上，否则会引起病害发生并影响光合作用的进行。

（2）排水与浇水。茄子既需水又怕涝，在雨季要注意清沟排水，发现田间积水，应立即排除，以防涝害及病害发生。

茄子叶面积大，蒸发水分多，不耐旱，所以需要较多的水分。如果土壤中水分不足，则植株生长缓慢，落花多，结果少，已结的果亦果皮粗糙，品质差，宜保持 80% 的土壤湿度，干时灌溉能显著增产。灌溉方法有浇灌和沟灌两种。地势不平的以浇灌为主，土地平坦的可行沟灌。沟灌的水量以低于畦面 10 厘米为宜，切忌漫灌，灌水时间以清晨或傍晚为好，灌后及时排出积水。

在山区水源不足，浇灌有困难的地方，为了保持土壤中有适当的水分，还可采取用稻草、树叶覆盖畦面的方法，以减少土表水分蒸发。

（3）中耕除草和培土。茄子的中耕除草和追肥是同时进行的。中耕除草后，让土壤晒白后要及时追施稀薄人粪尿。中耕还能提高土温，促进幼苗生长，减少养分消耗。中耕中期可以深些，5～7 厘米，后期宜浅些，约 3 厘米。当植株长到 30 厘米高时，中耕可结合培土，把沟中的土培到植株根际。对于植株高大的品种，要设立支柱，以防大风吹歪或折断。

（4）整枝，摘老叶。茄子的枝条生长及开花结果习性相当有规则，所以整枝工作不多。一般将靠近根部的过于繁密的 3～4 个侧枝除去。这样可免枝叶过多，增强通风，使果实发育良好，不利于病虫繁殖生长。但在生长强健的植株上，可以在主干第 1 花序下的叶腋留 1～2 条分枝，以增加同化面积及结果数目。

茄子的摘叶比较普遍，南方地区的菜农认为摘叶有防止落花、果实腐烂和促进结果的作用。尤其在密植的情况下，为了早熟丰产，摘除一部分老叶，使通风透光良好，并便于喷药治虫。

（5）防止落花。茄子落花的原因很多，主要是光照微弱、土壤干燥、营养不足、温度过低及花器构造上有缺陷。

防止落花的方法：据南昌市蔬菜所试验，在茄子开花时，喷洒50毫克/千克（即1毫升溶液加水200克）的水溶性防落素效果很好。浙江大学农学院蔬菜教研室在杭州用藤茄做的试验说明，防止4月下旬的早期落花，可以用生长刺激剂处理。经处理后，防止了落花，并提早9天采收，增加了早期产量。

三、青（辣）椒

（一）生物学特性

1.形态特征

青（辣）椒属于茄科茄属一年生或多年生草本植物。根为浅根系，根量少，而且不易生不定根。茎直立，易木质化，可有多级分枝，其中无限分枝型植株高大，有限分枝型植株矮小，簇生结果。叶为卵圆形，单叶互生。花为白色，单生或簇生，自花授粉。果为圆锥形、桶形或灯笼形浆果，成熟时有红色、黄色、紫色等多种颜色。种子扁平，肾脏形，淡黄色，千粒重4～7克。青椒的果实和种子内含有辣椒素，有辣味。

2.对环境条件的要求

对温度条件的要求：适应温度范围为15～35 ℃，适宜的温度为25～28 ℃，发芽温度28～30 ℃。对水分条件的要求：喜湿润，怕旱怕涝，要求土壤湿润而不积水。对光照条件的要求：对光照要求不严，光照强度要求中等，光补偿点为0.15万勒克斯，光饱和点为3万勒克斯，每天日照10～12小时，有利于开花结果。青椒的生长发育需要充足的营养条件，每生产1 000千克青椒，需氮2 000克、磷1 000克、钾1 450克，同时还需要适量的钙肥。对土壤的要求：以潮湿易渗水的沙壤土为好，土壤的酸碱度以中性为宜，微酸性也可。

（二）栽培技术

1.辣（甜）椒春茬栽培

（1）品种选择。主要根据市场需要选择品种，进行早熟栽培时应选择早熟品种。辣椒品种如湘研 16 号、豫艺农研 13 号、洛椒 4 号等；甜椒品种如中椒 8 号、11 号、豫艺农研 23 号等。

（2）育苗。培育适龄壮苗是辣（甜）椒丰产稳产的基础。在一般育苗条件下，要使幼苗定植时达到现大蕾的生理苗龄，必须适当早播，采用温室播种和温室或改良阳畦分苗的育苗设施。采用有土育苗时，早熟和中早熟品种育苗期一般为 85～100 天；采用穴盘育苗，在温度条件和营养条件较好时，用50 孔穴盘，培育日历苗龄 60 天左右现小蕾的幼苗较合适。

（3）整地施肥。辣椒不宜连作，一旦田间有疫病发生，连作后病害更重。应选择排灌方便的壤土或沙壤土。定植前深耕土地，施入充足的基肥，每亩撒施腐熟有机肥 5 000 千克、过磷酸钙 30～40 千克、尿素 20 千克、硫酸钾15～20 千克。辣椒忌水淹，定植前做好灌排沟渠，减轻涝害。

（4）定植。定植期因各地气候不同而异，原则是当地晚霜过后应及早定植，一般是 10 厘米土温稳定在 12 ℃左右即可定植。黑龙江省一般在 3 月中旬左右播种育苗，5 月定植；河南中部地区多在 4 月中旬定植。

辣椒的栽植密度依品种及生长期长短而不同，一般每亩定植3 000～4 000 穴（双株），行距 50～60 厘米，株距 25～33 厘米。由于辣椒株型紧凑适宜密植，采用早熟品种进行提早栽培时，每亩可定植5 400～5 600 穴（双株），增产效果明显，尤其对早期产量。选用生长势强的中晚熟品种时，一般采用单株定植。定植时土面与营养钵土面相平即可。

（5）田间管理。根据辣椒喜温、喜肥、喜水及高温易得病、水涝易死秧、肥多易烧根等特点，管理中，定植后采收前主要是促根、促秧；开始采收至盛果期要促秧攻果；进入高温季节后应着重保根、保秧。

①水肥管理。待辣椒 3～5 天缓苗后可浇一次缓苗水，水量可稍大些，以后一直到坐果前不需再浇水。门椒采收后，为防止"三落"病（即落花、落果和落叶）和病毒病，应经常浇水保持土壤湿润，不可等到过度干旱之后再浇水。一般结果前期 7 天左右浇一次水，结果盛期 4～5 天浇一次水。辣椒喜肥又不耐肥，营养不足或营养过剩都易引起落花、落果，因此追肥应以少量多次为原则。一般基肥比较充足的情况下，门椒坐果前可以满足需要，当门椒长到 3 厘米长时，可结合浇水进行第一次追肥，可随水冲施尿素、硫酸钾。此后进入盛果期，根据植株长势和结果情况，可追施化肥或腐熟有机肥 1～2 次。

②植株调整。进入盛果期后，温光条件优越，肥水充足，枝叶繁茂，影响通风透光。结果中后期，应及时摘除老、黄、病叶，并将基部消耗养分但又

不能结果成熟的侧枝尽早抹去，如密度过大，在对椒上发出的两杈中选留一杈，进行双干整枝。

③收获。春季辣椒多以嫩果为产品，一般在果实膨大充分、果皮油绿发亮、果肉变硬时进行采收。

2.辣（甜）椒越夏茬栽培

黄淮地区夏季辣（甜）椒尤其是夏季麦茬辣椒栽培相当普遍。夏辣椒在北方秋淡季蔬菜供应中占有重要地位，也是北菜南运的重要蔬菜之一。

（1）品种选择。辣椒类型多选择湘研 16 号、湘研 19 号、豫艺墨玉大椒、中椒 13 号等；甜椒类型多选择中椒 4 号、中椒 8 号、湘研 8 号、湘研 17 号、豫艺农研 25 号等；彩椒很少。

（2）整地施肥。麦收后及时整地，每亩施农家肥 4 000～5 000 千克、过磷酸钙 40 千克、碳酸氢铵 80 千克、硫酸钾 20 千克做底肥，深耕细耙，按垄距 90 厘米、垄基宽 60 厘米、垄沟 30 厘米、垄高 15 厘米做栽培垄，高垄栽培有利于夏季防水淹。

（3）适期播种。采用露地育苗，苗高 15 厘米、60% 现大蕾、20% 开花的辣椒壮苗需 60 天左右。一般 4 月中旬前后为适播期，采用营养钵护根育苗，于 2～3 叶时分苗一次。

（4）合理密植。越夏辣椒一般于 6 月中旬定植，一垄双行、单株定植时株距 20 厘米，每亩定植 7 400 株；双株定植时，株距 28 厘米，每亩定植 10 000 株左右。生长势强的品种也可采用 30 厘米株距单株定植，每亩定植 5 000 株左右。

（5）肥水管理。辣椒忌水淹，尤其是夏季高温时，也不宜大水漫灌。前期 5～6 天浇一水，后期保持地面湿润。缓苗后结合浇水每亩追施尿素 10 千克。门椒坐稳后追施催果肥，每亩施尿素 15 千克，门椒和对椒收获后，植株大量开花，每亩穴施尿素 15 千克、硫酸钾 15 千克。立秋后每亩施尿素 15 千克，促进秋后结果。

（6）采收。越夏辣椒栽培，一部分以青椒满足 8～9 月份淡季市场需求，一部分以红椒销售给加工厂家，甜椒大都以青椒形式销售。

第四节　葱蒜类无公害蔬菜栽培技术

一、韭菜

（一）生物学特性

1.形态特性

韭菜属于百合科葱属多年生宿根草本植物。属于须根系，根系浅，在老根基上面易生新根茎，根茎下部着生须根，随着根茎的上移，韭根也在上移，俗称跳根。茎则分为营养茎和花茎，花茎细长，顶端着生薹；营养茎在地下短缩成茎盘，形成分枝。营养茎因贮存营养而肥大，形成葫芦状，称为鳞茎，外面有纤维状鳞片。鳞茎上有叶鞘和叶片，叶扁平状，叶鞘抱合成假茎。花为伞形花序，白色两性花。果为蒴果，种子盾形、黑色，千粒重4.2克。

2.对环境条件的要求

韭菜生长适温12～24℃，发芽适温15～18℃，超过25℃则生长缓慢，在6℃以下进入冬眠期。要求土壤湿润，空气相对湿度为60%～70%。韭菜是长日照作物，喜肥，特别喜氮肥，对土壤适应性强，在土层深厚、疏松、肥沃的土壤上生长良好。

（二）栽培技术

1.品种选择与播种量

一般宽叶韭菜适于露地栽培，或在早春晚秋覆膜生产，宜采用汉中冬韭、雪韭、791、雪青、嘉兴白根等品种。窄叶韭菜耐寒耐热，不易倒伏，适于冬季温室生产，宜采用铁丝苗等品种。一般每亩播种量4～5千克，可定植3 335～5 336平方米。

2.栽培季节与繁殖方式

韭菜适应性广又极耐寒，长江以南地区可周年露地栽培，长江以北地区韭菜冬季休眠，可利用各种设施进行设施栽培，供应元旦、春节及早春市场。长江流域一般春播秋栽，华南地区一般秋播次春定植。

韭菜的繁殖方式有两种：一种是用种子繁殖，直播或育苗移栽；另一种是分株繁殖，但生命力弱，寿命短，长期用此法，易发生种性退化现象。

3.直播或育苗

（1）播种期。从早春土壤解冻一直到秋分可随时播种，而以春播的栽培效果为最好。春播的养根时间长，并且春播时宜将发芽期和幼苗期安排在月均温在 15 ℃左右的月份里，有利于培育壮苗。夏至到立秋之间，炎热多雨，幼苗生长细弱，且极易滋生杂草，故不宜在此期育苗。秋播时应使幼苗在越冬前有 60 余天的生长期，保证幼苗具有 3～4 片真叶，使幼苗能安全越冬。

（2）播前准备。苗床宜选在排灌方便的高燥地块。整地前施入充分腐熟的粪肥，深翻细耙，做成 1.0～1.7 米宽的高畦。早春用干籽播种，其他季节催芽后播种。催芽时，用 20～25 ℃的清水浸种 8～12 小时，洗净后置于 15～20 ℃的环境中，露芽后播种。

（3）播种方法。

①播种育苗。干播时，按行距 10～12 厘米开深 2 厘米的浅沟，种子条播于沟内，耙平畦面，密踩一遍，浇明水。湿播时浇足底水，上底土后撒籽，播种后覆 2～3 厘米厚的过筛细土。用种量为 7.5～10 克／米²。

②直播。直播的一般采用条播或穴播。按 30 厘米间距开宽为 15 厘米、深为 5～7 厘米的沟，躺平沟底后浇水，水渗后条播，再覆土。用种量 3～4.5 克／米²。

（4）苗期管理。湿播出苗后，畦面干旱时浇一小水或播后覆地膜增温保墒促出苗。干播出苗阶段应保持地面湿润。株高为 6 厘米时结合浇水追一次肥，以后保持地面湿润，株高为 10 厘米时结合浇水进行第二次追肥，株高为 15 厘米时结合浇水追第三次肥，每次追施碳酸氢铵 150～225 千克／公顷。以后进行多次中耕，适当控水蹲苗，防倒伏烂秧。

4.定植

春播苗于立秋前定植，秋播苗于翌春谷雨前定植。定植前结合翻耕，施入充分腐熟的粪肥 75 000 千克／公顷，做成 1.2～1.5 米宽的低畦。定植前 1～2 天苗床浇起苗水，起苗时多带根抖净泥土，将幼苗按大小分级、分区栽植。

定植方法有宽垄丛植和窄行密植两种，前者适于沟栽，后者适于低畦。沟栽时，按 30～40 厘米的行距、15～20 厘米的穴距，开深 12～15 厘米的马蹄形定植穴（此种穴形可使韭苗均匀分布，利于分蘖），每穴栽苗 20～30 株。该栽苗法行距宽，便于软化培土及其他作业，适于栽培宽叶韭。低畦栽，按行距为 15～20 厘米、穴距为 10～15 厘米开马蹄形定植穴，每穴定植 8～10 株。由于栽植较密，不便进行培土软化，适于生产青韭。

定植深度以覆土至叶片与叶鞘交界处为宜，过深则减少分蘖，过浅易散撮。栽后立即浇水，促发根缓苗。

5. 田间管理

定植当年以养根为主，不收青韭。定植后连浇 2～3 次水促缓苗。缓苗后中耕松土，并将定植穴培土防积水。秋分后每隔 5～7 天浇一次水，保持地面湿润。白露后结合浇水每 10 天左右追一次肥，每次用碳酸氢铵 225 千克 / 公顷。寒露后减少浇水，保持地面见干见湿，浇水过多会使植株贪青，叶中养分不能及时回根而降低抗寒力。立冬以后，根系活动基本停止，叶片经过几次霜冻枯黄凋萎，被迫进入休眠。上冻前应浇足稀粪水。

6. 适时收割

一般在韭菜收割前 10 天地上部分生长加快，割后 10 天则地下部分生长加快，在地上部分高 25 厘米左右时即可收割。要选晴天的早晨收割，用快刀割留叶鞘基部 3～4 厘米，割口以黄色为宜，不可伤及根状茎（俗称马蹄），收割后晾晒 1～2 天，待新叶长出时再培土浇水追肥，以防腐烂。一般每 20～25 天可收割一茬，每年可收割 4～5 茬。每亩每次可收割 500～1 000 千克。

7. 宿根韭菜的管理

（1）越冬管理。在 9～10 月温度适宜时，韭菜生长较快，应加强水肥管理，这样既可增加产量，又能为根茎积累营养物质。到 11 月地上部分枯萎，营养贮存于根部，在封冻前必须浇一次封冻水肥，以利于越冬。冬季随着气温下降，可铺沙盖土压粗肥，也可盖塑料膜和稻草，以保持相应温度。

（2）春季管理。早春应适当控水，加强中耕松土，增温保墒。返青前清除地面枯叶杂草，土壤化冻 10 厘米以上锄松表土，培土 2～3 厘米促返青。当韭菜发出新芽时追一次稀粪水，并中耕松土，株高为 15 厘米时再浇一次水提高品质。沟栽的韭菜宜将垄间的细土培于株间，使叶鞘部分处于黑暗和湿润的环境中，加速叶鞘的伸长和软化。春季韭菜宜抢早上市，当韭菜长有 4 叶 1 心时即可割头刀，收割前一天浇水。割头刀 3～4 天后长出新叶时浇水追肥，以免引起根茎腐烂。以后刀刀追肥，以氮肥为主。

（3）夏季管理。控水养根，及时清除田间杂草，雨后排涝。除采种田外，抽出的花梗均应在幼嫩时采摘掉。

（4）秋季管理。秋分后每 7～10 天，结合浇水追一次肥，连续追肥 2～3 次。10 月中旬后停肥，并减少浇水，保持地面见干见湿。10 月下旬至 11 月上旬逐步停水，上冻前浇足稀粪水。

8. 培土

韭菜因跳根使根茎逐渐向地表延伸，为此每年需要培土以加厚土层，保持生长健旺。培土宜在晴天中午进行，从大田取土过筛，覆土厚度依每年上跳高度而定，一般为2厘米左右。

二、大葱

（一）生物学特征

1.形态特征

（1）根。大葱的弦状须根着生在短缩茎盘上，随着茎的伸长陆续发生新根，主要根群分布在30厘米土层范围内。大葱根的分枝性差，根毛少，吸水吸肥能力弱，要求土壤疏松肥沃。

（2）茎。在营养生长期，其茎为地下茎，短缩为圆锥形，随着植株生长，短缩茎稍有延长。

（3）叶。叶包括叶身和叶鞘两部分，叶身管状，表面有蜡层，中空，幼嫩的葱叶并不中空。在葱叶的下表皮及其绿色细胞中间充满油脂状黏液，能分泌辛辣的气味。叶鞘是大葱的营养储藏器官，前期叶鞘较薄，假茎较细；假茎形成期，叶身中的营养逐渐向叶鞘转移，使假茎肥大增长。

（4）花。花茎呈中空圆柱形，先端着生伞形花序，圆球形，每个花序有500朵左右的小花，色白或紫红。大葱的花为两性花，异花授粉，属于虫媒花，采种应注意隔离。

（5）果实与种子。蒴果，内含种子6枚，果实成熟后开裂，种子较易脱落。种子盾形，有棱角，种皮黑色，千粒重为3克左右，种子寿命短，仅1～2年，栽培上均应选用当年新种子。

2.对环境条件的要求

在营养生长时期，要求凉爽的气候，肥沃的土壤，中等强度的光照。为促进产品器官的形成，应将葱白形成期安排在秋凉季节。

（1）温度。大葱是耐寒性蔬菜，耐寒能力较强，但耐热能力较弱。幼苗和种株在土壤和积雪的保护下，可通过−30℃的低温。大葱生长适宜日平均温度为13～25℃，高于25℃植株生长不良，叶片变黄，假茎细弱，易感病害。

（2）水分。大葱具有耐旱的叶型和喜湿的根系，要求较高土壤湿度和较低的空气湿度，但不同生育期对水分的要求有一定差异。发芽期应保持土壤湿润，以利萌芽出土；幼苗生长前期（越冬前）应适当控制浇水，防止幼苗徒长或秧苗过大；越冬前应浇足冻水，防止失墒死苗；返青后浇返青水，促进幼苗返青生长；幼苗生长盛期和葱白形成期生长量大，蓄水量较多，应保持土壤湿润；收获前减少浇水，防止恋青，以利储藏。

（3）光照。大葱要求中等强度光照，光照过强，叶片老化，食用品质降低；光照过弱，叶片易黄化，导致严重减产。大葱发育要求较长的日照条件。

（4）土壤营养。大葱适于在土层深厚、保水力强、疏松透气、含有机质丰富的肥沃土壤上生长。大葱比较喜肥，基肥以充分腐熟的有机肥效果最好，追肥要求氮、磷、钾齐全，青葱栽培应注意氮肥的施用。

（二）栽培技术

1.播种育苗

苗床宜选择土质疏松、有机质丰富的沙壤土，每亩施入腐熟农家肥4 000～5 000千克，过磷酸钙50千克，将整好的地做成85～100厘米宽、600厘米长的畦，育苗面积与大田栽植面积的比例一般为1∶（8～10）。大葱播种一般可分平播（撒播）和条播（沟播）两种方式，撒播较普遍。采用当年新籽，每亩播种量3～4千克。苗期管理主要有间苗、除草、中耕、施肥和浇水。苗期追肥一般结合灌水进行，秋播育苗的，越冬前应控制水肥，结合灌冻水追肥，越冬期间结合保温防寒可覆盖粪土。返青后结合灌水追肥2～3次，每次每亩施尿素10～15千克。春播苗从4月下旬开始第一次浇水施肥，到6月上旬要停止浇水施肥，进行蹲苗、炼苗，使葱叶纤维增加，增强抗风、抗病能力。于栽植前10天施肥浇水，此次施肥为移栽返青打下良好基础，因此也称这次肥为"送嫁"肥。当株高为30～40厘米，假茎粗为1～1.5厘米时，即可定植。

2.整地作畦，合理密植

每亩施入腐熟农家肥2 500～5 000千克，耕翻整平后开定植沟，沟内再集中施优质有机肥2 500～5 000千克，短葱白品种适于窄行浅沟，长葱白品种适于宽行深沟。合理密植是获得大葱高产、优质的重要措施。一般长葱白型大葱每亩栽植18 000～23 000株，株距一般在4～6厘米为宜，短葱白型品种栽植，每亩栽植20 000～30 000株。

3.田间管理

田间管理的中心是促根、壮棵和促进葱白形成，具体措施是培土软化和加强肥水管理。

（1）灌水。定植后进入炎夏，恢复生长缓慢，植株处于半休眠状态，此时管理重点是促根，应控制浇水；天气转凉后，生长量增加，对水分需求多，灌水应掌握勤浇、重浇的原则，每隔 4 ～ 6 天浇一次水；进入假茎充实期，植株生长缓慢，需水量减少，此时保持土壤湿润；收获前 5 ～ 7 天停止浇水，以利收获和储藏。

（2）追肥。在施足基肥的基础上还应分期追肥。天气转凉，植株生长加快时，追施"攻叶肥"，每亩施腐熟农家肥 1 500 ～ 2 000 千克、过磷酸钙 20 ～ 25 千克，促进叶部生长；葱白生长盛期，应结合浇水追施"攻棵肥"两次，每亩施尿素 15 ～ 20 千克、硫酸钾 10 ～ 15 千克。

（3）培土。大葱培土是软化其叶鞘，增加葱白长度的有效措施，培土高度以不埋住葱心为标准。在此前提下，培土越高，葱白越长，产量和品质也越好。培土开始时期是从天气转凉开始至收获，一般培土 3 ～ 4 次。

4. 收获。大葱的收获应根据不同栽植季节和市场供应方式而定，秋播苗早植的大葱，一般以鲜葱供应市场，收获期在 9 ～ 10 月。春播苗栽植大葱，鲜葱在 10 月上旬收获，干储越冬葱在 10 月中旬至 11 月上旬收获。

三、洋葱

（一）生物学特性

1. 形态特征

洋葱属于百合科葱属，是具有特殊辛辣味的一种蔬菜。根系浅，生长慢，茎短缩，在营养生长期可形成扁圆的茎盘，茎盘上抽生筒状花薹，花薹呈中空状，在总苞中逐渐形成气生鳞茎。洋葱叶呈筒状中空，叶稍弯曲并有蜡粉，叶鞘基部互相抱合形成假茎，后来逐渐变得肥大而形成肥厚的肉质鳞状茎。每个鳞茎可以抽生 2 ～ 4 个花薹，薹的顶端形成伞形花序。种子小，呈粒状，盾形，千粒重 3 ～ 4 克。

2. 对环境条件的要求

洋葱较耐旱，适应性强。对湿度要求较低，生长适应温度为 5 ～ 26 ℃，生长适宜温度为 20 ℃左右，幼苗生长适温为 12 ～ 20 ℃。对水分条件要求不严，比较耐旱，要求空气相对湿度为 60% ～ 70%。要求土壤比较干旱，只有在鳞茎膨大期需要保持土壤湿润。洋葱的光照与品种有很大关系，一般南方品种属于短日照，日照在 12 小时以下，有利于鳞茎的形成；北方品种属于长日照，日照在 15 小时以上，才有利于鳞茎的形成。早熟品种多属于短日照，中晚熟品种多属于长日照。对光照强度，要求中光照。洋葱为喜肥作物，尤其需要较多的磷、钾肥。按每亩 3 000 千克产量计算，需氮 14.3 千克、磷 11.3 千克、钾 15 千克。在幼苗期，应以氮为主；鳞茎膨大期，需施磷、钾肥。洋葱对土壤要求较严，喜疏松肥沃、保水力强的中性土壤。

（二）栽培技术

1. 栽培季节

应根据当地的气候条件和栽培经验而定，江苏、山东及周边地区以 9 月上中旬播种为宜。晚熟品种可适当推迟 4～5 天。

2. 品种选择

所用品种应根据气候环境条件与栽培习惯进行选择。我国洋葱的主要出口国是日本，出口洋葱采用的品种一般由外商直接提供，现在在日本市场深受欢迎的品种有金红叶、红叶三号、地球等。徐淮地区主要栽培品种有港葱系列、红叶三号、地球等。

3. 播种育苗

栽培地应选在地力较好、地势平坦、水资源较好的地区。

育苗畦宽为 1.7 米，长为 30 米（可栽植亩），播种前每畦施腐熟农家肥 200 千克，拌匀后撒在农家肥上防治地下害虫。再翻地，将畦整平，踏实，灌足底水，水渗后播种，每亩大田需种子 120～150 克，播后覆土 1 厘米左右，然后加覆盖物遮阴保墒。苗齐后浇一次水，以后尽量少浇水。苗期可根据苗情适当追肥 1～2 次，并进行人工除草，定植前半个月适当控水，促进根系生长。

4. 定植

（1）整地施肥与作畦。整地时要深耕，耕翻的深度不应少于 20 厘米，地块要平整，便于灌溉而不积水，整地要精细。中等肥力田块（豆茬、玉米等早茬较好）每亩施优质腐熟有机肥 2 吨、磷酸二铵或三元复合肥 40～50 千克做底肥。栽植方式宜采用平畦，一般畦宽 0.9～1.2 米（视地膜宽度而定），沟宽为 0.4 米，便于操作。

（2）覆膜。覆膜可提高地温，增加产量，覆膜前灌水，水渗下后每亩喷 33% 施田补除草剂 150 毫升。覆膜后定植前按 16 厘米×16 厘米或 17 厘米×17 厘米株行距打孔。

（3）选苗。选择苗龄 50～60 天，直径 5～8 毫米，株高为 20 厘米，有 3～4 片真叶的壮苗定植。苗径小于 5 毫米，易受冻害，苗径大于 9 毫米时易通过春化引发先期抽薹。同时，将苗根剪短到 2 厘米长准备定植。

（4）定植。适宜定植期为霜降至立冬。定植时应先分级，先定植标准大苗，后定植小苗，定植深度要适宜，以不埋心叶、不倒苗为度，过深鳞茎易形成纺锤形，且产量低，过浅易倒伏，以埋住苗基部 1～2 厘米为宜。一般亩定植 2.2 万～2.6 万株，栽后再灌足水，浇水以不倒苗、畦面不积水为好。水渗下后查苗补苗，保证苗全苗齐。

5. 田间管理

（1）适时浇水。定植后的土壤相对湿度应保持在 60%～80%，低于 60% 则需浇水。浇水追肥还应视苗情、地力而定，肥水管理应掌握"年前控，年后促"的原则，一般应"小水勤灌"。冬前管理简单，让其自然越冬。在土壤封冻前浇一次封冻水，次年返青时及时浇返青水，促其早发。鳞茎膨大期浇水次数要增加，一般 6～8 天浇一次，地面保持见干见湿为准，便于鳞茎膨大。收获前 8～10 天停止浇水，有利于储藏。

（2）巧追肥。关键肥生长期内除施足基肥外，还要进行追肥，以保证幼苗生长。

①返青期。随浇水追施速效氮肥，促苗早发，每亩追尿素 15 千克、硫酸钾 20 千克或追 48% 三元复合肥 30 千克。

②植株旺盛生长期。洋葱 6 叶 1 心时即进入旺盛生长期，此时需肥量较大，每亩施尿素 20 千克，加 45% 氮磷钾复合肥 20 千克，可以满足洋葱旺盛生长期对养分的需求。

③鳞茎膨大期。洋葱地上部分达到 9 片叶时即进入鳞茎膨大期，植株不再增高，叶片同化物向鳞茎转移，鳞茎迅速膨大，此期又是一个需肥高峰，特别是对磷肥、钾肥的需求明显增加。实践证明，每亩施 30 千克 45% 氮磷钾复合肥可保证鳞茎的正常膨大。

6. 适时采收

洋葱鳞茎膨大期，地上叶片开始停长，到夏季高温前，洋葱外层 2～3 叶片开始枯黄，假茎逐渐失水变软并开始倒伏，这时鳞茎停止膨大，其外层鳞片也逐渐革质化，正是洋葱的收获期。为了使洋葱收获后便于贮运，应在收获前 1 周停止浇水。有时为了提前腾地倒茬，在地上假茎刚变软时，可人为地将假茎踩扁使其倒伏在地，促使提前进入采收期。收获时应在晴天连根拔起，充分晾晒，而后再进行贮藏。

（三）栽培管理中应注意的事项

1. 预防洋葱早期抽薹

洋葱早期抽薹，除了小葱头的品种原因，还因春播过早或秋播过晚而遇到低温，同时定植后很快通过春化也容易抽薹。另外，洋葱属于绿体型通过春化阶段的蔬菜，一般在幼苗期的假茎 0.6～0.9 厘米，9 ℃以下低温时间太长，也容易通过春化抽薹开花。所以，针对上述情况，在生产上设法预防，就可防止洋葱早期抽薹。

2.洋葱不长葱头的原因

土壤温度太低，不利于营养生长；肥水过大，又遇秋后的冷湿环境，使叶片枯黄，而不长葱头，或者使葱头营养积累太少，而只长叶片，不长葱头。

第五节　豆类无公害蔬菜栽培技术

一、菜豆

（一）生物学特性

1.形态特征

菜豆属于豆科菜豆属一年生缠绕性草本植物。根系发达，主根和多级侧根形成根群，根系易木栓化，侧根的再生力弱，根上有根瘤可起固氮作用。茎有蔓生缠绕和矮生直立两种，分枝力弱，茎基部的节上可抽生短侧枝。叶片为绿色椭圆或心脏形复叶，着生在茎节处。花为蝶形，由茎节的花芽发育而成，花有白、红、黄、紫等颜色，每个花序有 3～7 朵花。果为白色、淡绿色或绿色，成熟后易扭曲开裂。种子为肾脏形，有黑、白、茶色或花色之分，千粒重300～600 克。

2.对环境条件的要求

菜豆喜温暖潮湿的环境。不同的生育阶段要求的温度不同，适应温度范围为 10～35 ℃，适宜温度为 18～25 ℃，土壤的临界温度为 13 ℃。菜豆喜湿润，但不耐涝，也不耐旱，适宜的土壤湿度为 80% 左右。菜豆为喜光植物，不同菜豆品种对日照长短的要求不同，有短日照型、中日照型和长日照型之分，多数为中日照型。菜豆喜磷、钾肥，同时要配施氮肥和适量的硼、铜微肥。对氮肥喜硝态氮，用铵态氮易影响生育。菜豆生长以土层深厚、富含有机质、排水良好的壤土为好，土壤 pH 以 6.2～7.0 为宜。

（二）栽培技术

1.产地选择

生产地宜选择地势平整、排灌方便、土层深厚、土壤疏松肥沃、土壤性状良好、远离污染源的地块。

2. 品种选择

露地栽培可选用早熟的矮生型或蔓生型品种，中晚熟的蔓生型品种。要求品质好、产量高、抗性强、食用安全性好，早熟品种要求有较强的抗寒性。

3. 种子处理

选择当年籽粒饱满、均匀有光泽、无病斑、无虫孔、无霉变、发芽率为95% 的种子。将经过筛选的种子放在阳光下晾晒 1～2 天，严禁暴晒。用农用链霉素浸种 24 小时或用 0.1%～0.3% 的高锰酸钾浸泡 2 小时以减少病害，浸泡后用清水洗净晾干，再用水浸泡 15 分钟并不断搅拌，在水温 30 ℃时浸种 3～4 小时后捞出，25～28 ℃下催芽，3～4 天后芽长 1 厘米播种。

4. 播种与苗期管理

对床土要求较宽，在肥沃园田土的基础上适当加些草木灰即可。床土最好装在营养钵内。播前浇足底水，撒一层细潮土，然后播种干种子。每个营养钵内播 3 粒种子，最少播 2 粒。播后覆潮湿细土 1 厘米左右，盖塑料膜保温保湿。如果在露地直播，播种时每亩要施用敌百虫 1 千克，以防治地下害虫。然后控制气温在 20 ℃左右，保持床土潮湿，一般播后经 7～8 天即可出苗。出苗后，即可揭去塑料膜，以利于降温降湿。气温控制在 18～20 ℃，以床土潮湿为宜。

5. 壮苗标准

壮苗的苗龄为 15～20 天，植株高 5～8 厘米，有 1～2 片真叶时，就可定植。如果是大龄苗，则应采取良好的护根措施。

6. 育苗注意事项

育苗温度过高，则叶片呈阔圆形；若温度过低，则叶片呈柳叶状；若夜温高，光照弱，则秧苗下胚轴变长。

7. 适时定植或定苗

在生产上菜豆多采用直接穴播法，而且很少间苗。如腾茬较晚，或因气候条件暂不适宜露地播种时，则应事先育苗，并实行小苗定植移栽。

定植前先施肥整地，每亩施腐熟粗肥 3 000 千克、过磷酸钙 80 千克，普撒后耕翻 25～30 厘米，然后做成 1.2 米宽的大畦。在冬、春季节，应提前 1 周覆盖地膜烤地，当地温稳定在 15 ℃以上时才可定植。种植甩蔓的架豆，采取每畦双行、小行距 50 厘米、穴距 30 厘米进行定植。种植无蔓的矮生菜豆，采取每畦 3 行、穴距 35 厘米进行定植。栽苗后稍加镇压，然后按畦浇水，以水能渗透营养土块为度。栽后为了保温保湿，可支小拱棚，保持气温在20℃左右和土壤潮湿，一般经3～4天即可缓苗。

8.定植定苗后的田间管理

定植后，秧苗长到3～4片真叶时，可结合浇水每亩施尿素15千克，促使茎叶生长。同时，对于蔓生架豆，应插人字架并绑架，以备秧蔓盘绕上架。此后，则暂不浇水，直至第一花序的幼荚长至3～5厘米长时，再进行浇水。俗称"浇荚不浇花"，花期一般不浇水，否则易引起落花落荚。

结荚后开始浇水，并要始终保持土壤湿润，每半月左右追施一次尿素（每亩施用10千克）。同时，可追施叶面肥，一般用0.5%的磷酸二氢钾或0.4%尿素水喷施。

结荚后期，植株进入衰老时期，要及时摘掉植株下部的病、老、黄、残叶片，以改善通风透光条件。同时，可继续加强水肥管理和叶面喷肥，以促使侧枝生长和潜伏芽发育成结果枝。

在整个田间管理过程中，畦内不可积水，夏天热雨过后要浇园，土壤能保持湿润即可。在棚室内栽培的架豆，为不影响光照，应采取吊蔓方法，而且当蔓爬近架顶时，应及时落秧或打尖。

9.适时采收

一般蔓生菜豆播种后65～75天，即可开始采收，并可连续采收1～3个月。矮生无蔓菜豆播种后60天左右即可采收，采收期1个月左右。一般从开花到采收需15天左右，在结荚盛期，每1～2天就可采收一次。采收时，应采大留小，不可损伤茎蔓。要趁豆荚充分长大，而荚壁仍处于幼嫩状态时采收。采摘应在无露水时进行。矮生种每亩可产1 000千克左右，蔓生种每亩可产1 500～2 000千克。

二、豇豆

（一）生物学特性

1.主要形态特征

（1）根。为深根性蔬菜，主根入土可达80～100厘米，侧根不发达，根群较其他豆类小，吸收根群主要分布在15～18厘米耕作层内。

（2）茎。茎有蔓生、半蔓生和矮生3种，蔓生种的分枝能力较强。

（3）花。主蔓在早熟种3～5节、晚熟种7～9节、侧蔓1～2节抽生花序。总状花序，每花序着生2～4对花，花瓣呈黄色或淡紫色。自花授粉。

（4）果实及种子。果实为细长荚果，近圆筒形，为主要食用部分。

2.生长发育周期

豇豆的生长发育过程与菜豆的基本相似。生育期的长短，因品种、栽培地区和季节不同差异较大，蔓生品种一般为 120 ～ 150 天，矮生品种 90 ～ 100 天。

3.对环境条件的要求

（1）温度。耐热，不耐霜冻。种子发芽适温为 25 ～ 30 ℃，种子出土后幼苗生长适温 30 ～ 35 ℃，抽蔓后生长发育适温 20 ～ 25 ℃，高于 35℃仍正常开花结荚。10 ℃以下的低温，生长受抑制，5 ℃以下低温植株受害。

（2）光照。喜光性强，但也能耐阴。短日照蔬菜，但大部分品种要求不严。

（3）水分。耐土壤干旱的能力比耐空气干旱的能力强。降水过多、积水和干旱均会引起落花落荚，干旱还会引起品质下降、植株早衰、产量降低。

（4）土壤营养。对土壤的适应性广，稍能耐碱，但最适宜疏松、排水良好、pH 为 6.2 ～ 7.0 的土壤。根瘤菌不如其他豆类发达，需一定的氮肥。

（二）栽培技术

1.栽培季节

豇豆主要作菜用栽培，当 10 厘米地温稳定通过 12 ℃以上即可直播。豇豆是适合盛夏栽培的主要蔬菜。并且春、夏、秋均可栽培，关键是选用适当的品种。对日照要求不严的品种，可在春、秋季栽培；对短日照要求严的品种，必须在秋季栽培。

2.品种选择

露地栽培应选择高产、优质、抗病、商品性好的中晚熟品种，如 901、五月鲜等。

3.整地施肥

种植豇豆宜实行轮作，尤以水旱轮作为佳。选择土层深厚、疏松、中性或微酸性、前作连续 2 年未种植豆科作物的田块种植，要求远离有"三废"污染的工厂，搞好农田基本建设，确保灌溉水不受污染。种植前彻底清洁田园，深耕晒畦，畦应南北向，以利于通风透光。结合整地，重施基肥，每亩施入充分腐熟有机肥 5 000 千克，过磷酸钙 50 千克，硫酸钾 15 千克。撒施后深翻 20 ～ 30 厘米，使土肥混合均匀，整细耙平，然后按 60 ～ 75 厘米行距起垄，垄高 15 厘米。

4.直播或移栽

豇豆可直播，播前应根据需要选好种子，并进行晒种。直播时如土壤湿度较好，可干籽播种。如土壤湿度较干，可坐水直播。为提高单产，可在播种时用根瘤菌拌种，拌种方法与菜豆相同。播种时行距60～75厘米，株距25～30厘米，每穴3～4粒种子，播后适当镇压。为了延长生育期，提高产量，可提前在温室内利用营养钵进行护根育苗。播种前先浇足底水，每钵点播种子3粒，覆土2～3厘米。播后白天保持30℃左右，夜间25℃左右。子叶展开后，日温保持20～25℃，夜温14～16℃。加强水分管理，防止苗床过干过湿。定植前7天低温炼苗。苗龄20～25天，幼苗具3～4片真叶时可以进行移栽。每亩栽植密度为3 000～4 000穴。

5.育苗与定植

豇豆育苗移栽可提早采收，增加产量。为保护根系，用直径约8厘米的纸筒或营养钵育苗，每钵播3～4粒，播后覆塑料小拱棚，出土后至移植前，保持温度在20～25℃，床内保持湿润而不过湿。苗龄15～20天，2～3片复叶时定植。行距为60～80厘米，株距为25～30厘米，每穴2～3株，晚秋可留3～4株。矮生种可比蔓生种较密些。

6.田间管理

（1）水肥管理。豇豆移栽后在管理上应采取促控结合的措施，防止徒长和落荚。在豇豆的整个生长发育期，为了创造一个疏松、湿润、温暖的环境，应对其进行2～3次的中耕、除草。

施肥应以有机肥为主，尽最大限度地控制化肥的用量，按照平衡施肥的原则及时按需施用。使用的有机肥必须经过充分腐熟或无害化处理，符合《肥料合理使用准则》（NY/T 496-2010）和《绿色食品肥料使用准则》（NY/T 394-2013）的要求。追肥应在施足基肥的基础上，根据植株长相和需肥规律并结合天气来进行。移栽缓苗后，开花前随水追施硫酸铵20千克/亩，过磷酸钙30千克/亩，开花后，每15天左右叶面喷施0.2%磷酸二氢钾。

（2）植株调整。植株长至30～35厘米，主蔓长30厘米左右时及时搭架绑蔓。主蔓第一花序以下萌生的侧蔓长到3～4厘米时打掉，保证主蔓健壮生长。主蔓第一花序以上各节萌生的侧枝要留1～2片叶摘心，利用侧枝上发出的结果枝结荚。主蔓长至15～20节时打顶，促进主蔓中上部侧枝上的花芽开花结荚。

7.采收

开花后15～20天，豆荚饱满。第一个荚果宜早采。采收时，按住豆荚基部，轻轻向左右转动，然后摘下，避免碰伤其他花序。

三、荷兰豆

（一）生物学特性

1. 形态特征

荷兰豆属于豆科豌豆属一年生或两年生攀缘性草本植物。荷兰豆根系比较发达，根瘤较多。茎有直立（矮生）、半直立和蔓生3种类型。直立型茎高0.5～0.8米，茎圆形，中空，绿色，被覆少量白粉，栽培时可不立支架，食荚豌豆多栽培这种类型。直立荷兰豆的叶片呈绿色羽状复叶，顶叶变为卷须，茎节上有较大的托叶；花为总状花序，着生在叶腋间，开白色或紫色小花，属于自花授粉作物；荚果长而扁，深绿色，嫩脆清香；种子粒小而圆，绿粒或黄绿粒居多，也有黄粒和花粒种子，种子发芽时不露出地面，属于下位发芽，种子百粒重20～25克。

2. 对环境条件的要求

荷兰豆喜温和气候，较耐低温，种子在2～5℃时开始发芽，在15～18℃条件下生长较快，在高温下不易发芽，生育期适温15～20℃，超过25℃时对开花不利。对水分要求不严，保持土壤潮湿最好，土壤见湿见干都可正常生长。荷兰豆属于长日照作物，结荚期需要12小时以上的光照。豆根虽有根瘤，能起固氮作用，但不能满足需要，特别在苗期应补充氮肥，在生长盛期应补充磷、钾肥。荷兰豆在微酸性土壤中生长良好。

（二）栽培技术

1. 品种选择

荷兰豆的品种有中山青、赤花绢荚、莲阳双花、美国小青花、日本成驹等品种。可根据各地的需要选择品种。

2. 栽培季节和方式

早春日光温室栽培，于1月下旬至2月上旬播种，4月下旬至6月中旬收获。早春大棚栽培于2月下旬至3月上旬播种，5月上中旬至6月中下旬收获。春季露地栽培于3月中下旬播种，5月中旬至6月下旬收获。秋季日光温室延后栽培7月下旬播种，10月中旬至12月中旬收获。秋季大棚延后栽培于8月上旬播种，10月中旬至11月中旬收获。

3. 整地播种

以直播为主，垄作或畦作，播前亩施有机肥2 000千克、过磷酸钙20千克，耕翻整平后做垄或畦。为促进早熟和降低开花节位，播前可先浸种催芽，在室温下浸种 2 小时，5～6℃的条件下处理 5～7 天，当芽长至 5 毫米时播种。干种子播后要及时浇水。采用条播，行距 30～40 厘米，株距 8～10 厘米，覆土 2～3 厘米，每亩矮生种用种量为 15 千克，蔓生种为 12 千克。

4. 田间管理

出苗前不浇水，出苗后的营养生长期，以中耕锄草为主，适当浇水，只要不干裂即可。蔓生种在蔓长 30 厘米时搭架。在现蕾前浇小水，花期不浇水。荷兰豆有固氮能力，不需要很多肥料，但多数品种生长势强，栽培密度大，一般需要追肥 3 次，第一次于抽蔓旺盛期施用，亩施复合肥 15 千克，或腐熟人粪尿 400 千克；结荚期追施磷、钾肥，亩施磷酸二铵 15 千克，硫酸钾或氯化钾 5 千克，增产效果明显。植株长至 15 节时摘心，将下部老叶、黄叶摘除，以改善通风透光条件。

5. 采收

嫩梢可随时采收，开花后 10 天左右嫩荚充分肥大，但籽粒没饱满，颜色鲜绿即可从基部采收嫩荚。对于硬荚品种，一般只采收青豆粒，当荚皮白绿，豆粒肥大饱满时采收。收获干豆粒，要在开花后 30～40 天荚皮变黄时进行，收获应在清晨进行，以防荚皮爆裂。

第六节　食用菌无公害蔬菜栽培技术

一、香菇

（一）栽培季节

南方地区一般在秋季栽培，冬春季节出菇。北方地区一般在春季 1～4 月发菌栽培，避开夏季，秋冬季节出菇。

（二）培养料配方

常用的配方：木屑 83%、麸皮 16%、石膏 1%，另加石灰 0.2%，含水量 55% 左右。

（三）栽培袋制作

常用 18 厘米 ×60 厘米的聚乙烯塑料菌袋，装袋有手工装袋和机器装袋两种形式。栽培量大，一次灭菌达到 1 000 袋以上的最好用机器装袋。装袋机工效高达 300 ～ 400 袋 / 小时。装袋时都要求装的料袋一致均匀，手捏时有弹性、不下陷。料袋装满后，要及时扎口。装完袋，要立即装锅灭菌，不能拖延。常压灭菌时，要做到在 5 小时内温度达到 100 ℃，维持 14 ～ 16 小时，闷一夜。

（四）栽培管理

1. 打穴接种

一般采用长袋侧面打穴接种法，4 个人配合操作。第一个人用纱布蘸少许药液在料袋表面迅速擦洗一遍，然后用锥形木棒或空心打孔器在料袋上按等距离打上 3 个接种穴，穴口直径为 1.5 厘米，深 2 厘米，再翻过另一面，错开对面孔穴位置再打上 2 个接种穴；第二个人用无菌接种镊子夹出菌种块，迅速放入接种孔内；第三个人用（3.25 ～ 3.6）厘米 ×（3.5 ～ 4.0）厘米胶片封好接种穴；第四个人把接种好的料袋搬走。边打穴，边接种，边封口，动作要迅速。

2. 发菌管理

井字形堆叠，每层 4 袋，4 ～ 10 层。发菌时间为 60 天左右，其间翻堆 4 ～ 5 次。接种 6 ～ 7 天后翻第一次，以后每隔 7 ～ 10 天翻一次，注意上下、左右、内外翻匀，堆放时不要使菌袋压在另一菌袋的接种穴上。温度前期控制在 22 ～ 25 ℃，不要超过 28 ℃，后期要比前期温度更低。15 天后，将胶片撕开一角透气。再过一周后，如生长明显变慢则在菌落相接处撕开另一角。在快要长满时，用毛衣针扎 2 厘米左右的深孔。

3. 转色管理

脱袋转色包括脱袋、排筒和转色。

（1）脱袋。当菌龄达到 60 多天时，菌袋内长满浓白菌丝，接种穴周围出现不规则小泡隆起，接种穴和袋壁部分出现红褐色斑点，用手抓起菌袋富有弹性感时，表明菌丝已生理成熟，此时脱去菌筒外的塑料袋，移到出菇场地正好排筒。

（2）排筒。排放于横杆上，立筒斜靠，菌筒与畦面呈 60° ～ 70° 角，筒与筒的间距为 4 ～ 7 厘米，排筒后立即用塑料薄膜罩住。

（3）转色。转色期是非常关键的时期。转色前期的管理：脱袋 3 ～ 5 天，尽量不掀动塑料膜，5 ～ 6 天后，菌筒表面将出现短绒毛状菌丝，当绒毛菌丝长接近 2 毫米时，每天掀膜通风 1 ～ 2 次，每次 20 分钟，促使绒毛菌丝倒伏形成一层薄的菌膜。当有黄水吐出时应掀膜往菌筒上喷水，每天 1 ～ 2 次，连续 2 天。转色后期的管理：一般连续一周菌筒开始转色，先从白色转成粉红色，再转成红褐色，形成有光泽的菌膜，即人工树皮，完成转色。

4.出菇管理

一般接种后60～80天即可出菇。秋、冬、春三季均可出菇，但不同季节的出菇管理不一样。

（1）催菇。袋料栽培第一批香菇多发生于11月，这时气温较低，空气也较干燥，所以催菇必须在保温保湿的环境下进行。催菇的原理是人工造成较大的昼夜温差，满足香菇菌变温结实的生理要求，因势利导，使第一批菇出齐出好。操作时，在白天盖严薄膜保温保湿，清晨气温较低时掀开薄膜，通风降温，使菌筒"受冻"，从而造成较大的昼夜温差和干湿差。每次揭膜2～3小时，大风天气只能在避风处揭开薄膜，且通风时间缩短。经过4～5天变温处理后，密闭薄膜，少通风或不通风，增加菌筒表面湿度，菌筒表面就会产生菇蕾。此时再增加通风，将膜内空气相对湿度调至80%左右，以培养菌盖厚实、菌柄较短的香菇。催菇时如果温度低于12℃，可以减少甚至去掉荫棚上的覆盖物，以提高膜内温度。

（2）出菇管理。

①初冬管理。11～12月，气温较低，病虫害少，而菌筒含水充足，养分丰富，香菇菌丝已达到生理成熟，容易出菇。采收一批菇后，加强通风，少喷水或不喷水，采取偏干管理，使菌丝休养生息，积累营养。7～10天后再喷少量清水，继续采取措施。增加昼夜温差和干湿差距，重新催菇，直到第二批菇蕾大量形成，长成香菇。

②冬季管理。第二年的1～2月进入冬季管理阶段。这时气温更低，平均气温一般低于6℃，香菇菌丝生长缓慢。冬季管理要加强覆盖，保温保湿，风雪天更要防止荫棚倒塌损坏畦面上的塑料薄膜和菌筒。暖冬年景，适当通风，也可能产生少量的原菇或花菇。

③春季管理。3～5月，气温回升，降雨量逐渐增多，空气相对湿度增大。春季管理，一方面，要加强通风换气，预防杂菌；另一方面，过冬以后，菌筒失水较多，及时补水催菇是春季管理的重点。先用铁钉、铁丝或竹签在菌筒上钻孔，把菌筒排列于浸水沟内，上面压盖一木板，再放水淹没菌筒，并在木板上添加石头等重物，直到菌筒完全浸入水中。应做到30分钟满池，以利于上下菌筒基本同步吸水，浸入时间取决于菌筒干燥程度、气温高低、菌被厚薄、是否钻孔、培养基配方以及香菇品种。例如，Cr-20的浸水时间就应比Cr-02的浸水时间长些。一般浸水6～20小时，使菌筒含水量达到

55%～60% 为宜。然后将已经补足水分的菌筒重新排场上架，同时覆盖薄膜，每天通风 2 次，每次 15 分钟左右，重复上述变温管理，进行催菇。收获 1～2 批春菇后，还可酌情进行第二次浸水。浸泡菌筒的水温越低，越有利于浸水后的变温催菇。通过冬春两季出菇，每筒（直径 10 厘米，长 40 厘米左右）可收鲜菌 1 千克左右。这时，菌筒已无保留价值，可作为饲料或饵料。如果栽培太晚或者管理不善，前期出菇太少，在菌筒尚好、场地许可的条件下，可将其搬到阴凉的地方越夏，待气候适宜时再进行出菇管理。

二、黑木耳

（一）培养料配方

培养料的配方很多，常见的如下。

（1）木屑（阔叶树）78%，麸皮（或米糠）20%，石膏粉 1%，石灰 1%。

（2）木屑 42.5%，玉米芯 43%，麸皮 10%，玉米面 2%，豆粉 1%，石灰 1%，石膏 0.5%。

（3）木屑 45%，棉籽壳 45%，麸皮（或米糠）7%，蔗糖 1%，石膏粉 1%，尿素 0.5%，过磷酸钙 0.5%。

（4）木屑 29%，棉籽壳 29%，玉米芯 29%，麸皮 10%，石灰 1%，石膏粉 1%，尿素 0.5%，过磷酸钙 0.5%。

（5）棉籽壳 90%，麸皮（或米糠）8%，石膏粉 1%，石灰 1%。

（6）玉米芯（粉碎成黄豆大小的颗粒）70%～80%，锯木屑（阔叶树）10%～20%，麸皮（或米糠）8%，石膏粉 1%，石灰 1%。

（7）玉米芯 76%，麸皮（或米糠）20%，石膏粉 1%，石灰 1%，豆饼 1%～2%。

（二）拌料装袋

将以上培养料按配方比例称好，拌匀，把蔗糖溶解在水中拌入培养料内，加水翻拌，使培养料含水率在 65% 左右。或加水至手握培养料有水渗出而不滴水为宜，然后将料堆积起来，闷 30～60 分钟，使料吃透糖水，立即装袋。

选用高密度低压聚乙烯薄膜袋或聚丙烯薄膜袋，一般塑料袋的规格是 17 厘米 ×33 厘米。一端用绳扎紧，从另一端将配制好的培养料装入袋内，装料时边装边压，沿塑料袋周围压紧，做到袋不起皱，料不脱节。装料量约为袋长的 3/5，料袋装好后将料面压平。然后把余下的塑料袋收拢起来，用线绳扎紧，灭菌后从两端接种。应该注意：当天拌料、装袋，当天灭菌。

（三）灭菌

包扎后立即进锅灭菌。高压蒸汽灭菌要求在 1.4 千克/米² 的压力下维持 2 小时，常压蒸汽灭菌温度达到 100 ℃时维持 10 小时以上。

（四）接种

当料温降至 30 ℃以下时接种，菌种要选用适于袋料栽培的优良菌种，接种要在接种箱内以无菌操作方法进行。每瓶原种接 20 ～ 30 袋。菌种要分散在料面，以加速发菌。

（五）发菌

培养室要求黑暗、保温、清洁，培养温度为 24 ～ 26 ℃，每天通气 30 分钟左右，一般培养 40 ～ 50 天菌丝即可发满全袋。

（六）出耳管理

发好菌的栽培袋应及时排场出耳，如推迟排场，菌丝会老化而增加污染。可采用吊袋式或地沟式出耳。

出耳场所应选择靠近水源、地势高、环境卫生好、通风良好的地方，也可选择在树林或河边树荫下及光线较好的空闲房内。

1. 耳房

根据结构分为砖木棚和塑料棚两种形式。均设前后门窗，棚顶要盖草帘或树枝以备遮挡阳光的直射，棚内地面可设若干水槽或铺设沙石、煤渣等蓄积水分。

2. 沟、坑栽培

开一条宽 100 厘米、深 30 厘米、长 5 ～ 10 米的地沟，沟两边竖 30 厘米高的竹架，竹架上横向搁 110 厘米的竹子，竹子上吊挂菌袋。地沟上用竹竿搭拱，棚顶覆盖塑料薄膜并加盖草帘或树枝，也可在地沟内铺沙砾，平底菌袋竖放在沙砾上地沟式出耳。

3. 开孔出耳

栽培袋长满菌丝后，移入栽培室见光 3 ～ 5 天，当袋壁有零星耳基时，可用 0.2% 高锰酸钾溶液擦洗袋壁，待药液晾干后即可开孔。每袋开 3 ～ 4 行，交错开孔 6 ～ 8 个，呈"V"字形。将袋排放在沟内潮湿的沙地上，或放在耳房内铺有塑料薄膜的栽培架上，架上覆盖薄膜，空间喷水，空气湿度要在 85% 以上。每天掀膜 1 ～ 2 次，温度控制在 15 ～ 25 ℃。约 5 ～ 7 天，开孔处便可形成黑木耳耳芽，见耳芽后及时吊袋，或在沟内排袋。

4. 出耳期管理

幼耳期出耳阶段应控制温度在 15 ～ 25 ℃，每天早、中、晚用喷雾器往地面、墙壁和菌袋表面喷水，以保持空气相对湿度不低于90%。开窗通风换气以增光诱耳。

三、平菇

（一）平菇生料

1.平菇栽培方法概述

（1）依据对培养料的处理方式可分为生料栽培、发酵料栽培、熟料栽培。

（2）依据栽培容器的不同可分为塑料袋栽培、瓶栽、箱栽等。

（3）依据栽培场所的不同可分为阳畦栽培、塑料大棚墙式栽培、床架栽培、林间畦栽、窑洞栽培等。

2.平菇生料栽培

（1）生料栽培的概念。生料栽培是指对培养料经药物消毒灭菌，或未经消毒而通过激活菌种活力并加大菌种用量来控制杂菌污染，完成食用菌栽培的方法。

（2）培养料配制。要求主料占85%～90%，辅料占10%～15%，料水比为1∶1.50。

例如，玉米芯87%，麦麸10%，石膏粉1%，石灰粉2%。

（3）培养料药剂消毒灭菌。生产中常用的消毒药物及药量为多菌灵0.1%，食菌康0.1%，威霉0.1%。

（4）播种。将菌种投放于培养料的过程称为播种，它与接种有不同之处。播种时要洗手、消毒，各种播种用具也要消毒。生产中常用的播种方法有以下几种。

①混播。将菌种掰成蚕豆大小的粒状，与培养料混合均匀后铺床或装袋，并在床面或料袋的两端多播一些菌种。床栽时，播种后可用塑料薄膜覆盖床面，但要注意通气。袋栽时，袋口最好用颈口圈并加盖牛皮纸或报纸。

②层播。将菌种掰成蚕豆大小的粒状，播种时一层培养料一层菌种，并在床面或料袋的两端多播一些菌种。

③穴播。当菌种量较少时，为使播种均匀，可在床面上均匀打穴，播入菌种。

（5）发菌。即菌丝体培养的过程和菌种培养的不同之处在于生料栽培的发菌只能采用低温发菌，发菌温度不得高于18℃。

（6）出菇管理。在适宜的条件下，通常约30天左右，菌丝即可吃透培养料，几天后菌床或菌袋表面出现黄色水珠，紧接着分化出原基，这时就应进行出菇管理。

①温度的调控。一般在菌丝吃透培养料后，应给予低于 20 ℃以下的低温和较大的温差，这有利于子实体的分化。

②湿度的管理。出菇阶段要保持空气湿度为 85%～90%，可对地面洒水，可对空间喷雾。

③通风换气。平菇在子实体生长发育阶段，若通风不良，则会产生菌盖小、菌柄长的畸形菇，甚至出现菌盖上再生小菌盖的畸形菇。但通风时应有缓冲的过程，不能过于强烈。

④光照的控制。在子实体生长发育阶段应给予一定的散射光，光线太暗也会出现畸形菇。

（7）采收。平菇的采收期要根据菇体发育的成熟度和消费者的喜好来确定，一般应在菌盖尚未完全展开时采收，最迟不得使其弹射孢子。

（二）平菇熟料

熟料栽培是指对培养料经过高温高压或常温常压消毒灭菌后，通过无菌操作进行接种来完成食用菌栽培的方法。

1.培养料配制

和生料栽培相比，熟料栽培的辅料比例有所提高，一般主料占 80%，辅料占 20%，料水比约为 1∶1.5。拌料一定要均匀，否则等于改变了培养料的配方。生产中常用的培养料配方有以下几种。

（1）阔叶树木屑 50%，麦草 30%，玉米粉 10%，麸皮 8%，石膏粉 2%。

（2）玉米芯 77%，麸皮 20%，过磷酸钙 1%，石膏粉 2%。

（3）棉籽壳 90%，麸皮 8%，白糖 1%，石膏粉 1%。

2.装袋

塑料袋可选用 17 厘米 ×38 厘米或 24 厘米 ×45 厘米的聚乙烯塑料袋，可用手工装袋，有条件的可用装袋机装袋。装袋时要松紧适宜，严防将塑料袋划破，袋口用细绳扎住。

3.灭菌

常温常压灭菌时，要求料温达 100 ℃时开始计时，在此温度下维持 10～12 小时，灭菌一定要彻底，否则会造成无法弥补的损失。

4.接种

灭菌后将料袋搬入接种室，并对接种室熏蒸消毒约 2 小时，等料温降到

20 ℃左右时即可接种。接种时一定要严格遵守无菌操作规程，打开袋口，将菌种接种于料袋的两端，并立即封口，速度越快越好。用颈口圈封口有利于发菌。

5.发菌

将接种好的料袋搬入发菌室，给予菌丝体生长的最适宜的环境条件，约30天左右，菌丝吃透料袋。

6.出菇管理

可打开袋口，码成 5～6 层的菌墙出菇，也可脱袋覆土出菇，覆土厚度 2～3 厘米，并浇透水。也可脱袋后用泥将菌柱砌成菌墙出菇，可以提高产量。其他管理同生料栽培。

第四章　常见无公害蔬菜病虫害防治方法

第一节　无公害蔬菜病虫害防治技术措施

发展无公害蔬菜，重点是把好生产基地选择与改善、种植过程无害化、蔬菜残留毒物检测"三关"，抓好产地环境、品种选用、培育壮苗、"健身"栽培、病虫害防治、质量检测"六大环节"。总的来说，就是采取无公害蔬菜生产技术措施，使基地环境、生产过程和产品质量达到无公害标准要求。

一、栽培技术

（一）选址

选择好环境条件，确保满足无公害蔬菜生产的基本要求。生产无公害蔬菜地块的立地条件应该是离工厂、医院等3千米以外的无公害污染源区。种植地块应排灌方便，灌溉水质符合国家规定要求。种植地块的土壤应土层深厚肥沃，结构性好，有机质含量达2%～5%。基地面积具有一定规模，土地连片便于轮作，运输方便。

（二）环境条件

改善田间生态条件，创造利于蔬菜作物生长环境，改善蔬菜生产条件。改善蔬菜生产条件包括3个方面：一是完善田间水利设施，健全排灌系统；二是改善土壤理化性状，使土壤具有团粒结构；三是健全田间道路网络，便于机械化作业。要建立农田轮作制度，不同菜地、不同蔬菜品种采取不同的轮作制度。利用农业设施来改善生态条件。清洁田园，改善生态条件。提倡不同科蔬菜间作套种。

（三）健全栽培管理措施

提倡"健身"栽培，提高植株抗逆性和抗病虫害能力。选用良种并且对种子进行消毒。适期播种，培育壮苗。

二、种植管理

（一）基本原则

沙土壤经常灌，黏壤土要深沟排水。低洼地"小水勤浇""排水防涝"。看天看苗灌溉。晴天、热天多灌，阴天、冷天少灌或不灌；叶片中午不萎蔫的不灌，轻度萎蔫的少灌，反之要多灌。暑夏浇水必须在早晨9：00前或下午5：00之后进行，避免中午浇水。根据不同蔬菜及生长期需水量不同进行灌溉。

（二）灌溉方法

1. 沟灌

沟灌水在土壤吸水至畦高1/2～2/3后，立即排干。夏天宜傍晚后进行。

2. 浇灌

每次要浇透，短期绿叶菜类不必天天浇灌。

三、施肥方法

选用腐熟的厩肥、堆肥等有机肥，辅以矿质化学肥料。禁止使用城市垃圾肥料。莴苣等生食蔬菜禁用人畜粪肥作为追肥。施肥过程中严格控制氮肥施用量，否则可能引起菜体硝酸盐积累。施肥过量，特别是施化肥过量是蔬菜污染的主要原因之一，因此应大力推广科学施肥技术。首先要大力施用有机肥料。其次要提倡配方施肥，根据土壤中原有的营养成分基础，了解不同蔬菜生长发育所需的营养元素量，再合理适当地补充有机肥和化肥。这样就不会因土壤中营养成分过量而致蔬菜受污染。再次要应用天然肥料和生物肥料，使各元素间搭配合理，积极推广符合标准的蔬菜专用复合肥。这样可弥补生物肥料中含氮量不足的缺点，还可改善土壤生物的生态环境，增加微生物数量，使化肥不易流失。

（一）施用方法

1. 基肥、追肥

氮素肥70%做基肥，30%做追肥，其中氮素化肥60%做追肥。有机肥、矿质磷肥、草木灰全数做基肥，其他肥料可部分做基肥。有机肥和化肥混合后做基肥。

2. 追肥按"保头攻中控尾"原则进行

苗期多次施用以氮肥为主的薄肥；蔬菜生长初期以追肥为主，注意氮磷

117

钾按比例配合；采收期前少追肥或不追肥。各类蔬菜施肥重点：根菜类、葱蒜类在鳞茎或块根开始膨大期为施肥重点。白菜类、甘蓝类、芥菜类等在结球初期或花球出现初期为施肥重点。瓜类、茄果类、豆类在第一朵花结果牢固后为施肥重点。

3. 注意事项

看天追肥，温度较高、南风天多追肥，低温刮北风天气要少追肥或不追肥。追肥应与人工浇灌、中耕培土等作业相结合，同时应考虑天气情况、土壤含水量等因素。

4. 土壤中有害物质的改良

短期叶菜类，每亩每茬施石灰 20 千克或厩肥 1 000 千克或硫黄 1.5 千克（土壤 pH6.5 左右）随基肥施入。长期蔬菜类，石灰用量为 25 千克，硫黄用量为 2 千克。

（二）增施有机肥

蔬菜易富集硝酸盐，化肥特别是氮肥的高用量又会引起蔬菜体内硝酸盐含量的升高。大量试验证明，单施化学肥料，蔬菜体内硝酸盐含量明显提高；而配合施用有机肥料时，硝酸盐含量则较低。为了保证蔬菜的优质高产和减少污染，应增施有机肥，减少化肥用量，在能够达到高产的前提下，生产出硝酸盐含量较低的优质蔬菜。同时，能增强土壤养分的缓冲能力，防止盐类聚集，延缓土壤的盐渍化过程。有机肥具有较强的酶活性，可以增加有益微生物群落，为微生物活动提供能源和物质。增施有机肥可诱导作物对病害的抗性，也可直接抑制有害菌的活性。

（三）平衡施肥

平衡施肥是根据蔬菜作物的需肥规律、土壤养分情况和供肥性能与肥产效应，在施用有机肥的条件下，提出氮、铜、钙、硼等元素的适宜量和配比，采用相应的施肥技术。平衡施肥能促进蔬菜作物得到充足的养分，并使各种营养元素之间保持适当的比例，达到全价营养，避免因某一种或几种元素过量或缺乏，而导致某些物质的积累或亏缺。平衡施肥不仅体现在降低蔬菜体内硝酸盐含量方面，还表现在提高蔬菜作物的抗病性，减少农药的使用次数和用量，降低农药残留方面。

（四）增施生物肥

合理施用生物肥料有助于土壤中营养元素肥效的提高，可减少化肥的施用量。增施生物肥不仅能释放土壤中的养分，供蔬菜作物利用，还能在一定程度上减轻病虫害的防治次数，减少农药残留量。一方面在蔬菜作物根系周围形成优势菌落，强烈抑制病原菌繁殖，使病虫害不易发生。另一方面，微生物在其生命活动过程中产生的激素类、腐殖酸类以及抗生素类物质，能刺激作物健壮生长，抑制病害发生。长期施用可起到用地养地相结合，逐年增加土壤中有机质含量，改善土壤理化性状，明显提高土壤中水、肥、气、热的综合作用。生物肥料的施用不仅是一种可持续的良性循环，又是一项既能降低蔬菜体内硝酸盐含量，又能保持蔬菜高产的技术措施。

（五）二氧化碳施肥

保护栽培蔬菜的产量低于露地的产量，而且蔬菜体内硝酸盐含量普遍较高，这虽然与养分供应失衡有关，但也不能忽视另一个原因，那就是保护条件下二氧化碳的供给不足。据测定，保护设施中二氧化碳的浓度为 300 ～ 700 毫克 / 升，而蔬菜所需要浓度为 1 500 ～ 3 000 毫克 / 升，仅能满足蔬菜作物光合作用所需的 1/15 ～ 1/5。光合作用不足是造成蔬菜体内硝酸盐含量升高的一个不可低估的因素。这是因为光合作用不足，合成的碳水化合物相对减少，造成碳氮代谢不平衡，蔬菜作物吸收的氮素不能及时转化为氨基酸和蛋白质，造成蔬菜作物体内氮素积累，减缓了硝酸盐的还原速度，造成了硝酸盐积累过量。为提高产量，改善品质，应加强保护栽培蔬菜的二氧化碳施肥。

总之，在施肥过程中，应尽量避免施用有毒的工业废渣、生活垃圾等，合理施用化肥时，提倡施用最新发明生产的长效碳铵，控制缓施肥料、根瘤菌肥等高效、弊少的高科技化肥。

第二节　常见蔬菜类病害防治要点

一、叶菜类蔬菜主要病害

（一）霜霉病

1. 主要病害蔬菜

大白菜、青菜、甘蓝、花椰菜、榨菜、芥菜、萝卜、芜菁等多种蔬菜。

2. 防治技术

（1）农业防治。选用抗病品种。合理轮作，适期播种，合理密植。前茬收获后，清洁田园，进行秋季深翻。加强田间肥水管理，施足底肥，增施磷、钾肥，合理追肥。

（2）药剂防治。播种前进行选种及种子消毒，无病株留种或播种前用25% 甲霜灵可湿性粉剂或 75% 百菌清可湿性粉剂拌种，用药量为种子重量的0.3%。

加强田间检查，重点检查早播地和低洼池，发现中心病株要及时喷药，控制病害蔓延。常用药剂有 40% 乙膦铝可湿性粉剂 235～470 克/亩、25% 甲霜灵可湿性粉剂 348～436 克/亩、75% 百菌清可湿性粉剂 113～153 克/亩、80% 乙蒜素乳油 5 000～6 000 倍液喷雾。

大棚内可用 10% 百菌清烟剂 500～800 克/亩，分 4～5 处，点燃放烟，闷棚处理。

（二）软腐病

1. 主要病害蔬菜

大白菜、甘蓝、花椰菜等十字花科蔬菜以及莴苣、芹菜、葱、蒜等蔬菜。

2. 防治技术

（1）农业防治。选用抗病品种，与豆类、玉米等作物轮作，提前翻犁，促进病残体腐烂分解。选择地势高、水位低、肥沃的土地种植，增施有机肥，及时拔除病株后用生石灰消毒。

（2）药剂防治。发病初期用 72% 农用链霉素可溶性粉剂 750 倍液、50% 氯溴异氰尿酸可湿性粉剂 60～70 克/亩、20% 噻森酮悬浮剂 120～200 克/亩、80% 代森锌可湿性粉剂 80～100 克/亩喷雾，5～7 天喷一次，连续 3 次，重点喷洒在病株茎部及近地表处。大白菜对铜制剂敏感，不宜在大白菜上使用。

（三）黑腐病

1. 主要病害蔬菜

大白菜、小白菜、甘蓝、花椰菜等十字花科蔬菜。

2. 防治技术

（1）农业防治。选择抗病品种；在无病地或无病株上采种。与非十字花科蔬菜如番茄、辣椒、茄子、黄瓜等，进行 2～3 年轮作。温水浸种，将种子放在 50 ℃的温水中浸泡 30 分钟，然后播种。加强栽培管理，适时播种，合理浇水，适期蹲苗。农事操作时注意减少伤口。收获后及时清洁田园。

（2）生物防治。可选用 3% 中生菌素可湿性粉剂 600～800 倍液浸种加灌根。

（3）化学防治。

种子消毒：用50%琥胶肥酸铜可湿性粉剂按种子重量的0.4%拌种，可预防苗期黑腐病的发生。

喷药：发病初期，每亩可选用72%农用硫酸链霉素可溶性粉剂14～28克、20%噻菌铜悬浮剂75～100毫升、20%噻森铜悬浮剂120～200毫升、2%氨基寡糖素水剂187～250毫升、80%代森锌可湿性粉剂80～100克，兑水均匀喷雾，隔7～10天防治一次，连续防治2～3次。需注意：对铜剂敏感的蔬菜品种慎用噻菌铜、噻森铜。

（四）黑斑病

1.主要病害蔬菜

大白菜、甘蓝、花椰菜、芥菜、萝卜等。

2.防治技术

（1）农业防治。选用适合的抗病品种；与非十字花科蔬菜如番茄、辣椒、茄子、黄瓜等实行2～3年轮作；施足基肥，增施磷、钾肥，提高菜株抗病力。

（2）化学防治。在发病前或发病初期，每亩可选用10%苯醚甲环唑水分散粒剂35～50克，或43%戊唑醇悬浮剂15～18毫升，兑水30～50千克；或5%百·硫悬浮剂1 250～1 500千克，均匀喷雾，隔7～10天防治一次，连续防治2～3次。

（五）根肿病

1.主要病害蔬菜

大白菜、菜薹、甘蓝、花椰菜等。

2.防治技术

（1）农业防治。与非十字花科蔬菜如番茄、茄子、黄瓜、辣椒等实行3年以上轮作；避免在低洼积水地或酸性土壤上种植白菜；采用无病土育苗或播前用福尔马林消毒苗床；改良定植田的土壤，结合整地在酸性土中每亩施消石灰60～100千克，进行表土浅翻，也可在定植前在畦面或定植穴内浇2%石灰水，以减少根肿病发生，或发病初期用15%石灰乳灌根，每株0.3～0.5升，也可以减轻危害。加强栽培管理，在白菜生长期适时浇水追肥、中耕除草，提高植株抗病能力。

（2）化学防治。在发病初期拔除病株，在病穴四周撒石灰，或用50%氟啶胺悬浮剂每亩267～333毫升，兑水60～100升均匀喷于土壤表面。

（六）空心菜锈病

1.主要病害蔬菜

空心菜。

2.防治技术

（1）农业防治。

①选择抗病品种。重病区可选种细叶通菜或柳叶菜等，具有较强的形态抗病作用。

②实行轮作。与非旋花科作物如白菜、萝卜、番茄、黄瓜等间隔2年轮作，最好与水稻轮作或用水淹菜地。

③增施有机肥，采取前轻后重追肥，使植株生长健壮。夏秋季早晨浇水，冲掉叶片上的露水，切断病菌侵染来源。发现中心病株及时拔除并集中处理。每年收获结束时清除病残体，翻晒土壤促使病残体加速腐烂可减少初侵染菌源。

（2）化学防治。发病初期及时喷药，可用65%代森锌500倍液、58%雷多米尔可湿性粉剂（瑞毒霉·锰锌）500～600倍液、64%杀毒矾可湿性粉剂500倍液、30%氧氯化铜悬浮剂500倍液，隔7～10天喷一次，连喷2～3次，做到药剂轮换使用。

（3）种子处理。种子是病菌远距离传播的重要途径。可设无病留种田，确保用无病种子播种；或药剂处理种子，采用35%甲霜灵拌种剂，按种子干重的0.3%拌种。

二、瓜类蔬菜主要病害

（一）枯萎病

1.主要病害蔬菜

各种瓜类蔬菜。

2.防治技术

（1）农业防治。实行轮作，选种抗病品种，黄瓜如长春密刺、津杂1号、津杂2号、津研7号、西农58号、中农93号等品种均较抗病，西瓜如京欣1号、丰收2号、丰收3号、齐源P2、郑抗2号等品种较为抗病。从无病田、无病株上采种。

（2）药剂防治。每1平方米用50%多菌灵可湿性粉剂8克处理畦田，进行土壤消毒。用50%多菌灵可湿性粉剂500倍液，浸泡种子1小时，然后用清水冲洗干净催芽播种。

定植前用 50% 多菌灵可湿性粉剂每亩 2 千克，混入细干土 30 千克，混匀后均匀撒入定植穴内。

（二）白粉病

1. 主要病害蔬菜

黄瓜、南瓜、西葫芦、冬瓜等瓜类蔬菜。

2. 防治技术

（1）农业防治。选用抗病品种，黄瓜如津春 3 号、津优 3 号、中农 13 号、津优 2 号；南瓜如日本夷香南瓜、锦栗南瓜、橘红南瓜等；冬瓜如广优 1 号、灰斗、冠星 2 号、七星仔等；西葫芦如美玉、中葫 3 号、邯郸西葫芦等，甜瓜如尤甜 1 号、红肉网纹甜瓜、黄河蜜瓜、白雪公主等品种较为抗病。

（2）药剂防治。棚室可在定植前熏蒸消毒，用硫黄粉熏蒸的方法是 100 立方米用硫黄粉 0.24 千克，锯末 0.45 千克，盛于花盆内，分放几处，于傍晚密闭棚室，点燃锯末熏蒸一夜。熏蒸时，棚室内温度维持在 20 ℃左右，效果较好。也可用 45% 百菌清烟剂每亩 250 克，分放 4～5 点，点燃后密闭一夜。发病初期可用 50% 甲基托布津可湿性粉剂 800 倍液和 75% 百菌清可湿性粉剂 600 倍液等喷雾防治。发病前，可用 30% 醚菌酯每亩 27～35 克、1% 多抗霉素水剂每亩 250～1 000 克、1% 蛇床子素水乳剂每亩 150～200 克、70% 甲基硫菌灵水分散粒剂每亩 40～51.4 克、10% 苯醚甲环唑水分散粒剂每亩 50～83.3 克、99% 矿物油乳油 200～300 克，每隔 7～10 天喷一次，连喷 2～3 次，进行预防。

（三）霜霉病

1. 主要病害蔬菜

黄瓜、甜瓜、丝瓜、西瓜、苦瓜和冬瓜等作物。

2. 防治技术

（1）农业防治。选用抗病品种，黄瓜如津研 2 号、津研 4 号、津杂 2 号、津杂 4 号和津春 2 号等品种；丝瓜如驻丝瓜 1 号、广西 1 号、丰棱 1 号等品种；苦瓜如夏丰 3 号；甜瓜如黄河蜜瓜、红肉网纹甜瓜、白雪公主、随州大白甜瓜等品种，均为抗病、耐病品种。此外，应加强实施药剂保护和改进田间栽培管理相结合的综合措施。

（2）药剂防治。霜霉病通过气流传播，发展迅速，易于流行。故应在发病初期尽早喷药才能收到良好防效。发病时可选用 25% 甲霜灵可湿性粉剂

800～1 000倍液、75%百菌清可湿性粉剂600倍液、68%甲霜灵·锰锌可湿性粉剂400倍液。

三、茄果类蔬菜主要病害

（一）青枯病

1.主要病害蔬菜

辣椒、茄子、番茄等。

2.防治技术

（1）农业防治。选用抗病品种。改良土壤，实行轮作，避免连茬或重茬，尽可能与瓜类或禾本科作物实行5～6年轮作。整地时施草木灰或石灰等碱性肥料100～150千克，使土壤呈微碱性，抑制青枯菌的繁殖和发展。改进栽培技术，提倡用营养钵育苗，做到少伤根，培育壮苗提高寄主抗病力。雨后及时松土，避免漫灌，防止中耕伤根。

（2）生物防治。定植时用青枯病拮抗菌NOE-104和MA-7菌液浸根，对青枯病菌侵染具有抑制作用。

（3）药剂防治。进入发病阶段，喷淋14%络氨铜水剂300倍液、77%可杀得可湿性微粒剂500倍液、72%硫酸链霉素可溶性粉剂1 000～2 000倍液、3%中生霉素可湿性粉剂600～800倍液、20%噻森酮悬浮剂300～500倍液、42%三氯异氰尿酸可湿性粉剂每亩30～50克，隔7～10天一次，连续使用3～4次；或50%敌枯双可湿性粉剂800～1 000倍液灌根，隔10～15天一次，连续灌2～3次。

（二）病毒病

1.主要病害蔬菜

辣（甜）椒、茄子、番茄等。

2.防治技术

（1）农业防治。选用抗病品种，适时早播。早播种、早定植可使结果盛期避开病毒病高峰，种苗株型矮而壮实。采用地膜覆盖栽培，既可提早定植，又可促进早发根、早结果。露地栽培应及时中耕、松土，促进植株生长。与高秆作物间作。可与玉米、高粱实行间作，高秆作物可为其遮阴，既促进增产，又能有效地阻碍蚜虫的迁飞。及早防治传毒蚜虫。

（2）物理防治。种子消毒，种子先用清水浸种3～4小时，再用10%磷酸三钠溶液浸泡20～30分钟，清水淘洗干净后再催芽播种。

（3）生物防治。使用生物制剂 0.5% 几丁聚糖水剂 300 ～ 500 倍液、0.5% 香菇多糖水剂每亩 208 ～ 250 克、6% 低聚糖素水剂 600 ～ 1 200 倍液喷雾，每隔 10 ～ 14 天喷一次，连续 2 ～ 3 次。

（4）药剂防治。0.1% 硫酸锌、20% 病毒 A 可湿性粉剂 500 倍液，1.5% 植病灵乳剂 1 000 倍液，20% 吗啉胍・乙铜可湿性粉剂每亩 166.5 ～ 250 克，20% 盐酸吗啉胍可湿性粉剂每亩 166.7 ～ 250 克，50% 氯溴异氰尿酸可湿性粉剂每亩 60 ～ 70 克，8% 混脂・硫酸铜水乳剂每亩 250 ～ 375 克喷雾防治，7 ～ 10 天喷一次，连续使用 3 ～ 4 次。

（三）早疫病

1. 主要病害蔬菜

番茄、马铃薯、茄子、辣椒等茄科蔬菜。

2. 防治技术

（1）农业防治。施足农家肥底肥，及时合理灌水追肥，棚室注意排湿，保证通风透光。

（2）生物防治。可用生物制剂 6% 嘧啶核苷酸类抗生素水剂每亩 87.5 ～ 125 克喷雾防治。

（3）化学防治。于发病前或发病初期喷撒 50% 扑海因可湿性粉剂 1 000 倍液，或 5% 百菌清粉尘剂进行预防，每亩每次 1 千克，隔 9 天一次，连续 4 次。也可将 50% 扑海因可湿性粉剂配成 180 ～ 200 倍液，用毛笔涂抹病部进行防治。

发病后，可用 30% 醚菌酯悬浮剂每亩 40 ～ 60 克、50% 啶酰菌胺水分散粒剂每亩 20 ～ 30 克、50% 代森锰锌可湿性粉剂每亩 246 ～ 316 克、10% 苯醚甲环唑水分散粒剂每亩 83.3 ～ 100 克、75% 肟菌・戊唑醇水分散粒剂每亩 10 ～ 15 克、70% 丙森锌可湿性粉剂每亩 125 ～ 190 克、30% 王铜悬浮剂每亩 50 ～ 71.4 克、25% 嘧菌酯悬浮剂每亩 24 ～ 32 克、50% 二氯异氰尿酸钠可溶粉剂每亩 75 ～ 100 克喷雾防治，7 ～ 10 天喷一次，连续 2 ～ 3 次，严重时可加喷一次。

（四）晚疫病

1. 主要病害蔬菜

番茄和马铃薯等。

2. 防治技术

（1）农业防治。因地制宜选种抗病品种。番茄、马铃薯不连作，两者不轮作或邻作，与其他蔬菜间隔 3 年轮作。加强水肥管理，实行配方施肥，以提高植株抗逆性。晴天浇水，防止大水漫灌。合理密植，及时整枝，早搭架，摘除植株下部老叶，改善通风透光条件。棚室栽培应适时放风，降低湿度。

（2）生物防治。2% 几丁聚糖水剂每亩 100～150 克、1000 亿芽孢 / 克枯草芽孢杆菌可湿性粉剂每亩 10～14 克、0.5% 氨基寡聚糖水剂每亩 186.7～250 克喷雾，10～14 天喷一次，连续 2～3 次。

（3）化学防治。发病时可通过喷雾、烟雾和灌根等方法进行防治，但需在病株率不超过 1% 前，常用喷雾剂有 25% 甲霜灵可湿性粉剂 600 倍液、3% 多抗霉素每亩 355.6～600 克、33.5% 喹啉酮悬浮剂每亩 30～37.5 克、50% 氟啶胺悬浮剂每亩 26.7～33.3 克、50% 烯酰磷酸铝可湿性粉剂每亩 37.5～50 克、25% 嘧菌酯悬浮剂每亩 60～90 克、83% 百菌清水分散粒剂每亩 80～100 克。

四、葱蒜类蔬菜主要病害

（一）葱锈病

1. 主要病害蔬菜

大葱、韭菜、洋葱、大蒜等。

2. 防治技术

（1）选用优良品种。小米葱、马尾葱、五叶长白 501、五叶长白 502 等品种的抗病性较好。

（2）实行轮作换茬。可与小麦、玉米、豆科作物及茄果类、十字花科蔬菜轮作 3～5 年，可明显减轻病害发生。

（3）清除病残体。生长期和收获后应及时清除病叶，带出田外烧毁或深埋。

（4）培育无病壮苗。加强田间管理，选择生茬地作苗床，施足基肥，培育无病壮苗。大葱属喜肥蔬菜，每生产 1000 千克大葱需纯氮 3 千克、五氧化二磷 1.22 千克、氧化钾 4 千克。施肥应以有机肥为主，兼施磷、钾肥，追施氮肥，促进大葱生长，提高抗病能力。

（5）药剂防治。防治大葱锈病的药剂以三唑类杀菌剂为主。发病初期可喷洒 10% 苯醚甲环唑 2500 倍液，或 12.5% 烯唑醇 2000 倍液，或 43% 戊唑醇 5000 倍液防治，隔 7～10 天喷一次，连喷 2～3 次，基本上可控制大葱锈病的发生。

（二）葱霜霉病

1.主要病害蔬菜

大葱、洋葱、韭菜、大蒜等蔬菜。

2.防治技术

（1）农业防治。

①选择适宜地块。选择地势较高、土质疏松、排灌方便、通风良好的地块种植。

②选用抗病品种。可根据当地的种植习惯选择适合的抗病品种，如中华巨葱、章丘巨葱、辽葱1号、长龙、长宝等品种。

③实行轮作倒茬。严禁重茬连作，一般在2年以内不能在同一地块种植大葱、洋葱等葱类蔬菜。可选择豆类、瓜类、茄果类或大田农作物等作前茬，实行2～3年轮作。

（2）化学防治。当大葱长至15厘米左右时进行预防，选用75%百菌清可湿性粉剂600倍液、80%代森锰锌500～800倍液全面喷雾进行保护；发病初期喷施50%多菌灵可湿性粉剂800倍液；发病后用72.2%普力克水剂、50%甲霜铜可湿性粉剂800倍液交替使用，每隔7～10天喷1次，连续喷3～4次，可起到有效的治疗作用。

（三）葱紫斑病

1.主要病害蔬菜

大葱、大蒜、韭菜、薤头等蔬菜。

2.防治技术

（1）农业防治。

①选用抗病品种。可选用地球黄皮洋葱，如空知黄、北海道、桧熊等抗耐病品种。

②选用无病种子，留种田应在抽薹开花前或发病初期喷药保护，以培育无病种子。

③加强栽培管理，适时播种培育壮苗，通过加强苗期水分、温度以及施肥、除草、间苗等管理，增强植株抗性。

④实行轮作倒茬，在发病严重的地段应与非葱蒜类作物实行3～4年轮作。

⑤收获时清理病残体，带出田外深埋或烧毁。

（2）化学防治。田间发病初期和发病期施药：发病初期应先摘除田间已感病叶片或拔除重病株。一般在 2 月上旬应选用 75% 百菌清可湿性粉剂、64% 杀毒矾可湿性粉剂、70% 代森锰锌可湿性粉剂、40% 大富丹可湿性粉剂、58% 甲霜·锰锌 500 倍液、50% 扑海因可湿性粉剂 1 500 倍液、10% 苯醚甲环唑水分散粒剂每亩 30～75 克，隔 7～10 天喷一次，共喷 3～4 次。如有葱蓟马同时危害，可在上述农药中选择能与 2.5% 溴氰菊酯乳油或 20% 速灭杀丁乳油混用的药剂，以兼治葱蓟马。因病原菌极易产生抗药性，故应轮换用药。

五、根类蔬菜主要病害

（一）胡萝卜黑斑病

1. 主要病害蔬菜

胡萝卜等。

2. 防治技术

（1）农业防治。实行 2 年以上轮作。收获后彻底清洁田园，深翻土壤，压埋病残体。加强管理。高垄栽培，精细整地，避免早播，施足底肥，增施磷、钾肥，合理灌水，及时排水。

（2）化学防治。种子消毒。可用 50 ℃温水浸种 2 分钟，然后放入冷水中降温。也可用种子重量 0.4% 的福美双拌种。

（二）胡萝卜细菌性软腐病

1. 主要病害蔬菜

胡萝卜、马铃薯、芋、瓜类、茄果类、豆类、葱蒜类、白菜、萝卜、莴苣、芹菜等多种蔬菜。

2. 防治技术

（1）农业防治。选种适应性强、抗病、耐病的优良品种；实行高垄栽培，改善田间通风透光条件；合理轮作豆类、麦类作物，避免连作及种植其他寄主如白菜、萝卜等；加强田间管理，多施腐熟农家肥，控制化肥用量，中后期切忌大水漫灌，发现病株及时挖除，并撒石灰或用石灰水淋灌病穴；清洁田园，在胡萝卜收获后及时清理烧毁病残体，耕翻暴晒土地，减少病菌数量，降低侵染概率。

（2）化学防治。72% 农用链霉素（或新植霉素）可溶性粉剂 4 000～5 000 倍液、20% 喹菌酮可湿性粉剂 1 000 倍液、45% 代森铵水剂 900～1 000 倍液、50% 琥胶肥酸铜可湿性粉剂 500 倍液、60% 琥·乙磷铝可湿性粉剂 1 000 倍液、12% 绿铜乳油 600 倍液、14% 络氨铜水剂 300 倍液，选择以上药剂在发病初期交替使用，每 7～10 天喷一次，连续喷 2～3 次，注意喷叶基及叶柄处。

（三）萝卜病毒病

1.主要病害蔬菜

十字花科、瓜类、豆类等蔬菜。

2.防治技术

（1）农业防治。品种间有明显抗病性差异，一般青皮系统较抗病，应根据茬口和市场要求选用抗病品种。秋茬萝卜不宜早播；高畦直播，苗期多浇水，降低地温；适当晚定苗，选留无病株。与大田作物间套种，可明显减轻病害；苗期防治蚜虫和黄条跳甲。

（2）化学防治。发病初期喷洒20％病毒A可湿性粉剂500倍液，或1.5％植病灵乳剂1 000倍液，隔7～10天一次，连续防治2～3次。

六、豆类蔬菜主要病害

（一）豆锈病

1.主要病害蔬菜

菜豆、豇豆、豌豆、扁豆和蚕豆等蔬菜。

2.防治技术

（1）农业防治。种植抗病品种，菜豆如碧丰、江户川矮生菜豆、意大利矮生玉豆、甘芸1号、12号菜豆、大扁角菜豆等，豇豆如粤夏2号、桂林长豆角、铁丝青豆角等品种为抗病品种。春播宜早，必要时可采用育苗移栽避病。清洁田园，加强田间管理，采用配方施肥技术，适当密植。

（2）化学防治。发病初期可选择50％萎锈灵乳油800倍液、50％硫黄悬浮剂300倍液、25％敌力脱乳油3 000倍液、25％敌力脱乳油4 000倍液加15％三唑酮可湿性粉剂2 000倍液、15％三唑酮可湿性粉剂1 000～1 500倍液喷雾防治。

（二）豆炭疽病

1.主要病害蔬菜

豆类、瓜类、辣椒、白菜、番茄等蔬菜。

2.防治技术

（1）选用抗病品种。菜豆如早熟14号菜豆、吉旱花架豆、芸丰623等品种为抗病品种，但由于炭疽菌的高度变异性，炭疽菌新小种不断出现，抗病品种的抗性很容易丧失，导致利用抗病品种存在一定的局限性。

（2）种子消毒。播种前用 45 ℃的温水浸种 10 分钟，或用 40% 福尔马林 200 倍液浸种 30 分钟，捞出，清水洗净晾干待播。也可用种子质量 0.3% 左右的 50% 福美双可湿性粉剂拌种。

（3）药剂防治。发病初期开始喷药，可用 50% 甲基硫菌灵可湿性粉剂 500 倍液、25% 咪鲜胺乳油 1 000 倍液、30% 苯噻氰乳油 1 000 倍液、70% 代森锰锌可湿性粉剂 500 倍液。

（三）豆科蔬菜病毒病

1. 主要病害蔬菜

豆科蔬菜及茄子、番茄、青椒等。

2. 防治技术

（1）农业防治。第一，选用抗病品种、进行种子检疫、播种前选种等措施，均可减少初侵染源，是防治病毒病最经济有效的方法。第二，苗期及时拔除田间病株，清除田边灌木、杂草也可减少初侵染来源。第三，调整播种期，使苗期避开蚜虫发生高峰期。

（2）阻断传播媒介。病毒病在田间主要通过迁飞的有翅蚜传播，且多是非持久性的传播，因此采取避蚜或驱蚜（使有翅蚜不着落于大豆田）措施比防蚜措施效果好。最有效的方法是苗期即用银灰膜覆盖土层，或银灰膜条间隔插在田间，有驱蚜避蚜作用，可在种子田使用。

（3）药剂防治。在发病前和发病初期开始喷药防治花叶病，每亩用 2% 菌克毒克水剂 115 ～ 150 克，兑水 30 千克喷雾，做到均匀喷雾不漏喷，连续喷 2 次，间隔 7 ～ 10 天；或每亩用 20% 病毒 A 可湿性粉剂 60 克，兑水 30 千克均匀喷雾，连续喷 3 次，每次间隔 7 ～ 10 天。另外，在 7 ～ 8 月还可以结合治蚜虫喷施防治病毒病的药剂。

第三节 常见蔬菜类虫害防治要点

一、十字花科蔬菜主要虫害

（一）小菜蛾

1. 主要病害蔬菜

甘蓝、紫甘蓝、西蓝花、薹菜、芥菜、白菜、油菜、萝卜等十字花科植物。

2.防治技术

（1）农业防治。合理布局，尽量避免与十字花科蔬菜连作，夏季停种过渡寄主作物，"拆桥断代"减轻危害。收获后及时清洁田园可减少虫源。

（2）物理防治。性诱剂诱杀——每个诱芯含人工合成性诱剂50微克，用铁丝穿吊在诱蛾水盆上方，盆中加入适量洗衣粉，每盆距离100米。还可用高压汞灯诱杀成虫。

（3）生物防治。可选用苏云金杆菌可湿性粉剂800～1 000倍液、0.3%印楝素乳油800～1 000倍液、2%苦参碱水剂2 500～3 000倍液喷雾防治。

（4）药剂防治。药剂防治必须掌握在幼虫2～3龄前。该虫极易产生抗药性，应该用不同作用机制的药剂交替使用。可供选择的药剂有：10%三氟甲吡醚乳油1 500～2 000倍液、2.5%阿维·氟铃脲乳油2 000～3 000倍液、5%氟啶脲乳油1 500～2 000倍液、5%多杀霉素悬浮剂3 000～4 000倍液、25%丁醚脲乳油800～1 000倍液、5%氯虫苯甲酰胺悬浮剂2 000～3 000倍液、2%甲维·印楝素2 500～3 000倍液、15%茚虫威乳油3 000～3 500倍液、24%氰氟虫腙悬浮剂1 500～2 000倍液、10%氟虫双酰胺悬浮剂每亩20～25克喷雾，7～10天喷一次，共2～3次。

（二）菜青虫

1.主要病害蔬菜

菜粉蝶，又称菜白蝶、白粉蝶，幼虫俗称菜青虫，属鳞翅目粉蝶科。

寄主植物有十字花科、菊科、旋花科、百合科、茄科、藜科、苋科等9科35种作物，主要危害十字花科蔬菜，尤以芥蓝、甘蓝、花椰菜等受害比较严重。

2.防治技术

（1）农业防治。引诱成虫产卵，再集中杀灭幼虫；秋季收获后及时翻耕。十字花科蔬菜收获后，及时清除田间残株老叶，减少菜青虫繁殖场所并消灭部分蛹。

（2）生物防治。注意天敌的自然控制作用，保护广赤眼蜂、微红绒茧蜂、凤蝶金小蜂等天敌。此外，还可在菜青虫发生盛期用每克含活孢子数100亿以上的青虫菌粉剂500～1 000倍液、16 000国际单位/毫克菜青虫颗粒体病毒·苏可湿性粉剂800～1 000倍液、16 000国际单位/毫克苏云金芽孢杆菌可湿性粉剂1 000～1 500倍液、2%苦参碱水剂2 500～3 000倍液、0.5%藜芦碱可溶性液剂每亩75～100克喷雾防治，10～14天喷一次，共喷2～3次。

（3）化学防治。一般卵盛期5～7天后，即孵化盛期为用药防治的关键时期。又因其发生不整齐，要连续用药2～3次。幼虫3龄以前施药具较好的防治效果，可选喷下列药剂：10%醚菊酯悬浮剂1 000～1 500倍液、25%灭幼脲悬浮剂2 500～3 000倍液、5%氟啶脲乳油1 000～1 500倍液、1.1%烟·楝·百部碱乳油700～1 000倍液喷雾防治，7～10天喷一次，共喷2～3次。

二、瓜类蔬菜主要虫害

（一）叶螨类

1.主要病害蔬菜

危害瓜类蔬菜的叶螨类主要有朱砂叶螨和二斑叶螨，西瓜、甜瓜、黄瓜等多种瓜均会受害。

2.防治技术

（1）农业防治。种植后合理灌溉并适当施用磷肥，使植株健壮生长，提高抗螨害能力。果实收获时及时清理田间枯枝落叶，消灭虫源，清除杂草寄主。

（2）药剂防治。加强田间管理，及时进行检查，当点片发生时即进行挑治，用1.8%阿维菌素乳油按1∶1的比例混配后稀释1 000～2 000倍液喷雾；还可选5%氟虫脲（卡死克）乳油1 000～2 000倍液、73%炔螨特乳油2 000～2 500倍液、2.5%天王星乳油2 000倍液、20%四螨嗪悬浮剂2 000～2 500倍液等喷雾防治，7～10天喷一次，共喷2～3次，但要确保在采收前半个月使用。初期发现中心虫株时要重点防治，并需经常更换农药品种，以防抗性产生。

（二）瓜蚜（棉蚜）

1.主要病害蔬菜

瓜蚜，属于半翅目蚜科。西瓜、甜瓜、黄瓜等多种瓜均可受害。

2.防治技术

（1）农业防治。种植时选用抗蚜品种，如黄瓜的碧玉3号等。种植后合理灌溉并适当施用磷肥，使植株健壮生长，提高其抗蚜能力。果实收获时及时清理田间枯枝落叶、消灭虫源、清除寄主杂草，以压低虫口基数。

（2）生物防治。天敌是抑制蚜虫的重要因素，瓜蚜的主要天敌有瓢虫、草蛉、食蚜蝇、食蚜瘿蚊、寄生蜂、捕食螨、蚜霉菌等，要加以保护利用。禁止大面积滥用农药，以免杀伤杀死大量天敌，导致蚜虫严重发生。

（3）药剂防治。零星发生时，通过涂瓜蔓的方法，挑治"中心蚜株"；当瓜蚜普遍严重发生时，可用药剂喷雾防治。可选药剂主要有5%鱼藤酮乳油600～800倍液、2.5%功夫乳油4 000倍液。

（三）瓜蓟马和烟蓟马

1. 主要病害蔬菜

瓜蓟马，又称棕榈蓟马、棕黄蓟马；烟蓟马，又称棉蓟马、葱蓟马，两者同属缨翅目蓟马科，均危害菠菜、枸杞、苋菜、节瓜、冬瓜、西瓜、茄子、番茄及豆类蔬菜等。

2. 防治技术

（1）农业措施。采用营养土育苗或穴盘育苗，栽培时清除田间杂草和上一茬蔬菜作物的残株，集中烧毁或深埋，可减少蓟马虫源。蓟马主要危害瓜果类、豆类和茄果类蔬菜，种植这些蔬菜最好能与白菜、包菜等蔬菜轮作，可使蓟马若虫找不到适宜寄主而死亡，减少田间虫口密度。

（2）生物措施。蓟马的天敌主要有小花蝽、猎蝽、捕食螨、寄生蜂等，可引进天敌来防治蓟马的发生危害。

（3）物理措施。利用蓟马趋蓝色、黄色的习性，在棚内设置蓝色、黄色黏板，诱杀成虫，黏板高度应与作物持平。蓟马若虫有落土化蛹习性，用地膜覆盖地面，可减少蛹的数量。

（4）化学措施。蓟马初发生期一般在作物定植以后到第1批花盛开这段时间内，此时可用2.5%菜喜悬浮剂500倍液+5%美除乳油1 000倍液进行喷雾防治，7～10天喷一次，共喷2～3次，可减少后期的危害。

三、茄果类蔬菜主要虫害

（一）茶黄螨

1. 主要病害蔬菜

茶黄螨危害番茄、茄子、青椒、黄瓜、豇豆、菜豆、马铃薯等多种蔬菜。

2. 防治技术

（1）农业防治。清洁田园，铲除田边杂草，蔬菜收获后及时清除枯枝落叶，以减少越冬虫源。早春特别要注意拔除前科蔬菜田的龙葵、三叶草等杂草，以免越冬虫源转入蔬菜危害。

（2）生物防治。冲绳钝绥螨、畸螯螨对茶黄螨有明显的抑制作用，此外蜘蛛、捕食性蓟马、蚂蚁等天敌也对茶黄螨具有一定的控制作用，应加以保护利用。

（3）药剂防治。药剂防治的关键是及早发现、及时防治。20% 三唑锡 2 000～2 500 倍液、15% 哒螨酮 3 000 倍液喷雾均可取得较好防效。需隔 10～14 天喷一次，连用 2～3 次。喷药的重点是植株的上部，尤其是嫩叶背面和嫩茎，对茄子和辣椒的药剂防治还应注意花器和幼果。

（二）番茄瘿螨

1. 主要病害蔬菜

番茄瘿螨又名番茄刺锈螨或刺皮瘿螨，属真螨目瘿螨科。

番茄瘿螨是茄科蔬菜上近年发现的新害虫，主要危害番茄、辣椒、茄子、马铃薯等作物。

2. 防治技术

加强生活史研究，制定针对性栽培控制措施，减轻危害。药剂防治重点在于危害始期至始盛期的 6 月上旬至 7 月中旬，成虫初发期喷施 10% 浏阳霉素乳油 1 000～1 500 倍液、20% 丁硫克百威乳油 800 倍液、1% 阿维菌素乳油 2 500 倍液、3.3% 阿维·联苯菊酯乳油 1 000 倍液或 5% 增效抗蚜威液剂 2 000 倍液，在发生高峰期连续防治 3～4 次，每次间隔 5～7 天。

四、葱蒜类蔬菜主要虫害

葱蒜类蔬菜主要虫害是葱蓟马，属缨翅目蓟马科，主要危害大葱、大蒜、洋葱、韭菜等蔬菜。防治技术如下：

（1）农业防治。收获后及时清理田间杂草和枯枝残叶，集中深埋或烧毁，可减少越冬虫量。实行轮作倒茬。加强肥水管理，使植株生长旺盛。发生数量较多时，可增加灌水次数或灌水量，消灭一部分虫体，提高田块小气候湿度，创造不利于葱蓟马发生的生态环境。

（2）物理防治。利用葱蓟马趋蓝光的习性，在洋葱行间插入或悬挂 30 厘米 ×40 厘米蓝色黏虫板，黏虫板高出植株顶部，每 30 米挂 1 块。

（3）选用抗虫品种。选用红皮洋葱抗虫品种，如西葱 1 号或西葱 2 号。

（4）药剂防治。葱蓟马易产生抗药性，要多种农药交替使用，以降低其抗药性。可喷洒 21% 增效氰·马乳油 6 000 倍液，10% 菊·马乳油。

五、豆科蔬菜主要虫害

（一）豆荚螟

1. 主要病害蔬菜

豆荚螟属鳞翅目螟蛾科，危害大豆、豇豆、菜豆、扁豆、豌豆、绿豆等蔬菜。

2. 防治技术

（1）农业防治。

种植抗虫品种：抗豆荚螟品种主要体现在拒产卵，导致豆荚螟末龄幼虫体重下降、蛹期延长、羽化的雌成虫个体较小和生殖退化。豆荚螟在抗性差的豇豆品种上产卵量多，不同品种的花和荚上的幼虫数量存在显著差异，说明不同豇豆品种对豆荚螟的抗性有显著差异。

加强田间管理：结合施肥、浇水，铲除杂草，清除落花、落叶和落荚，以减少成虫的栖息地和残存的幼虫及蛹。收获后及时清地翻耕，并灌水以消灭土表层内的蛹。

（2）物理防治。

灯光诱杀：由于成虫对黑光灯的趋性不如白炽灯强，灯下蛾峰不明显，建议从5月下旬至10月份于晚间21∶00至22∶00在豇豆田间放置频振式杀虫灯或悬挂白炽灯诱杀成虫，灯位要稍高于豆架。

人工采摘被害花、荚和捕捉幼虫：豆荚螟在田间的危害状明显，被害花、荚上常有蛀孔，且蛀孔外堆积有粪便。因此，结合采收摘除被害花、荚，集中销毁，切勿丢弃于田块附近，以免该虫再次返回田间危害。

使用防虫网：使用防虫网对豆荚螟的防治效果明显，与常规区相比，防效可达到100%，有条件的地区可在豆荚螟的发生期全程使用防虫网，可大幅度提高豇豆的产量。

（3）生物防治。

性信息素：利用雌蛾性腺粗提物进行虫情预测预报，根据性腺粗提物进行田间诱捕。

自然天敌的保护和利用：豆荚螟的天敌主要包括微小花蝽、屁步甲、黄喙蝽蝽、赤眼蜂、非洲姬蜂、安塞寄蝇、菜蛾盘绒茧蜂等寄生性天敌；螽蟖、猎蝽、草间钻头蛛、七星瓢虫、龟纹瓢虫、异色瓢虫、草蛉和蚂蚁等捕食性天敌；真菌、线虫等致病微生物。

（4）化学防治。20% 甲氰菊酯乳油 2 000 倍液和 1.8% 阿维菌素乳油 5 000 倍液对豆荚螟具有较好的控制效果。此外，0.2% 甲氨基阿维菌素苯甲酸盐乳油 800 倍液、2.0% 阿维菌素乳油 2 000 倍液和 0.5% 虱螨脲乳油 400 ~ 500 克 / 亩对豆荚螟均有较好的防效。

第四节　设施蔬菜生产中诊断病害步骤与杀菌剂使用

一、现代常用杀菌剂特点及使用方法

杀菌剂有很多，大部分种植户不会选杀菌剂的原因是不清楚有哪些杀菌剂，每一种杀菌剂有什么特点，可以防治哪一类病害，有什么注意事项，等等。接下来，我们把常用和比较新的杀菌剂，以最易学、最简单的方式，站在使用者的角度一一讲解。

（一）含铜杀菌剂

1. 种类

主要包括无机铜制剂和有机铜制剂 2 种。

（1）无机铜制剂。包括波尔多液、碱式硫酸铜、氢氧化铜、王铜、硫酸铜钙等。

（2）有机铜制剂。包括喹啉铜、松脂酸铜、络氨铜、乙酸铜、琥胶肥酸铜、噻菌铜等。

2. 杀菌原理

弱酸条件释放铜离子，破坏病菌蛋白质。

3. 特点

（1）杀菌广谱，破坏蛋白质的杀菌方式决定铜制剂可以防治六大类病害。

（2）有治疗性，发病后使用可治疗病害。

（3）保护性好，铜制剂会在作物表面形成稳定的保护膜，发病前使用能起到很好的保护效果。

（4）不宜产生抗药性，铜制剂杀菌原理决定了病菌很难对铜制剂产生抗性。

（5）没有内吸杀菌性，铜离子可以少量被作物吸收，但是铜离子吸收以后在作物体内没有杀菌效果，有内吸杀菌性的有机铜（如噻菌铜）也不是铜离子的杀菌效果，所以铜制剂本身没有内吸杀菌性。

（6）容易出现药害，铜离子会破坏病菌蛋白质，只要铜离子浓度高，自然就能破坏植物的蛋白质导致药害。所以，铜制剂不能随意加高浓度，温度超过30℃时限制使用，长时间湿度大、露水重的时候，和硫黄粉、石硫合剂使用间隔天数小于15天的情况下，均容易导致药害。

（7）铜是重金属元素，铜制剂还会诱发螨虫危害，一季作物一般使用不超过3次。

4.使用方法

（1）铜制剂针对表面病害效果理想，正面反面喷雾要均匀细致。

（2）铜制剂针对发生在作物内部的病害，只能起到预防作用。

（3）针对土传病害也只能起到预防作用。

（4）无机铜和有机铜的区别，无机铜建议单独使用，铜离子释放速度相对较快，治疗性相对较好、保护性相对差、持效期相对短、安全性相对较差；有机铜可以现配现用混配其他农药、铜离子释放速度相对慢，治疗性相对较差、持效期相对较长、安全性相对较高。

（二）有机硫杀菌剂

1.种类

代森锰锌、丙森锌、唑醚·代森联、代森锌、福美双、克菌丹。

2.特点

（1）杀菌谱：针对真菌病害。

（2）保护性好，需要提前用药防治，没有治疗性，病害发生后使用效果差。

（3）保护性的作用方式决定很难产生抗药性。

（4）搭配容易产生抗药性的药剂使用，可以延缓其产生抗药性。

（5）有机硫杀菌剂都含有一定锌元素，可以作为锌肥使用，达到以下效果：增加雄花花粉活性，提高生果率；保证生长素（吲哚乙酸）合成，防治生长素不足引起的小叶病；降低病毒病发病率，生长素（吲哚乙酸）合成有保证，植物对病毒病的抵抗能力就大大提高。

（6）杀虫。代森锰锌对螨虫有一定防效。

（7）代森锰锌容易出现锰中毒药害，小苗、幼嫩时期使用需要降低浓度，或者选择安全性好的络合态代森锰锌。

（8）烤烟、葫芦科对锌敏感，使用时要注意。

3.使用方法

没有发病之前使用；喷雾均匀，正面反面喷到位；可以经常使用；混配容易产生抗药性；补锌辅助防治病毒病；使用络合态代森锰锌安全性更高。

（三）甲氧基丙烯酸酯类杀菌剂

1.种类

嘧菌酯（阿米西达）、醚菌酯、肟菌酯（拿敌稳、露娜森）、啶氧菌酯、吡唑醚菌酯（凯润）、烯肟菌酯（佳思泽）。

2.杀菌原理

抑制线粒体呼吸作用，切断能量供应，抑制病菌生长、菌丝萌发，是现在市场最主要的杀菌剂品类之一。

3.特点

（1）杀菌谱：真菌广谱，主要防治高等真菌，兼治低等真菌。

（2）同时具备治疗性和保护性，前中期效果好，容易产生抗性，需要配合保护剂搭配使用，防止抗药性。

（3）渗透性好，内吸传导，角质层亲和力好，使用后增加叶片厚度，叶片看起来更加有光泽，可以增加作物抗病性。

（4）其中一些产品能延缓叶绿素的代谢，有一定程度增产作用，但是增产幅度很小。

（5）不能和增强渗透性的药剂（乳油、有机硅）混用，混用会增加药害风险，幼苗对这一类药物比较敏感，幼苗期应该适当降低浓度来使用。

（四）三唑类杀菌剂

1.种类

（1）抑制性强的类型：三唑酮、戊唑醇（好力克）、己唑醇、烯唑醇、氟硅唑（福星）、丙环唑、多效唑。

（2）抑制性弱的类型：苯醚甲环唑（世高）、腈苯唑、腈菌唑。

2.特点

（1）杀菌谱：防治高等真菌。

（2）杀菌原理：甾醇类物质抑制剂。

（3）大部分三唑类杀菌剂具有内吸性，但只能向上传导，需要均匀喷雾。

（4）三唑类杀菌剂大都有不同程度的抑制性，抑制赤霉素合成，类似多效唑的抑制性，所以使用不当的时候，会产生抑制性药害，三唑类药害是最普遍药害之一。使用三唑类药剂杀菌的同时，一定要提前考虑抑制要害因素。

3.注意事项

不同的三唑类药剂抑制性强弱有区别，不同蔬菜对三唑类药剂抑制性敏感程度也不同，所以在未知情况下，使用抑制性强的三唑类杀菌剂需要提前测试作物对抑制性敏感程度，先确定安全使用浓度才能使用，同时经过测试找到能轻微抑制作物生长的浓度，轻微抑制生长，过几天能自然恢复，这就是我们通常讲的控旺，所有三唑类杀菌剂用好了还可以作为控旺药剂使用。

（五）取代苯类杀菌剂

1.百菌清

（1）保护性杀菌剂，针对真菌病害，持效期长。

（2）没有治疗性。

（3）不容易产生抗药性。

（4）延缓其他容易产生抗药性的药剂产生抗药性，通常混配容易产生抗药性的药剂使用。

（5）果树用得少（梨、柿子、杨梅、苹果等许多品种敏感）。

2.五氯硝基苯

（1）保护剂，针对真菌病害。

（2）没有治疗性，没有内吸性。

（3）持效期长。

（4）不容易产生抗药性。

（5）延缓其他容易产生抗药性的药剂产生抗药性，通常混配容易产生抗药性的药剂使用。

（6）残留期相对长，通常做土壤处理，防治土传真菌病害。

（7）不可直接大量接触种子。

3.敌磺钠

（1）保护剂，针对真菌病害。

（2）没有治疗性。

（3）持续期长。

（4）不会产生抗药性。

（5）延缓其他容易产生抗药性的药剂产生抗药性，通常混配容易产生抗药性的药剂使用。

（6）有比较好的内吸性。

（7）毒性比较高，只能育苗、苗期土壤消毒，中后期不可以使用。

（六）咪唑类杀菌剂

1. 咪鲜胺

（1）杀菌谱针对高等真菌，尤其如各种炭疽病、水稻稻瘟病。

（2）很多时候做保鲜剂。

（3）杀菌原理是抑制甾醇类物质合成，抑制赤霉素合成，使用的时候有一定抑制性，敏感作物超量使用会产生生长抑制性药害。

2. 咪鲜胺锰盐（施保功）

（1）特点和咪鲜胺类似。

（2）比咪鲜胺的安全性高。

3. 氰霜唑

（1）杀菌谱：针对低等真菌。

（2）保护性为主的杀菌剂，治疗性一般，适合前中期使用，后期使用效果差。

（3）作用机理独特，抗性小。

（七）二酰亚胺类杀菌剂

1. 种类

异菌脲（扑海因）、腐霉利、菌核净。

2. 异菌脲

（1）保护性为主的杀菌剂，有一定治疗作用。

（2）针对高等真菌。

3. 腐霉利

（1）内吸杀菌剂，具有保护和治疗作用。

（2）针对低温高湿的病害，如灰霉病、菌核病。

（3）容易产生抗药性，需要和保护剂混合使用。

4. 菌核净

（1）具有保护和治疗作用。

（2）针对高等真菌，如油菜菌核病，烤烟赤星病、纹枯病、白粉病等。

（3）使用的时候要注意，蔬菜上使用特别容易出现药害。

（八）哌啶基噻唑异噁唑啉类杀菌剂

氟噻唑吡乙酮（增威赢绿）：内吸性好，治疗性好；针对低等真菌病害；容易产生抗性，需配合保护性杀菌剂（代森锰锌等）使用。

（九）吗啉类杀菌剂

1.种类

烯酰吗啉（阿克白）和氟吗啉。

2.烯酰吗啉

（1）针对低等真菌。

（2）内吸性好，具有保护和治疗性。

（3）发病初期使用效果好。

（4）容易产生抗药性，需要和保护剂混合使用。

3.氟吗啉

（1）针对低等真菌。

（2）保护加治疗作用，有内吸性。

（3）容易产生抗药性，需要和保护剂混合使用。

（十）嘧啶类杀菌剂

1.嘧霉胺

（1）针对高等真菌，尤其灰霉病。

（2）苋菜、豆类容易有药害，超过30℃高温尤其容易出现药害。

2.嘧菌环胺

（1）内吸性好。

（2）针对高等真菌，尤其灰霉病。

（3）安全性比嘧霉胺好。

3.乙嘧酚

（1）针对白粉病。

（2）根部可以吸收，起到长时间保护作用，可以用做拌种。

（3）喷雾有内吸杀菌性，需均匀喷雾。

（十一）酰胺类杀菌剂

酰胺类杀菌剂品种多，类型多，杀菌作用多，需要细分来学习。

1.针对低等真菌的杀菌剂

（1）甲霜灵。低等真菌杀菌剂；内吸性好，治疗性好；容易产生抗性，需要和保护剂混合使用；和酰胺类其他低等真菌杀菌剂有正交互抗性。

（2）精甲霜灵。特点同甲霜灵；活性是甲霜灵的两倍，安全性比甲霜灵高。

（3）恶霜灵。效果和甲霜灵类似；针对低等真菌；内吸性好，治疗性好；

容易产生抗性，需要和保护剂混合使用；和酰胺类其他低等真菌杀菌剂有正交互抗性。

2.针对部分高等真菌（担子菌亚门）的杀菌剂

（1）种类。萎锈灵和噻呋酰胺。

（2）特点。主要针对锈病、纹枯病，通常用在水稻、玉米、小麦、草坪。内吸传导性好，治疗性好。蔬菜上使用容易出现药害。

3.琥珀酸脱氢酶抑制剂

（1）种类。氟吡菌酰胺＋肟菌酯（露娜森）、氟唑菌酰胺＋吡唑醚菌酯（健达）、吡唑萘菌胺＋嘧菌酯（绿妃）。

（2）特点。在针对部分真菌的基础上拓宽杀菌谱，可以针对所有真菌病害，主要防治高等真菌，兼治低等真菌。内吸传导性好，治疗性好。容易出现药害，尤其以下情况：和乳油、有机硅混合使用；超过30℃高温；和带金属离子的药剂混用，如铜制剂、锰、带金属离子叶面肥。

4.针对灰霉病的杀菌剂

（1）种类。啶酰菌胺（巴斯夫，凯泽），也是琥珀酸脱氢酶抑制剂。

（2）特点。内吸性好，治疗性好。针对高等真菌，尤其针对灰霉病。和其他类型防治灰霉病的药剂无交互抗性。

（十二）脲类杀菌剂

1.霜脲氰

（1）杀菌谱和甲霜灵一样，针对低等真菌。

（2）内吸性一般，治疗性好。

（3）容易产生抗药性，需要和保护剂混合使用。

2.二氯异氰尿酸钠、三氯异氰尿酸、氯溴异氰尿酸

（1）属于氧化剂，杀菌广谱，防治真菌、细菌、病毒等。

（2）没有内吸性，不容易产生抗药性。

（3）含有氯，氧化剂会破坏有机质，灌根只能小范围使用，不能大范围使用。

（4）可以用于种子消毒、喷雾、灌根。

（5）建议单独使用。

（十三）生物杀菌剂

1.抗生素类生物杀菌剂

（1）针对细菌，兼治部分高等真菌。

（2）内吸性好。

（3）可以喷雾或者蘸根。

2.春雷霉素（加收米）

（1）针对高等真菌和细菌，如稻瘟病、番茄叶霉病、黄瓜细菌性角斑病等。

（2）内吸性好，治疗性好。

（3）耐雨水冲刷，持效期较长。

（4）瓜类作物使用能使叶色浓郁，延长采收期。

（5）可以灌根或者喷雾。

3.井冈霉素

（1）针对高等真菌，如水稻纹枯病、稻曲病，蔬菜白绢病、根腐病、立枯病等。

（2）内吸性好，抗药性产生相对较慢。

（3）可以用来喷雾或者灌根。

4.多抗霉素

（1）广谱针对真菌的杀菌剂，如灰霉病、霜霉病。

（2）内吸性好。

5.申嗪霉素

（1）广谱杀菌，尤其针对土传病害，如枯萎病、根腐病、立枯病、疫病、青枯病。

（2）内吸性好。

（3）可以灌根或者喷雾。

6.武夷菌素

（1）针对高等真菌，兼治细菌，如白粉病、叶霉病、灰霉病。

（2）喷雾时正面反面都需要喷雾均匀。

7.四霉素

（1）真菌广谱杀菌剂，尤其针对苹果腐烂病菌。

（2）喷雾或者灌根。

8.活体生物杀菌剂——寡雄腐霉菌、木霉菌、枯草芽孢杆菌

（1）针对真菌广谱。

（2）枯草芽孢杆菌通过竞争性繁殖占领生长空间而阻止病原生长。

（3）可以喷雾或者灌根。

（4）防止阳光直射，阴天或者下午 4 点以后使用。

（5）发病前、湿度大情况下使用效果更理想。

二、 诊断病害步骤及杀菌剂使用

通过以上的介绍，我们知道了如何选用对杀菌剂，但是用对了杀菌剂不代表病害就解决了，病害的发生程度和防治效果除了与使用药剂有关外，还与环境条件、病原多少、传播途径、植株本身抗病性有很大关系。

（一）确定出现的问题是侵染性病害还是生理问题

很多种植户看到作物出现问题后，第一反应就是发生了什么病害？用什么药剂防治。但是，实际上很多时候作物表现黄叶、坏死、斑点等问题并不一定是侵染性病害引起的，实际上，温度、光照、水分、土壤、肥料、农药等条件不适宜也能引起这些症状，我们将其称为生理问题或者生理病害。所以，防治病害第一步不是马上去选药打药，而是先确定是侵染性病害还是生理问题。

那么，侵染性病害和生理性病害怎么区分呢？它们有什么区别呢？

侵染性病害和生理问题最大的区别是，该问题是不是由真菌、细菌、病毒等病原引起的，由病原引起的就是侵染性病害，如菌脓、粉、霉层、锈等都是侵染性病害。但是，没有看到病原存在不代表就是生理问题，因为菌脓、粉、霉层、锈等病原的表现不是在病害发生所有阶段都容易看到，一天当中，有时候看不到或者看到的表现也不同，干湿度条件不同也可能导致病原不可见，所以，不是看不到病原就是生理问题。

那么病原不明显的情况下，如何区分侵染性病害和生理问题呢？这需要通过发病的过程来区分，因为侵染性病害的发生会有病原从感染到繁殖到传播再到传染这样不断循环的过程，而生理问题不具备这样的过程。

这样的发病过程具体在生产上会有什么样的表现呢？

（1）从大范围来看，病害发生会先在一个大棚或者一个种植区域内形成一个或几个发病中心，发病中心是早期发生病害的位置，然后病害由这个中心不断向外扩展。

（2）从细节上看，最后发生的叶片、茎秆等位置通常容易形成一个病害正在发生的发病部位和健康部位的模糊地带，称之为病健交界处，也就是病原正在发生、正在扩展的位置。在某个时间点看，我们能看到病健交界处，而在一天、两天稍长时间，还能看到病斑在扩展。

以上两个知识点在实际生产上的运用就是侵染性病害发生时会从一个点、

几个点或者一个位置慢慢向其他区域不断扩展蔓延，而生理问题没有这样的发病过程。生理问题会大面积发生，短时间内快速发生，而且所有问题发生程度基本一致，引起生理问题的条件解除后危害随即停止，不会继续扩展。

实际生产上，怎样区别侵染性病害和生理问题？需要我们提出以下几个问题：该问题发生的比例是多少？该问题分布在哪些位置？该问题什么时候开始发生的？该问题出现的植株程度是否一致？

根据以上问题的信息，就能判断出该问题发生的过程是否符合侵染性病害发生的规律，从而做出正确判断。如果是生理问题，就分析温度、光照、水分、土壤、肥料、农药等条件中哪一个不适宜导致的，解除不良条件后问题就解决了。如果是侵染性病害，就按下面的方法进行下一步防治。

（二）确诊病害

当确定是侵染性病害后，接下来就是诊断这是什么病了。生产中，诊断病害通常使用 3 个方法，先通过病害症状作为主要诊断依据，再通过病害发生条件、传播途径作为辅助诊断依据。

通过症状诊断病害，就是把作物上发生的病害症状和已知的病害进行比对，相似度达到一定程度就能确定病害了。但我们很多人都会有这样的问题，当我们看书或者网络查询学习一个病害症状的时候，看着书上和网络上的照片和描述，好像学会了这个病害，但是一到地里实际诊断病害的时候，大部分人都懵了，怎么这个病也像，那个病也像，仔细看好像又都不像了，模棱两可，确诊不了，这是为什么呢？实际上，我们草草看一看书籍、网络的文字照片，并没有真正了解病害的症状。所以，要具备诊断病害的能力，实际上需要对该作物常见病害症状有相对程度的了解，越详细越好。怎样才能够足够详细地学习好病害的症状呢？应做好以下两点：

（1）系统症状。病害发生过程中，只要会表现出症状的器官或者位置，需要知道这些器官或具体位置的具体症状，如根、茎、叶、花、果实。

（2）动态症状。在某个器官或者位置上的症状，一定要清楚发生的前中后期分别是什么症状。

以西瓜蔓枯病为例，西瓜蔓枯病的症状如下：①子叶初期水渍状小点，扩大呈黄褐色或青灰色圆形斑；②子叶后期扩展到整个子叶，子叶干枯；③真叶初期圆形或者近圆形褐色大斑，病斑干燥易破裂，密生黑色小点儿；④真叶中期褐色或者黄褐色的大病斑，明显或不明显轮纹，易破裂，雨后病部腐烂，易折断；⑤真叶后期潮湿时变黑枯死；⑥幼茎初期水渍状小斑点；⑦幼茎后期，病斑扩大，绕茎一周，幼苗枯死；⑧茎基部初期油渍状病斑；⑨茎基部后期，病斑扩大，绕茎一周，造成死棵或纵裂；⑩蔓、叶柄初期，油渍状条形病斑；⑪蔓、叶柄后期纵裂，黄色，琥珀色流胶；⑫果实前期油渍状小斑点；⑬果实后期暗褐色，中央褐色枯死状，星状开裂，西瓜果实膨大期一般都在高温期，蔓枯病是一个低温病害，果实感病一般较少。

通过这样系统症状和动态症状的学习，如果我们需要判断西瓜发生的病害是不是蔓枯病时，只需要把发病的作物症状和这个进行对比，如果有1～2处相似，那么可以疑似为蔓枯病，但是不足以确诊，千万不可以对照照片相似就以为确诊病害了，如西瓜炭疽病在叶片上的症状几乎和西瓜蔓枯病一样，只有当有3～4处相似，我们基本才能确诊是西瓜蔓枯病了。

通过这样症状诊断之后，如果还不能很确定的情况下，可以进一步比对发病条件（最适合发病温度、湿度）、传播途径（如病毒病严重，就一定需要有虫害或者农事操作等）来辅助诊断病害。

在种植西瓜的时候，只需要把西瓜的10多种常见病害症状像学习西瓜蔓枯病一样学好，再结合病害发病条件、传播途径，诊断病害就非常简单了。诊断其他作物病害也是如此，只需要按照这样的方式把该作物的常见病害学习好，就能快速准确诊断出病害。

（三）确定使用杀菌剂

确诊病害之后，按照病害的类型，病害发生的程度，以及根据本书介绍的杀菌剂内容来选择对应的杀菌剂。但在实际种植过程中，一定会出现某些病害，在比对了所有已知常见病害的情况下，依然没有办法确诊时，就可以采用大配方来防治。大配方就是说一个配方既可以防治高等真菌，又能防治低等真菌和细菌。例如，配方一：铜制剂；配方二：春雷霉素＋霜霉威；配方三：苯醚甲环唑＋嘧菌酯＋中生菌素；配方四：肟菌酯＋戊唑醇＋叶枯唑；等等。

（四）找到病害发生严重的真正原因

植物生病在自然界是非常正常的事情，但是植物发病非常急，异常严重就不正常了，因为植物经过万年的进化，只要作物生长正常，本身都是具备抵抗病害的能力的。那么，我们在种植过程中，往往出现植物发病非常急，异常严重的各种病害，这又是什么原因引起的呢？主要有以下三个原因。

（1）病原数量非常多。种植过程中，如果上茬作物清理不完全，消毒工作没有做好，没有合理轮作倒茬，粪肥没有经过充分腐熟处理就直接下地等原因会使大量病原存留在种植环境中，导致病害发生。

（2）环境条件适合病害发生。通常是湿度大、密度大、郁闭等环境条件十分适合病害发生。

（3）作物抗性下降。植物生长发育受很多因素影响，任何条件发生不适宜变化，都有可能引起植物抗性下降。例如，阴雨天光照不足，有机质合成不足，茎叶弱光下长势过快；湿度大，促进赤霉素合成引起植株旺长；缺肥导致作物生长养分不足，老叶营养物质转移到新叶，引起老叶病害易感；老化部位（萼片、花瓣等）抗性不足；作物中后期自然老化丧失抗性；高温障碍导致生长代谢受阻，抗性降低；氮肥过重、高温弱光、水多、激素使用不当导致旺长，抗性丧失；发生药害破坏植物本身抗性；沙性土壤保水保肥能力差，导致后期脱肥早衰，抗性下降；肥害伤根导致植物缺肥，抗性下降；等等。以上是植物病害发生的主要原因。

使用治疗性杀菌剂可以降低一定比例的病原数量，但是自然界病原是无数多的，再好的治疗杀菌剂都不能彻底消灭病原，只能降低发病的概率。使用保护性杀菌剂就是降低病原感染的概率，结合作物本身的抗病性，协助作物自身的抗性抵抗病害。任何杀菌剂都不能彻底消灭病害，没有所谓的特效药。尤其是以上三种情况引起的非常急、异常严重的病害发生时，用再贵再新的药剂效果都不会好。只会用药是不能很好防治病害的，彻底防治病害一定要进行综合防治。

第五章 蔬菜土传病害的生物防治

第一节 土传病害的基本认知

一、土传病害概述

土传病害是由存在于土壤中的病原物如细菌、真菌和线虫等引起的，在适宜条件下萌发并侵染植物根部或茎部而导致的病害。2011年已经发现的病害有100多种，经常发生、危害比较严重的有50余种，主要包括枯萎病、立枯病、纹枯病、白绢病、猝倒病、青枯病、疫病、菌核病、腐霉病、茎基腐病和根结线虫病等。在这些病害中，绝大多数病菌都是在土壤中或借助病残体在土壤中越冬。土传病害一旦在作物生长前期发生病害，可使幼苗根或者茎腐烂猝倒，幼苗很快死亡，作物生长后期发生病害，会导致减产，一般年份减产20%～30%，严重年份减产50%～60%，甚至绝收。土传病害发病后，比较难以防治，且病菌藏在土壤中越冬，很难被杀死，翌年在适宜条件下萌发，成为主要侵染源继续侵害作物，如此循环，病害越来越严重。近年来，随着保护产业的快速发展，作物的集约化种植、单一种植等为土传病害的发生、发展提供了有利的环境，严重影响作物的产量和质量，给农作物生产发展造成极大影响。下面将对枯萎病、立枯病、青枯病及根结线虫进行简述。

（一）枯萎病

引起瓜类枯萎病的镰刀菌属半知菌亚门镰刀菌属尖镰孢菌和瓜萎镰孢菌。但主要是尖镰孢菌，该菌有许多不同的专化型，如尖镰孢菌黄瓜专化型、尖镰孢菌西瓜专化型、尖镰孢菌甜瓜专化型、尖镰孢菌苦瓜专化型、尖镰孢菌西葫芦专化型、尖镰孢菌丝瓜专化型、尖镰孢菌冬瓜专化型。枯萎病菌除有专化型外，还有生理小种分化。

枯萎病典型症状是萎蔫，幼苗发病，子叶萎蔫或全株枯萎，茎基部变褐萎缩，可导致猝倒。大田一般在植株开花后开始出现病株，发病初期，病株表现为叶片由下向上逐渐萎蔫，似缺水状，数日后整株叶片枯萎下垂。

茎蔓上出现纵裂，裂口处流出黄褐色胶状物，病株根部褐色腐烂，纵切病茎检查，可见维管束呈褐色，潮湿条件下病部常有白色或粉红色霉层。

尖镰孢菌为土壤习居菌，厚垣孢子、菌核在土中或病残体中可以存活5～6年，其菌丝和分生孢子也可在病株残体中越冬，并可营腐生生活，厚垣孢子和菌核通过牲畜消化道后仍能存活，越冬病菌成为第二年的初侵染源。分生孢子在幼根表面萌发，产生菌丝，主要通过根部伤口和侧根之处的裂缝和茎基部裂口处侵入，病菌侵入后先在薄壁细胞间或细胞内生长扩展，然后进入维管束，除菌丝生长扩展外，病菌还可随导管液流扩展至植株各部位。黄瓜枯萎病菌具有潜伏侵染现象，幼苗带菌常不表现症状，多数到开花结果时才表现症状。

连作发病重。连作土壤中枯萎病菌积累多，病害往往严重，并且连作作物生长不良，更易加重病害，据研究，每克土壤中有100个孢子，即可引起苦瓜枯萎病。地势低洼，排水不良，耕作粗放，土层瘦薄，不利作物根系生长发育，往往病重。地下害虫和线虫多，易造成伤口，有利病菌侵入，线虫危害还可加重病害。

（二）立枯病

立枯病致病菌为立枯丝核菌，属半知菌亚门。有性阶段为瓜亡革菌，属担子菌亚门。

立枯丝核菌分布于世界各地，寄主范围广泛，可引起茄子、辣椒、黄瓜等多种蔬菜苗期猝倒病和根腐病，主要表现为病苗茎基变褐，病部收缩细缢，茎叶萎垂枯死。稍大幼苗白天萎蔫，夜间恢复，当病斑绕茎一周时，幼苗逐渐枯死。该病在育苗盘或苗床生长期的蔬菜幼苗上经常发生，一旦发生即成片死亡，无药可救，是农民在育苗过程中常遇到的棘手问题。

丝核菌以菌丝体及菌核为越冬菌态，腐生性均很强，一般可在土壤中存活2～3年以上，两者均可通过雨水、流水、农事操作以及使用带菌粪肥传播蔓延。在适宜的环境条件下，病菌开始活动危害。立枯病菌可以直接侵入寄主，侵入后，病菌在寄主皮层的薄壁细胞组织中发育繁殖，在细胞内、细胞间蔓延，以后病组织又可产生新的菌丝，进行再侵染，所以田间可见以中心病株为基点、向四周辐射蔓延形成的"膏药状"发病区。病害的发生与土壤环境尤其是温、湿度有直接关系，此外还受寄主的生育阶段等因素的影响。

（三）青枯病

青枯病的病原菌为青枯劳尔氏菌。菌体短杆状，两端圆，革兰氏染色阴性反应。2019 年青枯劳尔氏菌有 5 个小种，也有 5 个生物型。基于 DNA 探针和 RFLP 分析的结果表明，生物型 1 和 2 与生物型 3、4、5 有所不同。各生物型的地理分布有明显的区别，这意味着其进化起源的不同。茄科植物细菌性青枯病广泛分布于热带、亚热带和某些温带地区，是世界性病害和多种农作物减产的主要原因。

该病可危害以茄科为主的 44 个科的 300 多种植物。一般以番茄、马铃薯、茄子、芝麻、花生、大豆、萝卜、辣椒等茄科蔬菜以及烟草、桑、香蕉等经济作物受害较重。该病分布范围极广，其中以温暖、潮湿、雨水充沛的热带、亚热带地区发生尤为严重。病菌可以在土壤中、病残体上越冬，成为病害的主要侵染来源。一般从植物根部或茎基部伤口侵入。高温和高湿是病害发生的有利环境条件。

病原细菌主要以病残体遗留在土中越冬。土壤连作发病重，合理轮作可以减轻发病。微酸性土壤青枯病发生较重，而微碱性土壤发病较轻。若将土壤酸度从 pH5.2 调到 pH7.2 或 pH7.6，可以减少病害发生。番茄生长后期中耕过深，损伤根系会加重发病。幼苗健壮，抗病力强，幼苗瘦小，抗病力弱。

（四）根结线虫

引起蔬菜根结线虫病的线虫主要有 4 种，即南方根结线虫、北方根结线虫、瓜畦根结线虫和花生根结线虫，尤其是南方根结线虫的发生面积大、危害的蔬菜种类多，已成为危害蔬菜的优势种群。

根结线虫主要以 2 龄幼虫（J2）侵入蔬菜的根部，致使根部形成根瘤根结，尤以侧根和须根被害严重，并且根部逐渐发生腐烂，植株因缺水而枯死。蔬菜被侵染后，发病轻者地上部症状表现不明显，重者地上部分也有明显的异常变化，发病植株发育不良，生长缓慢，比正常植株矮小，色泽失常，叶片表现萎蔫下垂。严重时植株萎蔫似缺水，初期仅中午高温整株萎蔫，早晚还能恢复正常，后期植株萎蔫不能再恢复，最后致使枯萎死亡。

蔬菜根结线虫可危害多种蔬菜，但因线虫种类不同，蔬菜种类不同，其根结大小不等。例如，番茄、茄瓜、辣椒的根结常在根上形成一串珠状，大小似小米或绿豆；大白菜根结线虫病其根结则很小而分散。受根结线虫危害后，蔬菜的根部形成明显根结，蔬菜种类不同，根结大小多少不同。

根结线虫已经成为危害生产的一大害。长期单一的栽培、耕作、灌溉等农事操作条件破坏了原有的生物多样性和种群结构，使这些有害线虫种群上升成为优势种群，从而引起各种病害及减产现象。

根结线虫侵入时分泌吲哚乙酸等生长素刺激植物细胞，使之形成巨型细胞，使组织过度分裂形成瘤肿。有时从根结上长出侧根，侧根再次长根瘤，形成一串根瘤。

根结线虫在土壤中生存的时间虽长，但是活动范围极小，一年内移动范围不超过1米，因此这为防治根结线虫提供了方便。根结线虫的传入渠道主要有以下三点：一是苗子传入；二是农机农具传入；三是鞋子传入。生产中，一定要注意切断线虫的传入渠道。

由于近年来蔬菜温室大棚的推广，根结线虫全年都能发生危害，具有严重的世代重叠现象，发病程度已远远重于大田。

二、我国土传病害的发展

（一）土传病害的发生概况

蔬菜是人民日常生活中不可短缺的农产品。20世纪80年代以来，我国保护蔬菜产业持续稳定发展，现已成为世界上最大的蔬菜生产国。但是，温室大棚特殊的环境条件和经营模式，如栽培种类单一、复种指数高、连作时间长等导致土传病害发生严重，作物产量降低，品质变差，严重威胁了设施蔬菜的可持续发展（陈晓红等，2002）。尤其是3年以上大棚栽培的蔬菜，土传病害发生普遍，产量损失严重。以锦州地区为例，连茬3年甜瓜枯萎病发病率可达25%以上，连茬5年发病率高达60%～70%，结瓜后全部枯死。其他作物如茄子、辣椒连茬种植5年以下的发病率在20%～30%之间，产量损失达30%，连茬种植5年以上其发病率可达50%～60%，产量损失高达60%（许月，2012）。值得关注的是，近年来发现土壤中许多植物病原菌同样可引起人和动物的疾病，如引起洋葱和大蒜软腐病的洋葱伯克氏菌在某些条件下可导致人产生严重的呼吸道疾病（张立新，2006）。

（二）土传病害现状

在连作条件下，作物释放的特异性根系分泌物和残留的植物残渣为病原微生物的增殖提供了丰富的养分，进而抑制有益微生物的活性，易导致土传病害的暴发。据统计，每年由土传病害导致全球主要农作物总产量的损失可达10%～15%，直接经济损失超过数千亿美元，对作物生长和产量具有极大的破坏力（杨珍等，2018；康振生，2010）。近年来，我国农作物土传病害的发生日趋严重，从发病范围和危害程度上看，已成为世界上土传病害发生率最高甚至最严重的国家，是限制我国农业可持续发展的重要瓶颈（陈丽鹤等，2018）。

土传病害在设施作物中分布极其普遍且防治非常困难。例如，素有植物"癌症"之称的枯萎病，是世界性土传病害，该病原菌腐生能力强，即使没有寄主，也能产生厚垣孢子在土壤中长期存活。在世界范围内已报道被该病原微生物侵染的作物包含100多种，其中设施作物主要包含瓜果类、花卉、中草药、豆类等（黄新琦和蔡祖聪，2017；李世东等，2011）。枯萎病从零星发病到大面积暴发只需2～3年时间，发生后轻则减产，重则绝收。例如，1874年至今，香蕉枯萎病在世界的快速传播一度引起社会恐慌（Butler，2013；Hwang and Ko，2004；Stover and Buddenhagen，1986；魏岳荣等，2005）；云南文山三七枯萎病常年发病率在5%～20%之间，但重病地块可达到70%以上（董弗兆等，1998）。枯萎病发病症状主要表现在作物生长期或者临近作物抽薹、开花和结果阶段：初期感染时作物下部叶片失绿发黄、枯萎和无光泽；此症状进一步向上扩展，上部植株叶片开始萎蔫下垂，呈褐色，早晚正常，中午萎蔫，似缺水状；后期下部叶片脱落，皱缩，至全株黄化枯萎及死亡（Ploetz，2006；陈立华等，2015）。不同于枯萎病，立枯病主要表现在作物苗期，又称"死苗"。设施作物中的土传立枯病在全国各地也均有不同程度的发生，通常情况下苗期死亡率在15%～20%，严重时高达71%以上（周新根等，1994），如黄瓜、甜菜和草莓立枯病。立枯病发病症状表现在幼苗茎基部或地下根部：发病初期，病斑主要表现为椭圆形或不规则暗褐色，病苗白天萎蔫，夜间恢复；之后，病部逐渐凹陷，逐渐呈黑褐色，且可见不甚明显的淡褐色蛛丝状霉；当病斑扩大绕茎一周时，幼苗干枯死亡，但不倒伏（Asaka and Shoda，1996；黄新琦等，2012）。

三、土传病害发生的原因与防治

（一）土传病害发生的原因

土传病害的发生与温度、湿度、光照等气候条件及耕作措施关系密切，温度适宜，尤其在棚室内病菌可安全越冬，并能周年发生。在干燥的土壤中丝核菌和镰刀菌可大发生；土壤湿润有利于细菌生长，从而抑制病原真菌生长，土壤淹水可抑制土传真菌性病害。连作使病害发生严重，尤其是茄科蔬菜连作会导致疫病、青枯病等严重危害，如茄子连作2年以上死亡率可达30%～50%，西瓜连作枯萎病发生严重。保护蔬菜连作，一方面会造成地力消耗过大，影响蔬菜生长发育，抗病能力下降；另一方面会使病菌连年繁殖，在土壤中大量积累，诱发多种病害大量发生。研究表明，保护栽培蔬菜因大量施用化肥也会加重土传病害的发生和危害。

（1）连作。连作是导致设施蔬菜发生土传病害的最主要原因。大部分菜农或合作社实行订单生产，通过与大型超市或企事业单位食堂合作形成了稳定的供销关系，为保证蔬菜产品的稳定供应量，只能不断重茬种植一种或几种蔬菜，如果轮作、休耕或减少茬口数，不仅会影响经济效益，还会失去固定的销售渠道。因此，大多数蔬菜生产基地长时间、高强度连作，导致土壤理化性状不断恶化，造成土传病害的病原菌在土壤中大量积累。

（2）施肥不当。大量使用化肥尤其是氮肥，可刺激土传病害中的镰刀菌、轮枝菌和丝核菌生长，从而加重了土传病害的发生。防治其他病虫害时过量使用农药，杀死了土壤中大量有益微生物，造成土壤微生物菌群丧失协调能力。

（3）线虫侵害。土壤中根结线虫可造成植物根系的伤口，有利病菌侵染而使病害加重，往往线虫与真菌病害同时发生。

（4）种子苗木带病。从疫区购进未经检疫的种子、苗木，使土传病害传入非疫区。

（5）换茬时，未及时清理干净田间植株残体或未进行土壤消毒，为土传病害病原菌的繁殖和传播提供了条件。

（二）土传病害的防治技术

根据土传病害的发生和危害特点，制定的防治策略多直接针对病原菌，或通过改善土壤理化性状来调节土壤有益菌群，主要方法有农业防治、物理防治、化学防治和生物防治等。但是，土传病害因其产生原因的复杂性以及多样性，单独使用一种防治方法在短期内虽能看到成效，但长期效果并不理想。因此，应多角度、多方法制定土传病害的防治策略，确保防效持续高效。

1.农业防治

（1）选择抗病品种。在种植农作物时选择特定的具有抗性或者耐性基因的作物是预防土传病害的首要措施，利用植物育种来实现农作物的抗病性是农业防治中的一种常用方式。尽管关于作物培育的技术在我国取得了很大的发展，但是要培育出能够抗多种土传病病原体的作物还是具有很大的难度。因此，可以通过选取在土传病害多发地存活的作物，并对其进行组织培养，在相同或者更加恶劣的环境下进行不断筛选，最终获得能够有效对抗当地土传病害的品种。

（2）实行轮作。这是防治土传病害经济有效的措施，合理实行作物间的轮作，特别是水旱轮作，对预防土传病害，可收到事半功倍的效果。因为轮作能使有寄主专化性的病原菌得不到适宜生长和繁殖的寄主，减少致病菌的数量，同时可调节地力，提高肥力，改善土壤理化性状，提高植株的抗病能力。轮作年限应依病原菌在土壤中的存活期而定，如瓜类枯萎病病菌可在土壤中存活8年左右，应与非瓜类作物轮作6～7年。

（3）有机质的补充。化肥使用量的增加和有机农肥使用的减少也是使土传病害蔓延的重要原因之一。所以，将当地植物的残骸、动物的粪便、污泥等废弃物加入土壤中，一方面有利于增加该地农作物的营养吸收，提高产量；另一方面也会增加土壤当中有机碳的含量，减轻土地盐害，并控制土传病害。

（4）换土。对一些比较固定、品种选择余地小而且投资大、效益高的蔬菜设施栽培，如日光温室可用去老土换新土的办法控制土传病害。一般将菜地耕层的表土全部铲除移出，用比较清洁的无毒表土来填补。

（5）无土栽培。无土栽培即不使用土壤对植物进行培养的技术。无土栽培可以避免土壤中病原体对植物的侵害，从而有效地避免土传病害的发生。

（6）改进栽培方法。土传病害可以通过改变栽培方法来达到防病的目的。例如，采用深沟高厢栽培、小水勤浇、避免大水漫灌等方法；合理密植，改善作物的通风透光条件，以降低地面及棚室保护的湿度，有利于控制或减少发病；清洁田园，拔除病株，并在病穴内撒施石灰消毒灭菌，对易感根系病害的蔬菜还要清除残根等；避免偏施氮肥，适当增施磷、钾肥。提高作物的抗病性，在作物生长的中后期结合施药，喷施叶面肥2～3次，有利于提高抗病性。

2. 物理防治技术

（1）热水消毒技术。热水消毒就是将一定温度的热水以一定的速率喷于土壤表面，热水消毒法可以在一定程度上改变土壤的某种性质，如使用土壤脱盐等，在韩国和日本的应用范围较广。

（2）蒸汽消毒技术。蒸汽消毒技术是利用蒸汽的高温杀死土壤中的病原体，以达到抑制土传病害的一种技术。蒸汽消毒技术消毒速度快，一般在30分钟左右会达到消除土壤中病原微生物的目的，待土壤冷却以后，即可进行作物的栽种；在土壤中不存在残留的有害药物，对人体和牲畜都无害。夏季棚室休闲时密闭温室，利用夏日高温杀死病原菌，或在夏季休闲之机，将土壤翻耕或灌水，用透明塑料膜盖严、暴晒，使土温达到50℃以上，并维持5天以上，然后揭膜通风使用。蒸汽消毒可以预防各种土传病害，尤其是对青枯病的防治效果好。将蒸汽通入埋在土中的管道中，使30厘米深的土壤温度保持在82℃30分钟。蒸汽消毒法在欧洲的使用较为广泛。

3. 化学防治技术

（1）大田土壤杀菌可用福尔马林，即在土壤翻耕后，每平方米喷洒稀释100倍的福尔马林液15千克，并用塑料膜覆盖，5～7天后揭膜并翻土1～2次，2周后即可栽培蔬菜；药土消毒，即每平方米用40%多菌灵或50%托布津可湿性粉剂或40%五氯硝基苯8克，兑水2～3千克，拌细土5～6千克均匀撒到土里；石灰消毒，即酸性土壤结合深耕晒垡，每亩撒施石灰50～100千克。

（2）苗床土壤的消毒。为培育壮秧，可选用50%托布津或40%多菌灵可湿性粉剂10克，拌细土12～15千克，均匀撒于床面；或每平方米用甲基硫菌灵10克，拌细土12～15千克，拌匀后做成药土苗床消毒；或用必速灭颗粒剂。先将土块打碎均匀摊平，每平方米苗床用棉隆颗粒剂60克均匀混合后再摊平，覆膜密封防止透气，3周后揭膜播种。

（3）局部土壤消毒。根部消毒即在生长过程中用50%多菌灵500倍液灌根，或用92%恶霉灵2 500～3 000倍液灌根，每株用药液200毫升；病株消毒，即拔除病株后向穴内撒施石灰或草木灰；或选用上述药土或药液消毒，控制蔓延；定植穴消毒，可用70%甲基托布津配成1∶50药土，每穴施少许，可有效防治蔬菜的根腐病，防治该病，还可用60%代森锰锌可湿性粉剂500倍液或50%甲基托布津可湿性粉剂800～1 000倍液，1∶1∶240波尔多液喷雾，每隔7～10天用药一次，连续2～3次。防治细菌性病害如青枯病、软腐病等可选用88%水合霉素1 000倍液、72%农用链霉素3 000～5 000倍液淋浇土壤。

4. 生物防治技术

（1）生物熏蒸技术。该技术是指通过利用一些对土壤害虫或者病菌有害的气体来达到灭菌目的的一种技术手段。葡萄异硫氰酸酯是一种常见的对有害生物具有较强抑制作用的含硫化合物。生物熏蒸方式的科学利用不仅能够抑制土传病害，还不会对环境造成危害，可以有效应用于绿色食品的生产。

（2）菌类生物防治。利用菌类生物防治遏制土传病的蔓延并减少其危害，因为其对环境友好的特点而被广泛研究。生物防治的方式多是利用一些诸如木霉、荧光假单胞菌之类的拮抗菌来对土传病害的病原体达到一定的控制作用。其中，木霉是最常用的一种防治土传病害的菌类。木霉在病原体进行相互作用时，能够缠绕在寄主细胞上，并且分泌一种能够溶解病原体细胞壁的胞外酶，从而吸取病原体细胞内的营养物质，使病原体细菌溶解。此外，还可以将生物防治与太阳能进行结合，进一步增强抗病效果，增加作物产量。一般而言，灌根、蘸根、浸种、混土、滴灌施用是生物防治中最常用的方式。

中国科学家利用生物有机肥控制土传病害，取得了可喜成果，研发出了 8 套适合禽粪便、食用菌下脚料、醋槽、中药渣等农业固体有机废弃物的快速堆肥技术，研制成功了 14 个抗黄瓜枯萎病、西瓜枯萎病、番茄青枯病、辣椒疫病、茄子青枯病、马铃薯青枯病等土传病害的有机肥新品种，使用后显著提高了土壤有机质含量、改善了土壤的生物活动，防治土传病害效果很好。

（三）防治保护土传病害的有益功能菌

功能菌是指栖息在土壤或植物根区的具有潜在生物调节能力的菌类：其利用自身快速繁殖的优势来调节根区微环境，限制土传病原体繁殖，参与生态位竞争，抑制土传病害的发生发展，但这种功能作用受外界及土壤内部环境的制约。生产上应用的功能菌主要有真菌、细菌、放线菌和病毒等种类，细菌主要有芽孢杆菌、土壤放射杆菌和巴氏杆菌等；真菌主要有木霉菌、毛壳菌、淡紫拟青霉、酵母菌、厚壁孢子轮枝菌、小盾壳霉和菌根真菌；放线菌主要有链霉菌属及其相关类群。

1. 真菌

许多真菌资源对土传病害具有很好的生物防治作用。可利用的土传真菌病害的主要生物防治因子包括木霉菌、毛壳菌、寡雄腐霉、非病原性双核丝核菌等真菌因子。用于草莓和蔬菜灰霉病防治的商品化真菌农药主要是木霉制剂，效果较为理想，应用前景较好。

（1）木霉菌。木霉是土壤微生物群落的重要成员，是一类分布广、繁殖快、具有较高生物防治价值且对一些广谱性杀菌不敏感的生物防治有益真菌。大多数木霉菌可产生多种对植物病原真菌、细菌及昆虫具有拮抗作用的生物活性物质，如细胞壁降解酶类和次级代谢产物，并能提高农作物的抗逆性，促进植物生长和提高农产品产量。木霉菌对多种病原真菌和一些病原细菌有拮抗作用，特别是对土传病害。应用试验结果表明：木霉菌对由立枯丝核菌、腐霉菌、齐整小核菌、镰刀菌等引起的棉花、杜仲、人参、三七等的幼苗立枯病，以及对茉莉、花生和辣椒的白绢病，番茄的猝倒病等有较好的防治效果。20 世纪 70 年代以来，国内外对木霉菌的拮抗作用及其机制做了深入研究，证实了木霉对病原菌的重寄生现象，同时在温室及田间试验中也取得了令人瞩目的成果。胡明江等利用康宁木霉 SMF2 分生孢子制剂进行防治大白菜软腐病的田间药效试验，结果表明康宁木霉 SMF2 分生孢子制剂防治大白菜软腐病效果最好，防治效果为 82.08%，明显高于大面积推广应用的农用链霉素的防治效果，差异极显著。刘任等利用哈茨木霉 T2 菌株对辣椒疫霉、齐整小菌核、立枯丝核菌等辣椒土传真菌病害的病原菌有较强的抑制作用进行研究，发现平板测定抑菌率分别为 68.12%、82.12% 和 84.19%。

（2）毛壳菌。毛壳菌降解纤维素和有机物的效果较好，并可抑制土壤中的某些微生物，通常存在于土壤和有机肥中。毛壳菌在田间已经被应用于防治苹果黑星病菌引起的苹果黑星病，苹果黑腐皮壳引起的苹果树腐烂病和由茄丝壳属和尖镰孢属等引起的苹果黑星病。同时，毛壳菌也可预防谷物秧苗的枯萎病和甘蔗猝倒病，降低由镰刀菌引起的番茄枯萎病等的发病率，且对立枯病丝核菌、拟茎点霉属、甘蓝格链孢、毛盘孢属、葡萄孢属等病原菌的生长有一定程度的抑制作用，对山杨根腐病、小麦斑枯病也有明显的拮抗作用。

2. 细菌

细菌具有繁殖速度快、种类数量繁多的特点，可以人工培养，对病原菌的作用方式广，因而生物防治细菌的筛选和应用成为研究热点之一。对土传病害具有生物防治作用的细菌主要有假单孢杆菌和芽孢杆菌以及其他一些细菌。

（1）假单孢杆菌。假单孢杆菌通过分泌拮抗物质抑制病原菌的生长，从而达到生物防治的目的，其中以荧光假单孢杆菌等细菌的不同菌株研究最为广泛。假单孢杆菌具有突出的增产防病作用，广泛存在于植物根际。罗宽等利用拮抗的荧光假单孢菌在温室防治番茄、烟草、花生青枯病，效果较好，但未在大田中试验。钟小燕等从已感染橡胶枯萎病的果园中分离到 1 株对香蕉枯萎病菌抑制作用很强的假单孢杆菌，通过抑制病原菌丝正常生长以致其不能产孢子。

（2）芽孢杆菌。芽孢杆菌包括芽孢杆菌属、芽孢乳杆菌属、梭菌属、脱硫肠状菌属和芽孢八叠球菌属等。它们对外界有害因子抵抗力强，分布广，存在于土壤、水、空气以及动物肠道等处。芽孢杆菌因其繁殖速度快，具有内生芽孢、抗逆性强、营养要求简单、易于在植物根圈定植等优点而得到广泛研究和应用。尤其在水稻、大豆、棉花等农作物上显示出很好的病害防治效果，如水稻纹枯病、小麦纹枯病、番茄叶霉病、豆类根腐病、苹果霉心病和棉花枯萎病等。目前，用于生物防治的芽孢杆菌种类主要有枯草芽孢杆菌、蜡状芽孢杆菌和巨大芽孢杆菌等。杨合同等在小区试验中用芽孢杆菌 BI30 制成的泥炭制剂对生姜青枯病取得了 100% 的防治效果。王雅平等用分离自丝瓜土壤的枯草芽孢杆菌 TG26 浸根处理防治烟草青枯病，苗期达到 100% 的防效，田间试验防效为79.6%，并有明显的增产效应。洪永聪等利用枯草芽孢杆菌菌株TL2能产生多种外分泌抗菌蛋白，抑制茶轮斑病菌的菌丝生长及其分生孢子的形成和萌发。另外，菌株TL2通过改变茶树体内活性氧代谢相关酶系如SOD等的活性，以调节茶树受轮斑病菌侵染后活性氧的代谢平衡，同时诱导茶树产生抗性酶系以限制茶树轮斑病菌的扩展。童蕴慧等分离的多黏类芽孢杆菌W3菌株对灰霉病菌有较强的拮抗活性和定殖能力，而且它能诱导番茄植株对灰霉病产生系统抗性，最大诱抗效果可达64.5%。

（3）放线菌。1872年Cohn首次发现放线菌，截至2013年已经有69个属1 687个种。其广泛存在于土壤和植物根际等环境中，用在植物病害生物防治中的主要是链霉菌属及其相关类群，被广泛应用的抗生素约70%是各种放线菌所产生的。链霉菌对很多植物病原菌有不同程度的抑制作用，如灰色链霉菌对锈菌有较强的抑制作用；灰色链霉菌、春日链霉菌和庆丰链霉菌主要对稻瘟病菌有较强的抑制作用；吸水链霉菌主要对苹果树腐烂病和甘蔗黑斑病有较好的防治作用；吸水链霉菌井冈变种则对水稻纹枯病有很好的防治作用；而千叶链霉菌对水稻白叶枯病有很好的防治作用。李新等从土样中分离出1株放线菌，发现对水稻恶苗病菌、烟草赤星病菌、小麦根腐病菌、番茄灰霉病菌、棉花炭疽病菌、黄瓜枯萎病菌、黄瓜黑星病菌、苹果轮纹病菌、玉米小斑病菌有较强的抑制作用，抑制率达55.7%～87.7%。研究表明拮抗性种群数最多的是放线菌，因而在研究放线菌拮抗效用的基础上应该更加明确其有效成分，从而开发高效的菌剂。

3. 保护土传病害的生物防治机理

土壤中防治土传病害的有益功能菌种类繁多，其各自的防治机制也是大不相同，如抗菌物质的分泌（细菌素、抗生素、铁质素、胞外裂解酶等）、重寄生作用、溶菌作用、竞争作用（营养物质和定殖位点）和诱导抗性等。以上几种作用互不排斥，而且可以同时起作用。因此，利用一种拮抗微生物防治保护土传病害可以包括多种作用方式，如表5-1所示。

表5-1 微生物功能菌的生物防治机理

菌类	细菌	真菌	放线菌
抗生作用	√	√	√
重寄生作用		√	

菌类	细菌	真菌	放线菌
竞争作用	√	√	√
溶菌作用	√	√	√
蛋白酶作用	√	√	√
噬菌体	√		

4.防治土传病害的措施案例分析

针对复种指数高，根结线虫、枯萎病发生严重，无法进行轮作和休田的设施大棚，以控制设施大棚根结线虫、枯萎病危害，保证设施大棚作物产量及食品安全为主要任务，将设施大棚中的线虫、枯萎病控制在危害水平以下，土壤生态处于动态平衡状态，土壤结构得到修复，作物产量和品质得到保证，设施大棚得以可持续发展。

坚持以生物防治为主的综合防治方针，采取土壤消毒处理、生物菌剂的添加和大棚管理相结合的方法。在土壤消毒处理时注意选用已登记且环境污染小的药剂，根据大棚中线虫、枯萎病发生情况进行评估和检测，及时进行系统综合防治。

根据作物的生育期将根结线虫、枯萎病的防治分为两个防治节点。具体措施如下。

（1）首年7月高温、化学药剂处理，压低虫口基数。

①6月底进行大棚内清棵，将棚内带菌、线虫的作物清理出棚内，初次减少棚内病原微生物的数量。

②在高发病大棚，初次高温闷棚，宜用化学药剂闷棚，轻发病大棚可直接高温闷棚。方法：撒施石灰粉，每亩25～50千克（可根据棚内情况适量添加腐熟有机肥和饼肥），土壤翻耕，适当进行浇水或灌水，保持土壤含水量70%以上，促使线虫和病菌游离出来，用农膜密闭大棚防止漏气。

③农膜覆盖时间不低于20天，持续高温时间不能低于15天，覆盖时间越长效果越佳；为保证高温，最好再加一层地膜，进行双层闷棚。

④揭膜后田间水让土壤自然吸干，然后亩撒施钙镁磷肥25千克，用开沟机开沟作畦，间隔10天后方可种植作物。

（2）首年9月移栽定苗，定植前后用有益菌B1619进行生物防控。

①植物幼苗定植处理土壤。定植前，将生防菌粉B1619按6克/棵的比

例均匀地撒入定植沟穴中，充分与土壤混匀，随后移植幼苗，浇透活棵水。每亩使用生防菌粉 15 千克（按每亩 2 400 棵苗计算）。

②植物幼苗根部施用菌粉。定植后，在第 1、第 2 次浇灌水之前，将生防菌粉按 3 克 / 棵撒在幼苗根部，随后浇水，或按 3 克 / 棵的用量兑水，充分搅拌后浇灌。每亩每次使用菌粉 7.5 千克（按每亩 2 400 棵苗计算）。

③加入 B1619 颗粒剂后，及时观察幼苗生长情况，补充水分。密切观测大棚内作物发病情况，若个别植株出现线虫危害状，如失水、萎蔫、发黄等，可使用山东潍坊市根结线虫防治技术研究所的杀线虫剂永卫（SK）。每株用 300～400 倍兑水灌根 500～1 000 毫升药液，病株周围 2～3 平方米范围内重点防治，滴灌或微喷均可。

（3）首年冬季定植，加入有益菌，巩固有益菌对作物的保护作用。冬季定植时，移栽作物时再次加入生物菌剂 B1619，进一步巩固加强有益菌的保护作用，防止移栽的作物幼苗受线虫危害。其使用方法同 9 月份移栽时菌粉剂量和方法。

（4）次年及往后各年，7 月份仅高温闷棚，再次压低虫口基数。

①次年 6 月底进行大棚内清棵，将棚内带菌、虫的作物清理出棚内，再次减少棚内病原微生物数量。

②闷棚一周后，打开风口进行翻地，然后再次关闭风口，进行二次闷棚。两次闷棚可第一次干闷，第二次耕翻前浇一次水，干湿结合，消毒杀菌的效果更加明显。

③闷棚处理后，一定要添加有益菌，移栽管理均同第一个生育年管理方式。

第二节　土壤微生物的多样性

土壤中存在着种类丰富和数量极其庞大的微生物，是微生物生长和繁殖的天然培养基，土壤微生物资源在自然界中最为丰富多样。据估算，1 克土壤中有数千乃至数万种约数十亿个微生物个体。在土壤生态系统中，微生物有机体组成了一个强大的动力资源库，不仅在植物残体降解、腐殖质形成及养分转化与循环中扮演着十分重要的角色，还影响着土壤的结构、土壤肥力以及植物的健康等（曹宏杰等，2015）。研究土壤微生物多样性，不仅可以预测土壤养分和环境质量的变化，还可以认识和掌握在土壤微生物生态中起重要作用的类群及其功能，为土壤生态系统的调节和修复提供一定的理论依据。

一、概述

土壤微生物多样性是指土壤生态系统中所有的微生物种类，它们拥有的基因以及这些微生物与环境之间相互作用的多样化程度，是土壤生态系统的一个基本生命特征（陈慧清等，2018）。它不仅反映了土壤微生物的丰富度，还代表了微生物群落的稳定性。土壤微生物多样性存在于基因、物种、种群及群落四个层面，可分为遗传多样性、物种多样性、结构多样性和功能多样性等。研究的对象包括土壤中所有肉眼不可见的细菌、真菌等。

二、土传病害与土壤微生物多样性关系

研究表明土传病害的发生与土壤微生物多样性变化密切相关（Benizri et al.，2005）。土壤微生态变化影响着土壤生态系统的稳定性，进而影响植物的健康。土壤微生物与植物之间的关系非常密切（Bardgett et al.，2005）：一方面，土壤微生物作为分解者为植物提供养分；另一方面，植物可通过其凋落物和根系分泌物等为土壤微生物提供营养，使植物和微生物之间产生协同进化，从而促进土壤微生物的多样性。微生物在土壤中通过这些关系与植物形成了植物—土壤—微生物这样一个相对稳定的生态系统。但是，任何外来的因素都可能对这一生态系统的平衡带来影响。一旦土壤微生物群落有了较大变化，特别是有益微生物和有害微生物之间比例失调，打破了根系微生态的平衡，那么植物生长就会受到很大的影响，反之再作用于土壤微生物，就会陷入恶性循环，土传病害就会暴发流行（李雪萍，2017）。土传病害的暴发被认为是土壤系统不健康的重要表征，是土壤微生物群落组成比例失衡和土壤微生态环境恶化的结果。

在微生物对根系分泌物利用的同时也存在着相互竞争、寄生以及拮抗的关系，如在这个过程中往往会刺激某些有益微生物的增长，如 Trichoderma、Pseudomonas、Bacillus 等，这些有益微生物能够有效地抑制病原菌的活性，从而减轻土传病害的发生（Berendsene et al.，2012；Doornbose et al.，2012；Raaijmakers et al.，2009）。"抑病型土壤"是指即使在作物连作多年后，仍能够有效抑制病原微生物数量或者即使在病原微生物数量较高的情况下，作物发病仍然较轻的土壤（Wellere et al.，2002；张瑞福和沈其荣，2012）。"抑病型土壤"可分为"一般抑病型土壤"和"特异抑病型土壤"，前者主要与土壤整体微生物活性有关，但不能在土壤之间相互转移，而后者主要由土壤中某类有益微生物的作用引起，可在土壤中相互转移。"抑病型土壤"

的建立一般需要几年甚至十几年的连作，且在此过程中土传病害大量发生，通常不被农民接受。因此，通过人为调控措施在短时间内改善土壤微生物群落和提高土壤抑制土传病害能力至关重要。

三、土壤微生物群落与土壤环境的关系

土壤微生物群落与土壤环境息息相关。土壤微生物对土壤环境的影响主要是参与土壤中的有机质分解、腐殖质形成以及养分转化和循环等生物化学过程。土壤环境又是土壤微生物的生存环境，因此土壤环境的改变又会促使微生物群落的变化（Preem et al., 2012；孙冰洁等，2013）。土壤 pH 被认为是驱动土壤微生物群落变化最重要的因素之一，土壤酸化对土壤微生物具有较大的影响，宏观角度也有类似的现象，即土壤整体微生物群落的差异与 pH 的差异密切相关，其中细菌群落与 pH 的关系表现最为突出（Bengtson et al., 2012；Rousk et al., 2010），经研究细菌群落在陆地生态系统大规模地域尺度的组成差异，均发现是由土壤 pH 差异决定的。然而，在 pH 差异较小的土壤中，决定微生物群落的组成往往是土壤养分含量，其中土壤有机质是土壤微生物代谢活动所需养分和能量的主要来源之一，且有研究表明细菌对有机质的利用效率比真菌低。相对于细菌群落依赖 pH 而言，真菌群落可能主要依赖于土壤有机质的组成（Clause et al., 2010；Li et al., 2014）。其他研究表明土壤温度、水分和孔隙度等也会影响微生物群落的组成（Li et al., 2002；Ranjard and Richaume, 2001；Williams and Rice, 2007）。

四、土壤微生物群落的调控

根据土壤微生物群落与土传病害以及土壤环境间的密切联系，目前主要是从土壤环境角度调控微生物群落，如秸秆还田、增施生物有机肥、增加土壤有机质以及轮作改变土壤微生物可利用的根系分泌物等。

（一）秸秆还田调控土壤微生物群落

秸秆还田不仅是土壤有机质的主要来源，提高土壤肥力的重要手段，还可以显著刺激土壤微生物活性和增加微生物数量，从而提高土壤抗病能力。在某些场合秸秆还田不仅会刺激微生物活性，还能够为病原微生物提供养分，从而促进病原微生物的增加。例如，添加大豆秸秆刺激了壳球孢菌的增加从而诱发大豆炭腐病；添加玉米秸秆反而刺激了 *F.oxysporum* 的增殖从而导致玉米枯萎病暴发。因此，单纯的秸秆还田调控微生物区系对土传病害的抑制不一定有效，应该整合其他杀菌措施共同防控土传病害。

（二）生物有机肥调控土壤微生物群落

生物有机肥是通过利用植物有益微生物与有机肥进行二次固体发酵生产而来的。研究发现，在种植甘蔗地块增施由木霉和葡糖醋杆菌制成的生物有机肥后，能够显著提高细菌多样性与数量，降低土壤真菌数量，进而增加土壤细菌真菌比。在黄瓜种植地块施由木霉与枯草芽孢杆菌制备的生物有机肥后，显著降低了数量，且有效地防控了枯萎病的发生。然而，增施生物有机肥虽然可以调控土壤微生物群落，但由于存在拮抗微生物的定殖问题，只能暂缓病原微生物的增殖，在作物后期仍然具有较高的土传病害发生率。虽然近年来生物有机肥在防控土传病害和调控土壤微生物群落中的应用逐渐增多，但也存在成本较高、效果不稳定以及有机肥中重金属含量过高等风险。

（三）轮作调控土壤微生物群落

由于微生物在多数土壤中处于饥饿状态，它们为获取土壤养分而展开激烈竞争，特别是在富含植物根系分泌物的根际土壤中尤为突出。植物释放且能够被利用的根系分泌物往往可以从土体中驱动和选择特定的微生物至根际周围定殖，形成独特的微生物群落。因此，连续种植易感病作物，其释放的特异性根系分泌物易导致特异性病原微生物种群的积累和暴发，从而增加土传病害发生的概率。相较而言，诸多研究表明通过调节病原微生物可利用的养分能够有效调控土壤微生物群落以及抑制土传病害。最常见的措施就是在病土上轮作非寄主或者不易被病原菌侵染的作物，根系分泌物的改变能够有效地刺激一系列拮抗微生物增殖，从而抑制病原菌的活性和数量。例如，Mazzola（1999）研究表明在连作苹果幼苗多年的病土上轮作小麦显著降低了由病原微生物锈腐菌、疫霉属、腐霉属带来的土传病害，且显著地刺激了拮抗微生物的增殖。轮作防控土传病害的效果与轮作作物的搭配有密切的关系。研究发现，虽然菠萝—香蕉和玉米—香蕉两种轮作系统都能够调控土壤微生物群落，但两者微生物群落差异明显；有益微生物的丰度在菠萝—香蕉轮作系统中显著高于其玉米—香蕉轮作系统中的丰度，且菠萝—香蕉轮作系统对香蕉枯萎病和 *F.oxysporum* 的防控效果优于玉米—香蕉轮作系统。这些结果表明轮作对微生物区系和土传病害的调控效果主要取决于作物的选择，不同的轮作系统获得的效果可能不一致。诸多研究还表明轮作对病原微生物并不始终起到抑制作用，比如，研究发现玉米—三七轮作系统中，病原菌 *F.oxysporum* 的数量较三七连作病土不降反升。因此，在轮作非寄主或者不易被病原菌侵染的作物时，应该结合其他有效措施实现可持续的调控土壤微生物群落和防控土传病害。

五、农药与土壤微生物多样性影响

（一）农药对土壤微生物功能多样性的影响

农药对土壤微生物的影响往往具有选择性，从而影响土壤微生物的功能多样性。当土壤被农药严重污染时，会抑制敏感微生物的生长，使能利用有关碳源底物的微生物数量减少，微生物对单一碳源的利用能力降低，进而导致微生物群落功能多样性降低。王秀国等（2010）在浙江大棚蔬菜试验田研究了多菌灵重复施药对土壤微生物功能多样性的影响，结果表明随着施药次数的增加，多菌灵的降解速率逐渐增大。姚斌等（2004）通过室内研究指出使用较高剂量的甲磺隆能明显降低土壤微生物多样性，这种抑制效果随时间的变化而变化，培养初期影响不显著，随培养时间的延长甲磺隆对土壤微生物多样性的影响加剧。李鑫等（2014）基于 Biolog 检测技术研究了紫花苜蓿出苗前后施用化学除草剂对根际土壤微生物群落碳源利用的影响，结果表明：播后苗前除草剂对土壤微生物影响不大而茎叶除草剂对土壤微生物产生了一定的毒害作用。

（二）农药对土壤微生物遗传多样性的影响

农药污染会引起土壤微生物 DNA 序列发生变化，微生物物种间的差异本质上体现在 DNA 序列结构和功能的多样性上。因此，利用现代 DNA 分子标记技术可从分子水平上来研究微生物群落的多样性及其变化，进而研究农药土壤微生物的遗传多样性影响（姚健等，2000）。

Hoshino 等（2007）通过 DGGE 技术测定了大田中氯化苦和 1，3- 二氯丙烯对菠菜田真菌群落结构的影响，结果表明氯化苦相比 1，3- 二氯丙烯对真菌的影响更显著，在熏蒸揭膜后 2 个月氯化苦明显地降低了群落的多样性，并且在一年后仍未恢复，而 1，3- 二氯丙烯在熏蒸揭膜后 2 个月群落的多样性降低不明显，6 个月后与对照差异不显著；Widenfalk 等（2008）采用 T-RFLP 技术测定了四种药剂克菌丹、草甘膦、异丙隆和抗蚜威对新鲜水沉积物中微生物群落结构和活性的影响，结果表明克菌丹和草甘膦在环境相关浓度下可引起细菌群落组成发生显著变化；秦越等（2015）通过 T-RFLP 手段研究了马铃薯连作栽培对根际土壤微生物多样性的影响，结果表明连作导致根际土壤细菌多样性水平下降而真菌多样性水平升高，同时菌群中益生菌在减少而潜在的病原菌在增加，马铃薯根际菌群的功能和平衡遭到破坏，致使其根际土壤微生态环境恶化。

农药进入土壤后可能会导致微生物在物种和群落的生态水平上、在基因和遗传的分子水平上或者是生理和代谢的细胞水平上发生变化。张俊和王定勇（2004）指出土壤中残留的农药破坏了土壤微生物的繁殖，使敏感性菌种受到了抑制，土壤微生物种群趋于单一化，从而影响了土壤的物质循环和能量流动，最终影响作物生长。

六、土壤微生物多样性研究方法

土壤微生物多样性研究方法大致可以归为 3 类，即传统微生物平板培养法、生物化学法及现代分子生物学法。

（一）传统微生物平板培养法

传统的微生物研究方法是对土壤微生物进行分离培养后，通过各种微生物的外观形态、生理生化特征及其菌落数来计测微生物的类型及其数量。该类方法中使用最多的是平板菌落计数法。微生物平板记数法操作简单，并且能直接反映样品中微生物的种类和数量（李洁等，2016）。但是，由于所用的培养基有一定的针对性，且能够纯培养的土壤微生物的菌株的数量只占微生物总数的 0.1%～1%，因此无法全面地估算微生物群落多样性，也不能准确提供有关微生物群落结构的信息。

（二）生物化学法

基于生化技术研究微生物多样性的方法主要包括磷脂脂肪酸图谱分析法和 Biolog 微量分析法等。磷脂脂肪酸（phospholipid fatty acid，PLFA）是所有微生物细胞膜磷脂的成分，具有结构多样性和较高的生物学特异性，不同类群的微生物可以通过不同生化途径合成不同的 PLFA，因此可通过 PLFA 谱图中不同 PLFA 的种类及含量对微生物的种类、数量以及相对比例等群落结构进行分析。Biolog 微平板法的测定原理是，测试板含有 96 个小孔，其中 1 孔为空白对照，其余 95 孔内分别含有不同的碳源和四唑盐染料。微生物利用碳源的过程中会产生自由电子，与染料发生氧化还原反应，呈现不同的颜色。因利用碳源的种类和程度不同，颜色也有深浅之分，这样就可以知道不同样点微生物多样性的差异（李旭东等，2014）。

（三）现代分子生物学法

相比于传统的分析方法，现代分子生物学技术从基因水平入手，通过对微生物遗传物质的分析，可以更客观地反映自然环境中微生物生态多样性的状况。分子生物学方法可归纳为三方面：一是基于核酸分子杂交技术的分子标记法；二是基于 PCR 技术的研究方法；三是基于高通量测序技术的研究方法。

核酸分子杂交技术基于碱基互补配对的原理，是用已知的特异性的cDNA探针与待测样品中的核酸序列形成特异性互补的过程。基于PCR技术的研究方法可以将极微量的DNA进行大量扩增，通过比较分析基因序列的特异性来研究微生物的多样性，如随机扩增多态性DNA技术（RAPD）、扩增片段长度多态性技术（AFLP）、限制性片段长度多态性技术（RFLP）、变性梯度凝胶电泳（DGGE）等（李洁等，2016）。高通量测序技术又称"下一代"测序技术或深度测序。高通量测序技术最大特点是，数据产出通量高，可以获得丰富的物种、结构、功能和遗传多样性方面的信息（谭益民等，2014）。

第三节　土传病害防治案例分析

案例：木霉菌THGY-01和芽孢杆菌YB-1对土传病原菌的拮抗与利用。

茄病镰孢菌、立枯丝核菌和青枯菌等土传病原菌引起的病害会对烟草经济产生巨大的损失，阻碍着烟草行业的发展。农业上主要使用化学药剂来防治土传病害，但是防控效果不佳，同时对环境不友好，危害人类健康。因此，使用拮抗微生物防治土传病害的研究越来越受到研究者的关注。国内外不仅报道了许多用单一生防菌株防治土传病害的研究，使用生防菌混合接种防治土传病的研究也被广泛关注。据报道，木霉菌和放线菌混合使用可以增强对草莓上发生的黄萎病的防控效果。短芽孢杆菌和娄彻氏链霉菌的混合菌对烟草上发生的青枯病的防控效果高于单株菌的防治效果，能显著提高对病原菌的抵抗能力。但木霉菌和芽孢杆菌混合防治烟草土传病害的报道并不多。

本节利用棘孢木霉THGY-01和甲基营养型芽孢杆菌YB-1结合室内平板试验和盆栽试验探究其对烟草重要土传病原菌的拮抗效果，测定两者对烟草土传病害的防治效果，为实际生产中混合使用木霉菌THGY-01和芽孢杆菌YB-1提供理论支持。

一、材料和方法

（一）材料

菌株：木霉菌THGY-01、芽孢杆菌YB-1、烟草茄病镰孢菌、立枯丝核菌、青枯菌。

烟草品种：翠碧1号。

培养基：

LB 琼脂培养基：胰蛋白胨 1%，酵母提取物 0.5%，NaCl1%，琼脂 2%，用蒸馏水定容至 1 000 毫升，用 1% NaOH 溶液调初始 pH 至 7.2～7.5。

芽孢杆菌液体发酵培养基：玉米淀粉 1%，黄豆粉 0.5%，KH_2PO_4 0.2%，K_2HPO_4 0.2%，30.8 毫克/升 $MnSO_4$ 0.1%，pH6.5。

PDA 琼脂培养基：去皮马铃薯 200 克，切小块，加去离子水 1 000 毫升，煮沸 30 分钟，双层纱布过滤，滤液中加入琼脂 15～20 克，葡萄糖 20 克，加热溶解后，定容至 1 000 毫升，分装 500 毫升三角瓶，每瓶分装 250 毫升，121 ℃高压湿热灭菌 20 分钟，备用。

PD 液体发酵培养基：如 PDA 培养基成分，但无琼脂，制备方法同 PDA 培养基，121 ℃高压湿热灭菌 20 分钟，备用。

木霉固体发酵培养基：麸皮：谷壳：3% 葡萄糖水 =7：3：3，尿素 2.16%，KH_2PO_4 2.77%，混合均匀后装袋，121 ℃高压湿热灭菌 60 分钟，间歇式灭菌 2 次。

NA 琼脂培养基：胰蛋白胨 10 克，NaCl5 克，牛肉膏 3 克，琼脂粉 20 克，蒸馏水定容至 1 000 毫升，用 1%NaOH 溶液调初始 pH 至 7.2。

NA 液体培养基：胰蛋白胨 10 克，NaCl5 克，牛肉膏 3 克，蒸馏水定容至 1 000 毫升，用 1%NaOH 溶液调初始 pH 至 7.2。

上述培养基根据要求定量分装在 500 毫升的三角瓶中，121 ℃灭菌 20 分钟。

（二）方法

1. 木霉菌 THGY-01 对茄病镰孢菌和立枯丝核菌抑菌活性测定

采用平板对峙法：在净化工作台环境下，将茄病镰孢菌、立枯丝核菌和木霉菌分别接入灭菌且冷却的 PDA 培养基平板上，置于 28 ℃培养箱中活化培养 4 天，用 Φ=6 毫米的灭菌打孔器打取木霉菌菌饼置于含 PDA 培养基平板（Φ=9 厘米）的一侧，在距木霉菌 5 厘米的同一水平线另一侧放置病原菌的菌饼，用 parafilm 封口膜封好，以只放置病原菌为对照，每组 3 次重复，在 28 ℃培养箱（恒温）中培养 6 天。每日定时测量对照组菌落与实验组菌落半径，根据下列公式计算抑菌率，拮抗系数的分级标准如表 5-7 所示。

$$抑菌率（\%）=\frac{对照菌落直径-处理菌落趋向直径}{对照菌落直径}×100$$

注：菌落直径 = 菌落直径平均值——6 mm。

表5-7　拮抗系数的分级标准（5级）

拮抗等级	菌丝占皿面面积
Ⅰ级	木霉菌丝占培养Ⅰ皿面积的100%
Ⅱ级	木霉菌丝占培养Ⅰ皿面积的2/3以上
Ⅲ级	木霉菌丝占培养皿面积的1/3～2/3
Ⅳ级	木霉菌丝占培养皿面积的1/3以下
Ⅴ级	病原菌丝占培养皿面积的100%

2. 木霉菌THGY-01对茄病镰孢菌和立枯丝核菌的拮抗效果研究

（1）木霉菌THGY-01易挥发性代谢物质对茄病镰孢菌和立枯丝核菌的影响。

采用对扣培养法：在 Φ=9厘米培养皿的皿底和皿盖中分别倒入25毫升PDA培养基（已灭菌），等培养基凝固之后，用 Φ=6毫米的灭菌打孔器打取木霉菌和病原菌菌饼，分别置于皿盖和皿底的中心，对扣，用parafilm封口膜封好。以培养皿中只接病原菌为对照，每组3次重复。倒置于28℃培养箱（恒温）中对扣培养6天，每日定时观察并用直尺以十字交叉的方法测量病原菌菌落的生长直径，计算THGY-01菌株易挥发性代谢产物对病原菌的抑菌率。

（2）木霉菌THGY-01难挥发性代谢物对茄病镰孢菌和立枯丝核菌的影响。

采用圆盘滤膜法：将25毫升PDA培养基倒入 Φ=9厘米培养皿中，等培养基凝固之后，把无菌玻璃纸（ Φ=8.5厘米）平铺于PDA平板上，将 Φ=6毫米灭菌打孔器打取的木霉菌菌饼接种于玻璃纸中心，用parafilm封口膜封好，置于28℃培养箱（恒温）中培养。定期观察，待木霉菌菌丝快长到玻璃纸边缘时，取出玻璃纸，将 Φ=6毫米的病原菌菌饼接入该平板的中央，以玻璃纸上只接病原菌为对照，置于28℃培养箱（恒温）培养6天，每组3次重复。每日定时观察并用直尺以十字交叉的方法测量病原菌菌落的生长直径，计算THGY-01菌株难挥发性代谢产物对病原菌的抑菌率。

3. 甲基营养型芽孢杆菌YB-1对病原菌抑菌活性测定

发酵培养滤液制备：将在LB培养基上活化好的芽孢杆菌YB-1，接于LB液体培养基中，振荡培养12小时后，用移液枪吸取6毫升芽孢杆菌YB-1种子液接种于盛有120毫升/500毫升优化培养液的三角瓶中，在温度为

30 ℃，转速为 160 转 / 分的摇床中振荡培养 24 小时，收集发酵液，10 000 转 / 分，4 ℃离心 10 分钟，用 0.22 微米微孔无菌滤膜过滤上清液，即可得到无菌发酵滤液，备用。

（1）对茄病镰孢菌和立枯丝核菌的拮抗作用。采用滤纸片法：在 Φ=9 厘米的 PDA 培养基平板中心放置含 6 微升制备好的无菌芽孢杆菌 YB-1 滤液的圆形滤纸片（Φ=6 毫米），在滤纸片两边等距离（2 厘米）接入用 Φ=6 毫米灭菌打孔器打取的病原真菌菌饼，以含无菌水的滤纸片代替含菌液的滤纸片为对照，每处理 3 次重复，置于 28 ℃培养箱（恒温）培养，定时观察，待对照组菌落长至滤纸片边缘时用直尺测量病原菌菌落生长直径，计算抑菌率。

（2）对青枯菌的拮抗作用。在 Φ=9 厘米培养皿中倒入 25 毫升已灭菌的 PDA 培养基，配制 5 毫升青枯菌菌悬液，装于小型无菌喷雾器，均匀喷在 PDA 平板上，在 PDA 平板中心放置含 6 微升无菌芽孢杆菌 YB-1 滤液的圆形滤纸片（Φ=6 毫米），以含 6 微升无菌水的滤纸片为对照，每处理 3 次重复，28 ℃培养箱（恒温）中培养 48 小时。用直尺以十字交叉的方法测量抑菌圈直径。

（3）对立枯丝核菌菌丝形态的观察。用无菌涂布器将 0.2% 水琼脂涂布于灭过菌的盖玻片上，吸取 5 微升无菌芽孢杆菌 YB-1 滤液滴于盖玻片中心，在菌液 5 毫米边缘接种病原菌菌丝，以在盖玻片中心滴加 5 微升无菌水和病原菌为对照，置于 28 ℃培养箱（恒温）保湿培养 3 天，倒盖在载玻片上，置于显微镜下观察菌丝形态，拍照。

4. 盆栽试验

（1）烟苗培育采用穴盘育苗法。先用 75%（V/V）乙醇对育苗盘进行消毒，然后将烟草专用营养基质填入育苗孔穴，播种，再在种子表面覆盖一薄层基质。将育苗盘放入装有水的托盘，置于 25 ℃光照培养箱中育苗，每隔 3 天添加一次水，待烟苗长出 2～3 片叶子时选取大小相同的烟苗进行移栽，每盆移栽一株，放到培养箱中继续培养，长到 5～7 叶期进行盆栽试验。

（2）接种体制备。

茄病镰孢菌孢子悬浮液：用 Φ=6 毫米灭菌打孔器打取 4 块已活化培养 4 天的茄病镰孢菌菌饼，置于 200 毫升 /500 毫升已高压灭菌并冷却的 PD 培养液中，放于温度为 28 ℃，转速为 150 转 / 分的摇床中培养 5 天，取出，用灭菌的 3 层纱布过滤，收集菌液，备用。

立枯丝核菌孢子悬浮液：用 Φ=6 毫米灭菌打孔器打取 4 块已活化培养 4 天的立枯丝核菌菌饼，置于 200 毫升 /500 毫升已高压灭菌并冷却的 PD 培养液中，放于温度为 28 ℃，转速为 150 转 / 分的摇床中培养 5 天，取出，用灭菌的 3 层纱布过滤，收集菌液，备用。

青枯菌菌液：在净化工作台中，用移液枪吸取 2 毫升室温保存的青枯菌水溶液，加入盛有 200 毫升 /500 毫升 NA 液体培养基的三角瓶中，放于温度为 28 ℃，转速为 150 转 / 分的摇床中培养 48 小时，取出，备用。

（3）木霉菌 THGY-01 固体发酵基质与芽孢杆菌 YB-1 发酵液对烟草镰孢菌根腐病的防治试验。采用灌根接种法：对烟苗用制备好的茄病镰孢菌孢子悬浮液进行灌根，每一株浇灌 20 毫升，培养 5 天，然后在烟苗根际分别进行以下处理：施入木霉 THGY-01 固体基质（20 克 / 盆）；接种 20 毫升芽孢杆菌 YB-1 发酵液；接种 20 毫升芽孢杆菌 YB-1 发酵液 + 木霉 THGY-01 固体基质（20 克 / 盆）；浇灌 20 毫升无菌水为对照；以不接原菌为空白对照。每处理重复 5 次。接种后置于 28 ℃温室中培养，适时浇水。

（4）木霉菌 THGY-01 固体发酵基质与芽孢杆菌 YB-1 发酵液对烟草立枯病的防治试验。采用灌根接种法：对烟苗用制备好的立枯丝核菌孢子悬浮液进行灌根，每一株浇灌 20 毫升，培养 5 天，然后在烟苗根际分别进行以下处理：施入木霉 THGY-01 固体基质（20 克 / 盆）；接种 20 毫升芽孢杆菌 YB-1 发酵液；20 毫升芽孢杆菌 YB-1 发酵液 + 木霉 THGY-01 固体基质（20 克 / 盆）；浇灌 20 毫升无菌水为对照；以不接病原菌为空白对照。每处理重复 5 次。接种后置于 28 ℃温室中培养，适时浇水。

⑤木霉菌 THGY-01 固体发酵基质与芽孢杆菌 YB-1 发酵液对烟草青枯病的防治试验。采用灌根接种法：用青枯菌菌悬液对烟苗进行灌根，每一株浇灌 20 毫升，培养 5 天，然后在烟苗根际分别进行以下处理：施入木霉 THGY-01 固体基质（20 克 / 盆）；接种 20 毫升芽孢杆菌 YB-1 发酵液；20 毫升芽孢杆菌 YB-1 发酵液 + 木霉 THGY-01 固体基质（20 克 / 盆）；浇灌 20 毫升无菌水为对照；以不接病原菌为空白对照。每处理重复 5 次。接种后置于 28 ℃温室中培养，适时浇水。

5. 病情调查与统计

烟苗接种后定期观察记录烟苗生长情况，生长到 25 ～ 30 天后参照烟草病害分级及调查方法行业标准 YC/T39-1996 统计烟草发病情况，计算发病率、病情指数和相对防效。

烟草根腐病分级标准如下。

0 级：无病，植株生长正常，根无坏死，叶片正常。

1 级：植株生长基本正常或稍有矮化，少数根坏死，中下部叶片褪绿（或变色）。

3级：病株株高比健株矮 1/4～1/3，或半数根坏死，1/2 以上叶片萎蔫，中下部叶片稍有干尖、干边。

5级：病株株高比健株矮 2/5～1/2，大部分根坏死，2/3 以上叶片萎蔫，明显干尖、干边。

7级：病株比健株矮 1/2 以上，全株叶片凋萎，根全部坏死腐烂，近地表次生根发生量多但根明显受害。

9级：植株基本枯死。

烟草青枯病分级标准如下。

0级：全株无病。

1级：茎部偶有褪绿斑，或病侧 1/2 以下叶片凋萎。

3级：茎部有黑色条斑，但不超过茎高 1/2，或病侧 1/2～2/3 叶片凋萎。

5级：茎部黑色条斑超过茎高 1/2，但未到达茎顶部，或病侧 2/3 以上叶片凋萎。

7级：茎部黑色条斑到达茎顶部，或病株叶片全部凋萎。

9级：病株基本枯死。

$$发病率（\%）=\frac{发病株数}{调查总株数}\times100$$

$$病情指数（\%）=\frac{\sum(各级病株数\times相应级数)}{调查总株数\times最高级别值}\times100$$

$$相对防效（\%）=\left(1-\frac{处理区病情指数}{对照区病情指数}\right)\times100$$

6. 数据分析

对实验所得数据用 Excel2010 软件进行统计整理，单因子的方差分析使用 SPSS24.0 软件，用 Duncan 新复极差法检验差异显著性（$P < 0.05$）。

二、结果与分析

（一）棘孢木霉 THGY-01 对茄病镰孢菌和立枯丝核菌抑菌活性测定

由图 5-1 和表 5-8 可知，木霉 THGY-01 对茄病镰孢菌和立枯丝核菌都表现出较强的拮抗作用。当对峙培养到第 3 天时，立枯丝核菌的菌落一半被木霉菌菌丝覆盖，抑菌率达到 57.14%；木霉菌菌丝与茄病镰孢菌相接触，在病原菌周围形成一个抑菌圈，抑菌率为 42.29%。培养至第 6 天时，可以看到两种病原菌的菌丝都被木霉菌覆盖，病原菌菌丝枯萎失活，且对立枯丝核菌的抑制作用显著强于茄病镰孢菌，抑菌率和拮抗等级分别为 77.31% 和 I 级。

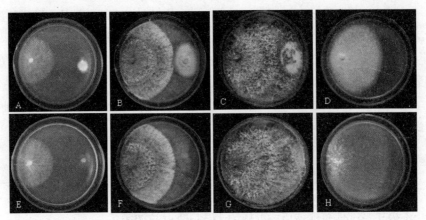

A～C：木霉菌与茄病镰孢菌对峙培养 1 天、3 天、6 天的情况；D：第 6 天对照茄病镰孢菌
E～G：木霉菌与立枯丝核菌对峙培养 1 天、3 天、6 天的情况；H：第 6 天对照立枯丝核菌

图 5-1　木霉菌与茄病镰孢菌和立枯丝核菌的对峙培养

表 5-8　木霉菌对茄病镰孢菌和立枯丝核菌的抑菌结果

培养天数(天)	病原菌株					
	茄病镰孢菌			立枯丝核菌		
	半径（厘米）	抑制率（%）	拮抗等级（5 级）	半径（厘米）	抑制率（%）	拮抗等级（5 级）
1	0.46 ± 0.02	7.33 ± 1.16f	/	0.45 ± 0.02	14.81 ± 3.46e	/
3	1.11 ± 0.12	42.29 ± 0.80d	Ⅲ	1.05 ± 0.05	57.14 ± 4.00c	Ⅲ
6	1.47 ± 0.08	67.28 ± 2.02b	Ⅱ	1.15 ± 0.04	77.31 ± 0.58a	Ⅱ

注：经 Duncan 新复极差法方差分析，数据后不同小写字母表示在（$P<0.05$）水平上差异显著。

（二）棘孢木霉 THGY-01 易挥发性代谢物质对茄病镰孢菌和立枯丝核菌的影响

由图 5-2 和图 5-3 可知，木霉 THGY-01 可以分泌易挥发性代谢产物，这些物质能抑制立枯丝核菌和茄病镰孢菌的生长。随着对菌培养时间的延长，木霉 THGY-01 对茄病镰孢菌和立枯丝核菌的抑制作用也一直增强，第 6 天时，木霉 THGY-01 对茄病镰孢菌和立枯丝核菌的抑制率分别达到 55.46% 和 60.74%。

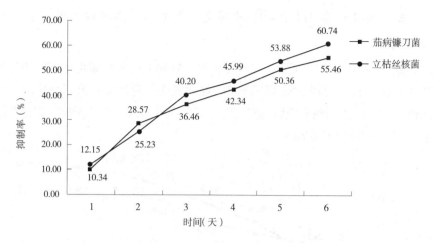

图 5-2 棘孢木霉 THGY-01 易挥发性代谢物质对茄病镰孢菌和立枯丝核菌的抑制作用

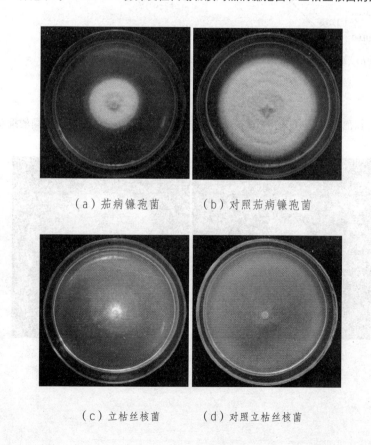

（a）茄病镰孢菌　　（b）对照茄病镰孢菌

（c）立枯丝核菌　　（d）对照立枯丝核菌

图 5-3 木霉 THGY-01 易挥发性物质对茄病镰孢菌和立枯丝核菌的抑制作用

（三）棘孢木霉 THGY–01 难挥发性代谢物对茄病镰孢菌和立枯丝核菌的影响

由图 5–4 和图 5–5 可知，与对照相比，处理组的茄病镰孢菌和立枯丝核菌均不正常生长，说明木霉 THGY–01 难挥发性代谢产物对这两种病原菌有显著的抑制作用，抑制率随培养时间的延长而逐渐增大，第 6 天抑制率分别达到最大值 50.46% 和 56.73%。

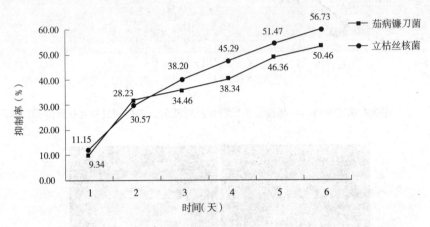

图 5–4　棘孢木霉 THGY–01 难挥发性代谢物对茄病镰孢菌和立枯丝核菌的抑制作用

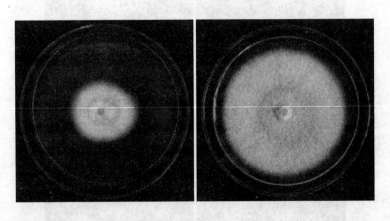

（a）茄病镰孢菌　　　（b）对照茄病镰孢菌

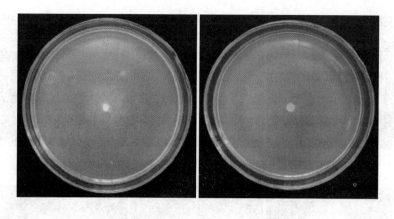

（c）立枯丝核菌　　　　　　　（d）对照立枯丝核菌

图 5-5　棘孢木霉难挥发性物质对茄病镰孢菌和立枯丝核菌的抑制作用

（四）甲基营养型芽孢杆菌 YB-1 对病原菌的拮抗作用

芽孢杆菌 YB-1 对病原菌的拮抗作用效果如表 5-9 和图 5-6 所示，YB-1 菌株发酵液对 3 种供试病原菌的生长都有较强的抑制作用，对茄病镰孢菌和立枯丝核菌的抑菌率分别达到 54.05% 和 68.32%，由此可说明 YB-1 的抑菌能力因病原菌的不同而有所差异，对立枯丝核菌的拮抗活性相对较好。与对照相比即图 5-6（f），芽孢杆菌 YB-1 无菌发酵液对青枯菌表现出较强的拮抗作用，抑菌圈的直径可达到 15.2 毫米。

表 5-9　甲基营养型芽孢杆菌 YB-1 滤液对茄病镰孢菌和立枯丝核菌的抑菌结果

病原真菌	对照菌落直径（mm）	处理菌落直径（mm）	抑菌率（%）
茄病镰孢菌	3.86 ± 0.03	1.78 ± 0.06	54.05 ± 1.39
立枯丝核菌	3.88 ± 0.02	1.23 ± 0.07	68.32 ± 1.83

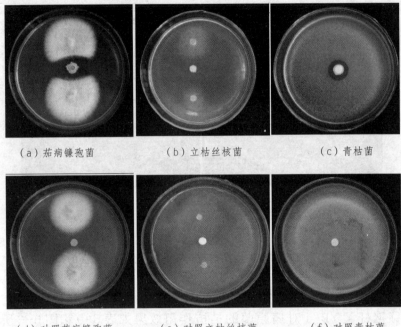

（a）茄病镰孢菌　　　　　（b）立枯丝核菌　　　　　（c）青枯菌

（d）对照茄病镰孢菌　　　（e）对照立枯丝核菌　　　（f）对照青枯菌

图5-6　甲基营养型芽孢杆菌YB-1对病原菌抑菌效果

（五）甲基营养型芽孢杆菌YB-1对立枯丝核菌菌丝形态的影响

通过光学显微镜观察立枯丝核菌的菌丝形态可见，在滴加无菌水中生长的病原菌菌丝粗细均等，分枝与主干成直角，结构清晰如图5-7（a）所示；在YB-1菌液边缘生长的病原菌菌丝形态明显发生变化，表现为菌丝粗细不均匀，分支增多且与主干不成直角，顶端膨大，生长受到破坏，如图5-7（b）所示。

（a）对照　　　　　　　（b）YB-1对立枯丝核菌菌丝形态的影响图

图5-7　甲基营养型芽孢杆菌YB-1对立枯丝核菌菌丝形态的影响

（六）木霉菌 THGY-01 固体基质与芽孢杆菌 YB-1 发酵液对烟草镰孢菌根腐病的防治效果

棘孢木霉 THGY-01 固体发酵基质、甲基营养型芽孢杆菌 YB-1 发酵液和木霉 THGY-01 及芽孢杆菌 YB-1 混合菌对烟草镰孢菌根腐病的盆栽防治效果如表 5-10 和图 5-8 所示。可以看出与对照相比，这三种不同的处理方式对烟草镰孢菌根腐病均有一定的防治作用。单独接种木霉 THGY-01 与芽孢杆菌 YB-1 的发病率分别为 60%、40%，病情指数为 66.7、37.2，相对防效分别为 33.3%、65.1%，而接种木霉 THGY-01 和芽孢杆菌 YB-1 混合菌的发病率和病情指数分别为 20%、16.7%，病害发生的程度显著低于单独接种 2 种生防菌株的发病程度，且相对防效可以从 33.3% 提高到 82.6%，达到三种防治处理的最大值，说明接种木霉 THGY-01 及芽孢杆菌 YB-1 混合菌对烟草茄病镰孢菌根腐病的防治效果最佳，能抑制茄病镰孢菌的发生。

表 5-10　不同处理对烟草茄病镰孢菌根腐病的防治效果

处理	发病率（%）	病情指数	相对防效（%）
THGY-01	60.0	66.7	33.3 ± 2.48c
YB-1	40.0	37.2	65.1 ± 3.02b
THGY-01+ YB-1	20.0	16.7	82.6 ± 3.12a
CK1	100.0	95.6	——
空白 CK	0	0	——

（a）接茄病镰孢菌的植株　　　　　　（b）接木霉 THGY-01 的植株

（c）接芽孢杆菌 YB-1 的植株　　（d）接木霉 THGY-01+ 芽孢杆菌 YB-1 的植株

**图 5-8　棘孢木霉 THGY-01 和甲基营养型芽孢杆菌 YB-1
对烟草镰孢菌根腐病的盆栽防效**

（七）木霉菌 THGY-01 固体基质与芽孢杆菌 YB-1 发酵液对烟草立枯病的防治效果

由表 5-11 和图 5-9 可知，不同防治处理对烟草立枯病均表现出显著的防治效果。只接种立枯丝核菌的植株发病率为 100%，与其相比，单独接种木霉菌 THGY-01 和芽孢杆菌 YB-1 以及接种木霉 THGY-01 与芽孢杆菌 YB-1 混合菌的发病率显著降低，其中单独接种 2 种生防菌的发病率均为 40%，但接种木霉 THGY-01 的病情指数低于芽孢杆菌 YB-1，防治效果显著高于芽孢杆菌 YB-1。接种木霉 THGY-01 及芽孢杆菌 YB-1 混合菌的发病率和病情指数最低，防治效果最显著，说明木霉 THGY-01 和芽孢杆菌 YB-1 混合施用的防治效果最佳。

表 5-11　不同处理对烟草立枯病的防治效果

处理	发病率（%）	病情指数	相对防效（%）
THGY-01	40.0	26.7	69.9 ± 3.26c
YB-1	40.0	40.0	54.8 ± 2.89b
THGY-01+ YB-1	20.0	16.7	77.4 ± 3.12a
CK1	100.0	88.6	—
空白 CK	0	0	—

（a）接立枯丝核菌的植株　　　　　　　（b）接木霉 THGY-01 的植株

（c）接芽孢杆菌 YB-1 的植株　　　　（d）接木霉 THGY-01+ 芽孢杆菌 YB-1 的植株

图 5-9　棘孢木霉 THGY-01 和甲基营养型芽孢杆菌 YB-1 对烟草立枯病的盆栽防效

（八）木霉菌 THGY-01 固体基质与芽孢杆菌 YB-1 发酵液对烟草青枯病的防治效果

棘孢木霉 THGY-01 固体发酵基质、甲基营养型芽孢杆菌 YB-1 发酵液、木霉 THGY-01+ 芽孢杆菌 YB-1 混合菌对烟草青枯病的盆栽防治效果如表5-12 和图 5-10 所示。可以看出，接种木霉 THGY-01 的发病率最高，达到40%，接种芽孢杆菌 YB-1 和木霉 THGY-01+ 芽孢杆 YB-1 混合菌的发病率相同，均为 20%，但三种防治处理的病情指数木霉 THGY-01 ＞芽孢杆菌YB-1 ＞木霉 THGY-01+ 芽孢杆菌 YB-1 混合菌，防治效果木霉 THGY-01+ 芽孢杆菌 YB-1 混合菌＞芽孢杆菌 YB-1 ＞木霉 THGY-01，经 Duncar新复极差法检验，三者的防效具有显著差异性，且木霉 THGY-01+ 芽孢杆菌YB-1 混合菌对烟草青枯病的防治效果高达 83.3%，说明木霉 THGY-01+ 芽孢杆菌 YB-1 混合处理对烟草青枯病的发生能起到显著的抑制作用。

表 5-12　不同处理对烟草青枯病防治效果

处理	发病率（%）	病情指数	相对防效（%）
THGY-01	40.0	33.3	59.2±3.5c
YB-1	20.0	16.7	79.7±3.5b
THGY-01+ YB-1	20.0	16.7	83.3±2.9a
CK1	100.0	82.2	—
空白 CK	0	0	—

（a）只接青枯菌的植株　　　　　（b）接木霉 THGY-01 的植株

（c）接芽孢杆菌 YB-1 的植株　　　（d）接木霉 THGY-01+ 芽孢杆菌 YB-1 的植株

图 5-10　棘孢木霉 THGY-01 和甲基营养型芽孢杆菌 YB-1 对烟草青枯病的盆栽防效

第六章　土传病害综合防治案例分析
——以赤峰市为例

第一节　2017 年赤峰市设施农业发展概况

一、2017 年赤峰市设施农业生产现状

赤峰市设施农业始于 20 世纪 80 年代，农民在庭院前后利用简单覆盖设备进行叶菜生产，属于自然发展期；80 年代中期，在农业部门的引导下，在城市周边郊区和农业综合开发项目区，模仿学习外地建造模式，首建日光温室和大棚，开始设施农业的生产。2017 年全市新建设施农业任务 20 万亩，其中日光温室建设任务 89 000 亩，食用菌建设 31 000 亩，塑料大棚建设任务 80 000 亩，落实于 12 个旗县区。截至 2017 年 6 月底，全市设施农业开工面积 17.38 万亩，完成面积 9.8 万亩。其中，日光温室开工 7.7 万亩，新建墙体面积 2.9 万亩，完成面积 2 675 亩；塑料大棚开工 7.44 万亩，完成 7.38 万亩；食用菌完成 2.18 万亩。

经过几年的发展，赤峰市设施农业在数量、产量、效益上均取得了显著成效，表现在以下方面。

（一）区域化种植初具规模

赤峰市设施农业以抓好规模小区建设为重点，以规模求效益，以规模拓市场，相对集中的规模小区不断出现。

（二）经济效益明显提高

赤峰市设施蔬菜生产实现了由一季生产向多季生产、一季增收向四季增收的转变。各地因地制宜，根据市场需求不断优化种植茬次茬口，极大地提高了种植效益，日光温室大宗蔬菜年亩纯收入达到 5 万元，塑料大棚年收益 1 万元左右，设施蔬菜生产已成为增加农民收入的新亮点。在以蔬菜生产为

主要种植模式下调整设施农业内部结构，大力发展油桃、葡萄、薄皮甜瓜、食用菌、鲜切花卉等多种种植模式，设施农业向多元化发展，开拓设施农业增收新途径。

（三）产业链条逐步延伸

2019年全市蔬菜交易市场37个，年交易能力144万吨。蔬菜瓜果经济合作组织57个，蔬菜经纪人达到0.6万人。各类贮藏保鲜库138个，蔬菜大中型加工企业17个，消化新鲜蔬菜3.73万吨，初步形成了产加销、贸工农一体化的产业化开发态势。主要形式：一是龙头加工企业与大型批发市场带动型，使市场、企业与农民之间通过契约或合同等形式，建立稳定的系统和利益分配关系；二是"公司＋农户"、股份制等一体化经营形式；三是各种经济人队伍、协会组织。流通的主要方式：产地收购、大型批发市场交易、批发市场和集散地销售、农民直销、专业运销组织等。

（四）蔬菜销售网络和品牌建设不断加强

赤峰市已经在北京、上海、广州、山东等大中城市和满洲里、二连浩特等口岸建立销售网点，赤峰市的设施蔬菜不但打入京、津、冀等16个省市区的国内市场，还远销到日本、韩国、俄罗斯等国外市场。全市共有173家经济作物农业合作社，具备无公害认证的近百家，有22个无公害蔬菜品牌获得商标认证，大壮、蒙新、椒满枝头、梁泉、鑫百灵等一批蔬菜、食用菌品牌出现，提高了农产品的知名度。

（五）设施建造更加科学、安全、合理

设施农业选址更加合理，尽量选在非耕地或坡耕地上，以便最大限度地节约土地；科学规划设计，尽量降低园区水电配套投资。日光温室建造主要以经济适用型节能温室为主，为提高土地利用率，跨度由过去的6.5米增加到8.5米。采用机械构建土墙体与钢筋拱架建造的日光温室，减少甚至不使用一些掺杂、掺假，以假充真、以次充好、以不合格产品冒充合格产品的设施用料，杜绝棚室建造质量隐患。同时，新建棚室采用双层覆盖，实现越冬生产。做到当年规划、当年建造、当年投产、当年见效益。

（六）工厂化育苗发展迅速

总投资1.2亿元、规划占地1500亩的赤峰和润农业高新技术产业开发有限公司，一期工程年可提供优质种苗2000万～3000万株，现在已有以色列、美国、荷兰、日本、澳大利亚等多个国家的跨国种业公司和研究机构入驻。在全市各地还有11家小型育苗工厂，为农民提供优质种苗。

（七）设施蔬菜种植科技含量逐步提升

在设施农业栽培中，根据赤峰地区特点和市场需求，主推了"253"集成配套技术。重点包括推广优良品种和优型棚室结构；高效化茬口技术、集约化育苗技术、标准化栽培技术、水肥一体化技术和棚室管理机械化；大力推广绿色防控技术、棚室环境调控技术和抗土壤连作障碍调控技术。全市设施农业栽培的新品种应用率达98%以上，新技术应用率达80%以上。标准化生产"253"技术在设施农业生产中的应用极大地提升了设施农业的科学技术水平和科技含量，提高了设施农产品的产量和品质，促进了农民增收，从而保障了设施农业的健康发展。

（八）特色种植健康发展

为加快优质农产品基地建设，丰富设施农业种植结构、发展高端高质高效特色农业成为重要着力点，有机蔬菜、特色水果、鲜花和鲜切花卉种植以及中药材的种植，为赤峰市设施农业走出了一条以高效特色农业助推农民致富的新路子。红山区积极引导农民调整设施农业产业结构，发展特色水果种植，全区新增设施花卉、特色水果种植园区7处，共达到11处，面积近千亩，发展蝴蝶兰、海棠、凤仙、仙客来等鲜花，玫瑰、非洲菊、金鱼草等鲜切花卉以及美国红提、火龙果、草莓等特色水果，效益喜人。2019年全市花卉种植达6 000多亩，产值约11亿元；葡萄、油桃、火龙果等特色水果种植面积1.28万亩，产值约8 000万元，食用菌新增3 000万袋、盘，共计13 000万袋、盘，总产值约10亿元。

二、赤峰市发展设施农业的优势

（一）区位优势

赤峰是蒙冀辽接壤地区的物流中心城市，毗邻北京、天津、辽宁、河北，距离特大中心城市较近，生产的反季节蔬菜具有广阔的市场。2011年，全年蔬菜外销量为309.7万吨，占全市农产品产量的47.9%。随着交通设施的不断完善，赤峰到北京等周边大城市的交通运输越来越便利，赤峰周边城市和地区淡季蔬菜需求量也在增加，市场潜力很大。

（二）自然条件和生态环境

赤峰地处中温带半干旱大陆性季风气候区，全年平均日照时数2 800～3 100小时，≥10℃积温平均在1 800～3 400℃，是典型的一季作物生长区。年平均降水量350～450毫米，光照充足且雨热同期。全年有

6 个月左右的时间不能进行正常露地农业生产，通过发展设施农业可充分利用冬春的光热资源和闲置的土地。同时，赤峰市生态环境优越，污染少，适宜发展绿色无公害设施蔬菜。

（三）技术优势和群众基础

经过近几年的发展，全市已初步形成县、乡、村、科技示范户、科技园区等科技推广和示范网络。设施农业发展区域现有农业技术人员 800 多名，农民技术员 300 名，科技示范户 860 户，能够比较熟练掌握设施农业建设和生产技术的农民达 10 万人。设施农业已越来越被广大干部群众认可和接受，农民发展设施农业积极性普遍提高。在设施农业栽培中，根据赤峰地区特点和市场需求，主推了设施 "253" 集成配套技术。技术的实施使全市设施农业栽培的新品种应用率达 98% 以上，新技术应用率达 80% 以上，蔬菜标准化生产水平得到大幅度提升。

（四）土地和劳动力资源优势

赤峰适合发展设施农业的土地资源十分丰富。据调查，全市适合发展设施农业的旱平地和旱坡地有 500 万亩以上，通过发展设施农业，这些土地可变成旱涝保收的良田，能显著增加农民收入。赤峰市现有 340 多万农业人口，农村劳动力 76 万人，发展设施农业可以变冬闲为冬忙，充分利用农村剩余劳动力和剩余劳动时间，增加农民收入。

（五）品牌化发展和销售网络初具规模

随着设施农业的发展，全市产销网络初具规模。全市乡镇产地批发市场众多，其中成规模蔬菜产地批发市场 37 处；销地蔬菜建设中，在北京、山东、广东、满洲里、二连等大中城市和出口岸建立销售网点。赤峰市通过自治区认定的无公害蔬菜生产基地认证面积达到 100 万亩，有 20 个种类无公害蔬菜标准化生产技术规程通过鉴定，建立了地方蔬菜标准化生产规程；宁城县和松山区被农业部确定为无公害蔬菜标准化生产示范县。赤峰市蔬菜、瓜果在国家市场监督管理总局注册了 "绿源" "蒙新" "兴源" "兴绿" "水帘洞" 等十几个商标，品牌化发展取得极大的进步，设施蔬菜已远销到北京、上海、广东等国内16 个省市和俄罗斯、日本、韩国等国家和地区。

（六）组织推动和企业带动

2004 年以来，市委、市政府把设施农业建设作为农业生产的重点工作，各级政府成立设施农业建设领导组织，逐级落实任务职责；制定并出台了相关的优惠和扶持政策，引导、鼓励市内外企业和社会资本投入设施农业建设。根据市场需求，引进、培育蔬菜生产加工企业 17 家，建设工厂化育苗中心 12 处，年可提供优质种苗 5 500 万株。赤峰新新杰果菜保鲜有限公司是赤峰市较大的一家蔬菜加工企业，集蔬菜运输销售和脱水加工于一体，拥有冷库 21 座，容量 7.5 万吨，年加工销售蔬菜 7 万吨，发展蔬菜种植基地 50 000 余亩，带动 20 000 余农户，"蒙新"牌系列保鲜蔬菜和脱水蔬菜销往山东、福建、广东等沿海城市及港台地区，并出口到日本、俄罗斯、东南亚等国家和地区。

三、经验总结、存在的问题和以后的发展思路

（一）赤峰市蔬菜产业特别是设施农业建设的成功经验

（1）实行"一把手"工程，实施专项推进。实践证明，在现阶段市场机制发育不完善，农牧民认识水平有限的情况下，实行政府引导和推动产业建设是可行和有效的。在推进蔬菜产业特别是设施农业建设过程中，全市各级各部门紧紧抓住自治区党委政府大力支持的重要机遇，将设施农业建设列入重要议事日程，高度重视，切实加强了对此项工作的组织领导。主要领导亲自抓，分管领导具体抓，业务部门实地抓，层层落实"一把手"责任制，实行一票否决，并制定和出台了切实可行的政策措施，促进了产业规模和产业水平扩大与提升。

（2）建立了以财政资金（包括项目资金和配套资金）为引导，信贷资金做保证，农民自筹为主体，企业和集体投入为补充的融投资机制。为确保完成每年市委市政府提出的设施农业建设任务，市政府与承担建设任务的旗县区政府签订责任状，按承担任务多少确定配套资金数量。各地区出台优惠政策吸引企业和个人投资建设，同时要求所有涉农项目资金向设施农业倾斜。在争取信贷资金上，采取连户担保、奖励信贷部门和财政贴息等多项措施，保证了建设资金需求。

（3）充分调动农民自觉发展设施农业的积极性。农民是产业建设的主体和最终受益者。提高农民认识，调动他们自觉发展的积极性是产业持续发展的关键。对此开展了全市范围的"大学习、大讨论、大参观"活动，年组织上万人次到设施农业先进地区参观学习，带领农民看市场、看规模、看效益，通过考察交流，农民看到了设施农业的发展前景，增强了发展信心和决心，提高了农民的认识程度和自觉发展的积极性。

（4）做好技术指导服务，解决好农民发展设施农业的后顾之忧。一是着力抓好科技服务。各相关部门把工作重点延伸到设施农业技术服务上来，落实

技术措施和指导人员，做好农民技术培训，组织好种子、种苗供应。同时，加强信息服务，利用各种途径，拓宽信息渠道，为菜农提供市场需求、商品流向、价格趋势、技术发展等多种信息服务，努力解决好农民建设和生产中的实际问题。二是按照市场需求安排品种和茬次。坚持依托国内市场，通过对全国各大市场和产地的深入了解分析，选择种植品种，安排好上市时间，提高经济效益。

（二）存在的问题

1. 资金短缺，发展后劲不足

设施农业要发展，要投入建设，资金短缺就成了今后在发展设施农业中亟待解决的一大难题。从目前赤峰市情况看，各级政府扶持和补贴资金不足建棚投入的1/3，农民收入水平低，农牧民资本积累有限，大部分资金需要农牧民自筹，再加上生产资料涨价，农牧民在棚室建设投入上存在着很多困难。贷款困难，主要是申请贷款的手续比较烦琐，贷款担保和抵押难以落实，信贷资金投入有限，赤峰市投入设施农业信贷资金不足亿元，不到资金需求量的1/5。

2. 土地流转问题

设施农业是规模化、产业化发展模式，棚室建设过于零散，水电成本相对提高，同时不便于技术指导和管理，很难形成规模效应。设施农业小区规划需要一定规模的集中连片土地，赤峰市各地普遍存在土地调整难度大的问题，主要原因就是粮食价格呈恢复性上涨，国家取消农业税，实行种粮补贴，土地收益不断增加，农民惜地意识增强，不愿轻易把自己的土地交换流转出去，造成土地流转困难。

3. 基础设施问题

赤峰市农业基础条件较差，农业综合生产能力提高缓慢，与设施农业对水、电、路等基础建设的较高要求不相符。在规划建设选址时，往往受到原有地段有效水浇地少、水利设施不完善不配套等客观条件的影响和限制，无法满足当地农民对发展设施农业的需求，造成了规划布局往往在城郊区安排较多、川坡区布点较少，制约了设施农业的进一步发展。

4. 生产效益的问题

设施农业是属于高投入高产出，集资金、技术、劳动力于一体的密集型产业。由于农民的科技文化素质较低，农业科技知识欠缺，其制约了设施农业效益的提高。传统农业的种植方法已经不适合这个产业的需要，有些农户对农业科技知识掌握较少，造成管理粗放，制约了棚室效益的提高，同一地段、同种作物、同类棚室的收入高的可达2万～3万元，低的只有3 000～5 000元，巨大的生产效益差别对设施农业规模发展造成一定负面影响。

5. 技术服务的问题

随着设施农业规模的不断扩大，技术力量越来越满足不了产业发展的需要，技术服务有时出现缺位现象，影响了设施农业整体水平的提高。同时，全市农业技术人员不足，培训手段和方式比较落后，信息网络和市场建设相对滞后，而且技术服务在生产时间的跟踪上存在着重产前、产中服务，轻产后服务的现象，对农产品的储运、保鲜、包装、加工等各个后续环节缺乏应有的技术指导和信息服务。

6. 冷链建设滞后问题

赤峰市蔬菜冷链建设处于初级阶段，据不完全统计，全市仅有9家蔬菜冷链企业配有冷库设施设备，8处蔬菜批发市场拥有冷库建设，7个蔬菜专业合作社有冷藏作业能力。蔬菜物流作业粗放，以散装、散卸、散存、散运的传统粗放型物流作业为主，分级简单，包装简陋，形质效果差；且多以常温物流形式为主，农产品保存时间短，价值增值空间小，蔬菜不具备保鲜和远途运输的条件，这是制约设施农业发展的重要因素。

7. 产品质量问题

农民进行标准化生产的观念不强，对农产品的质量安全意识、优质品牌意识较差，甚至为减少虫害，在生产中违规施用禁用农药和化肥，农产品药物残留严重。这种"精细"农业的"粗放"管理，重"产量"而不重"质量"的不协调现象，导致赤峰市设施农产品质量不高，知名品牌不响，市场占有率低。由于产品质量缺乏竞争力，价位较低，经营效益受到严重影响。

8. 地区间发展失衡问题

有些地方群众对设施农业缺乏足够认识，干部不重视设施农业发展，不敢投入，怕费事，抗市场和自然风险能力较弱，没有建设棚室的积极性；还有部分地区有些农牧民等、要、靠思想浓厚，发展设施农业的信心不足，出现各地区发展设施农业不平衡现象。

（三）以后的发展思路

当前和今后一个时期，推进赤峰市设施农业发展要深入贯彻落实科学发展观，以市场需求为导向，着重品牌建设，形成规模生产；丰富设施农产品种类，调节产业结构，增加新的亮点；改善生产条件，科学规范生产管理，提升设施产品质量和安全水平。以强化科技创新为支撑，加强技术集成配套，通过试验示范，加快先进技术在设施农业中的推广应用。针对旗县区不同发展状况，坚持因地制宜，把发展设施农业与推进特色优势产业结合起来，与推广旱作节水技术结合起来，以解决绝大多数农民群众设施农业增产增收问题为基本着眼点，真正把设施农业培育成全市农民增产增收的支柱产业、富有市场活力的区域特色优势产业。

第二节　2018年内蒙古自治区科技重大专项概况

一、赤峰市设施蔬菜土传病害项目研究

（一）项目概况

项目名称：赤峰市设施蔬菜土传病害快速生态综合治理技术研发与应用

主持单位：赤峰学院

合作单位：中国农业科学院植物保护研究所、北京启高生物科技有限公司、宁城县农牧局经济作物工作站、敖汉旗农牧局农业推广站、松山区大庙镇农业推广站、敖汉旗永芳家庭农场、宁城县联宁种养殖专业合作社、林西双赢农机专业合作社。

项目来源：内蒙古自治区财政厅、内蒙古自治区科学技术厅。

经费：680万=500万（自治区拨款）+180万（北京启高生物科技有限公司配套）。

年限：2018.7.1—2021.6.30。

（二）项目实施目标

设施蔬菜在赤峰市农业生产中具有重要地位。但生产中因长期单一种植和不良耕作措施而导致病原菌大量累积、土壤微生物区系严重恶化和地力极度衰退，表现为植株根系发育不良、叶片黄化和植株矮小等"亚健康"问题，以及根腐病、枯萎病、根结线虫病和疫病等多种土传病害的严重发生，严重影响赤峰市及蒙东地区设施蔬菜产业的可持续发展。

本项目基于在"全面病原学说"指导下对设施蔬菜土传病害发生原因进行全面、综合和辩证分析，联合中国农科院植保所、北京启高生物科技有限公司和赤峰市设施蔬菜主产区的农业技术推广部门和相关企业，开展如下工作：一是研究

土壤功能衰退的过程和趋势，开发病菌定量监测和病害快速诊断技术，建立土壤健康评价体系，开发作物病害快速诊断和预警技术；二是研发和筛选新型无公害仿生型有机硫土壤熏蒸剂，评价其应用效果，建立田间应用技术规程；三是完善粉红粘帚霉、淡紫拟青霉和枯草芽孢杆菌等高效防病促生菌的发酵和制剂加工工艺，开发其与熏蒸剂和有机肥的联合应用技术，探讨其在健康无病种苗繁育中的应用效果；四是根据赤峰地区土壤条件和目标作物营养需求，开发具保健功能的矿质营养水溶肥，提出施肥方案并评价其生态效应；五是集成土壤消毒、无病种苗利用、有益菌群重建、土壤有机改良和矿质营养管理等技术，形成"以作物为中心的设施蔬菜根系健康管理"技术体系，并进行试验、示范和推广。

　　项目实施后，提出并建立一套科学的土壤健康评价体系和功能衰退监测技术体系；获得安全、高效的土壤熏蒸剂2～3种；研制具防病促生效果的淡紫拟青霉、粉红粘帚霉和芽孢杆菌新产品3～4种，获得登记；研发具保健功能的矿质营养水溶肥1～2种，获得登记；形成包括土壤改良、土壤消毒、有益微生物应用和矿质营养管理等在内的设施蔬菜根系健康管理技术体系，并提出相应的田间操作技术规程；在宁城县、松山区、敖汉旗、元宝山区和林西县等设施蔬菜主产区建立示范基地5～6个，总面积1 500亩以上；技术实施后，各类蔬菜根病的发病率不超过10%，增产20%以上；申报发明专利3～5项，发表论文5～8篇，培训菜农和农业技术人员500人次以上。

二、项目需求分析

（一）技术突破对行业技术进步的重要意义和作用

　　设施蔬菜是赤峰市的支柱性产业之一，对农民致富和发展地方经济具有重要意义。截至2017年6月底，赤峰市设施农业面积达到141万亩。其中，日光温室91万亩，塑料拱棚50万亩，百亩以上小区721处，千亩以上小区181处，5 000亩以上小区31处，万亩以上小区9处。年产量420万吨，年总产值136亿元。主要种植作物包括番茄、黄瓜、辣椒、茄子等果菜类蔬菜。蔬菜产品除满足赤峰市人民消费需求外，每年外销量超过300万吨，主要销往北京、天津、辽宁、河北、锡林郭勒盟、通辽等地，为丰富赤峰市和其他地区人民菜篮子和提高赤峰市农民经济收入做出了重要贡献。但设施蔬菜生产高投入、高产出和对土地超负荷利用等特点，加之赤峰市设施蔬菜的生产条件和管理水平仍然不高，导致连作障碍问题突出和土壤退化严重，尤其是土壤微生物区系恶化，包括枯萎病、根腐病、黄萎病、疫病和根结线虫病等在内的多种土传病害病原在土壤中大量累积，有益菌群数量大大降低，蔬菜土传病害日益严重，每年因此导致的损失超过 30 亿元。而菜农为维持一定的产量和经济效益，又不断加大化肥和农药等化学品的投入，造成蔬菜农药残留增加和品质下降，对食品安全和公众健康造成严重威胁。上述问题已经严重制约了赤峰市设施蔬菜产业的可持续发展，因此如何有效控制土壤健康状况的恶化、维持和改善土壤的肥力状况、减少土传病害的发生，从而减少化学品的投入，已成为赤峰市乃至我国设施蔬菜生产可持续发展亟待解决的重要问题。

按照"全面病原学说"，申报人认为赤峰乃至全国各地设施蔬菜土传病害之所以严重发生，一方面是由于传统"病原物"的大量累积和侵染，另一方面是长期掠夺性经营和不合理的耕作措施导致土壤有机质含量大幅下降、物理结构变差、矿质营养严重不平衡和"害菌"增多，植株长势衰弱。本课题基于上述对病害发生原因的再认识，在防治策略上试图建立"以作物为中心的设施蔬菜健康综合管理系统"，而非传统的"有害生物综合治理"。其目标，一方面是设法减少传统"病原物"的数量累积和侵染。同时，更注重改善设施蔬菜土壤的物理、化学和生物学性状，从而增强寄主抗性和促进生长。在具体措施上，本项目围绕土壤消毒、无病种苗利用、土壤有机改良、有益微生物群重建和矿质营养管理等内容，开展相应的技术和产品的研发、改进、集成、示范和推广。与以往的防治措施相比，具有效果好、速度快、效益高等优势。其成功实施和广泛推行不但可有效解决赤峰地区设施蔬菜的土传病害问题，对全国其他地区同类问题的解决也有重要借鉴意义。

（二）土传病害国内外现状和技术发展趋势

土传病害是一类重要植物病害，对农业生产危害严重。世界各地均有发生，在中国、日本、韩国和印度等人多地少、土地复种指数高、利用强度大的国家发生尤重。在美国、澳大利亚等人少地多的国家，由于农产品供需矛盾小，具备休耕轮作的条件，土传病害发生较轻。设施农业由于是一种高度集约化的农业，土传病害的发生在世界各地均重，在我国各地的温室栽培中已经成为影响园艺生产的最重要的障碍。

但病害防治理论和实践远不能满足现实生产需求，难以应对生产中严峻的病害问题挑战。近代植物病理学是建立在著名的"病原学说"基础之上的。该学说是 19 世纪最伟大的科学发现之一，为现代医学、兽医学和植物病理学奠定了基础。但过分强调病原物的作用就走上了机械唯物论的胡同，阻碍了对病害发生原因的全面准确认识。这种片面认识直接决定了病害防治的指导思想，那就是一切防治措施的目标皆指向病原物，意在抑制、杀死或压缩其生存空间，并求绝对防治。杀菌剂的种类尽管花样繁多，但其机理不外乎杀菌或抑菌，很少考虑增强寄主抗性，更不可能顾及环境的改善，以至在很多情况下病害防治基本等同于药物喷撒。杀菌剂的大量使用造成了对病原物生存空间的过分压缩，最终引发了病原物抗（耐）药性水平的不断提高和众多化学农药使用价值的丧失。抗病品种是病害防治的另一支柱性手段，因经济有效而备受青睐，但仅对由寄生性较强的部分所谓"高级寄生物"引发的病害有效。对普遍发生的由多病原复合侵染引发的病害，欲培育抗病品种存在技术上的困难；对占比很高的由弱寄生物引发的各类溃疡、腐烂、死棵、矮化、黄化和长势衰弱等病害并未发现所谓的抗性基因；对有"害菌"参与其中而发生的植物"亚健康"问题更是无能为力。农作防治中的轮作、培育无病种苗、调节播期、清洁田园和高温闷棚等措施目标均指向病原物，其效果毋庸置疑，但也只是对部分病害有效。至于针对原本是自然生态系成员的所谓"病原"而进行的检疫和砍光杀尽的做法更是徒劳无益。由此看来，建立在"病原学说"基础之上的病害防治思想和措施，虽然在过去的百余年间在农业生产上发挥了巨大的作用，但远不能满足现代农业生产，特别是设施园艺生产中对植物保健的需求，必须予以修正、补充和完善。20世纪60年代后，随着生态学观点在植物病理学中的渗透，人们开始逐步对病害的本质和防治理论进行反思，提出了许多包括生物防治、预防为主、综合治理和经济阈值等在内的一系列令人耳目一新的概念和措施，但尚需加强和拓展。

　　我国的设施蔬菜生产虽然对满足国民的食品需求贡献巨大，但基本可认定其是一种对土地和自然资源的掠夺性经营。连年大面积单一种植导致生态系统的极度脆弱；只用地不（少）养地的做法导致土壤有机质含量大幅下降；长期大量施用化肥致土壤理、化、生物学性状严重劣化；偏施大量元素致中微量元素严重缺乏。在这种环境下生长的作物虽不致立即死亡，但已处于严重的衰弱和"易感"状态，那些量大且广、原本并不致病的"病原物"就会乘虚而入，引发诸如腐烂、黄化、早衰等症状，并导致产量下降和品质降低。依靠加量施用化学农药和化肥，虽仍可勉强维持一定的产量，但成本高居不下，副作用明显。因此，对我国当前设施农业生产中的众多病害而言，环境可能起着比"病原"更重要的决定性的作用，所谓的"病原物"的"侵染"可能只是病害的结果，而并不是病害发生的真正原因，或者至多只是病害发生的条件之一。病害之所以发生，完全有可能是由于植物体质发生了异常所致。这与医学上的感冒、上火、老年性肺炎等疾病类似。由此进一步引申今后对病害防治的指导思想应是"有所为"和"有所不为"。"有所为"即不放任病害的发生和泛滥，而是要采取措施减轻病害的发生和保证一定量的农产品产出。"有所不为"即要正确对待"病原物"的存在，学会与"病原物"和平相处，而非赶尽杀绝这种既没有必要也不可能做到的做法。在具体防治措施上，最重要的是采取各类理、化、生物和农作措施或其综合使植物保持在一个健康生长的状态，而不是一味地把目标锁定在杜绝和消灭"病原微生物"上。因此，如何调控环境、增强长势和提高作物对病害的整体抵抗能力，从而使作物避免被"感染"，应是治理此类发生普遍而严重的病害的正确途径。

三、现有工作基础

（一）国内外相关技术、知识产权和技术标准的现状与发展趋势

对设施园艺生产中的土传病害防治，国内外已做过大量的防治技术研究。归纳起来，大致有如下几个方面。

源头控制：包括研究有害生物的发生和传播规律，建立必要的法规、制度和管理措施，阻断和减少其传播，避免进入农田；采用相关的技术措施，对各类污染源进行无害化处理；等等。

土壤自然修复：依靠土壤生态系统的自洁能力，通过休闲与合理轮作达到修复之目的。但该种修复方法需时较长，短则数月，长则数年甚至数十年，而设施蔬菜生产的高度集约化经营特点使该类措施的推行非常困难。

土壤消毒处理：包括化学药剂熏蒸处理、日光消毒、高温蒸汽和热水消毒、生物熏蒸和土壤还原消毒等，是国内外研究的热点。溴甲烷是世界上公认的高效土壤熏蒸剂，但该化合物显著破坏大气臭氧层，发达国家和发展中国家已分别于2005年和2015年全面淘汰。日光消毒是一种重要的无公害消毒办法，在以色列等国家研究较多，并大力推行。国内也在局部地区推行使用。但该方法受多种因素制约，如气候因素、播期因素等。高温消毒虽安全有效，但要消耗大量的能源、人力和物力，成本太高，在我国难于大面积推广。生物熏蒸法是指利用某些植物材料降解后所产生的挥发杀菌物质控制土壤有害微生物的方法，该法同时能增加土壤肥力、提高有机质含量和控制草害，而且无药害和污染。本课题组成员已建立了相应的研究技术，并筛选出了一些有效的生物熏蒸植物材料。土壤还原消毒法是近年在日本发展起来的一种新型的消毒办法。其主要原理是将适宜的农副产品废弃物混入土壤中，然后灌水、盖膜和利用日光加温，在有机物发酵过程中产生的高温和杀菌物质可将部分病原微生物

杀死，同时亦可增加土壤有机质、改良土壤理化特性和提高土壤肥力。该法同时具有废弃物再利用和无污染等多方面的优点。目前，国内也已开展这方面的工作，但需要在有机物的选择和改良、促进腐熟和防止杀菌气体扩散等方面做进一步的改进。

生物防治技术：利用有益微生物抑制或消除土壤有害微生物在国内外已有大量研究和报道。部分微生物制剂已经商品化，如在美国用于防治丝核菌引起的立枯病和腐霉引起的猝倒病的绿色粘帚菌产品 SoilGard，在以色列开发的用于防治蔬菜萎蔫病、猝倒病和根腐病的哈氏木霉制剂 Trichodex，在欧洲研发的 Primastop 和 Superesivit 等。国内也已开展了大量的相关工作，先后研发出防治植物根部线虫病害和真菌病害的"植物保根菌剂""灭菌宁""灭线灵"和"枯草杆菌 G3 菌制剂"等。但由于微生物制剂作用缓慢、稳定性较差、对环境要求较为特殊，其在生产中的大面积推行尚需努力。

化学防治：化学农药具有品种多、作用机理多样、高效、速效、使用方便、经济效益高等优点，使用方法包括种子种薯处理、土壤处理和根部处理。但对大多数土传病害，其防治效果并不理想，而且成本高，污染重。

土壤有机改良：主要指向土壤中施用新鲜的或堆制的动植物有机肥，以改良土壤的理化性质和生物学特性，达到促进有益微生物增殖和减少有害微生物累积的目的。常见的有机改良剂包括新鲜绿肥、厩肥、堆肥、淤泥和经过处理的动植物残体和垃圾等。实践证明，施用合适的有机肥不但能够有效改良土壤结构，缓解盐渍化危害，而且可以显著抑制某些有害微生物的数量和减轻土传病害的发生。然而应该指出，这方面的研究目前大都并不深入，对其作用机理多数并不清楚，多数研究只是筛选一些廉价的有机废弃物，有些甚至是出于环保的目的而得到的一些附带结果，也有一些是经验之谈。

无机养分管理：关于植物营养与植物病害的关系，国内外已有大量的研究。普遍的研究结论为，植物病害的发生与植物营养的供应有着密切的关系。如缺磷能增加小麦全蚀病的发生，缺钾容易导致大孢链格孢对棉花的侵染并增加棉花叶斑病的发病率，缺钙豇豆易感染立枯病，菜豆易感染软腐病，十字花科作物易感染根肿病以及常见的茄果类脐腐病和白菜"干烧心"，缺铁引起各种果树和蔬菜的黄化病，缺硼甜菜易感染心腐病，锰含量达到一定浓度时可减轻菜豆病毒病、卷心菜根肿病、棉花枯萎病等多种病害的发生，硅对黄瓜、小麦、水稻、甜瓜、葡萄等多种植物的白粉病、猝倒病、稻瘟病、枯萎病、蔓枯病、灰霉病、锈病等的发生具有一定的抵御作用。

其他农业措施：主要包括不同科属作物之间、深根系与浅根系作物之间、水旱作物之间的轮作；选用抗病、耐病品种或选择具抗病性的砧根进行嫁接；改进栽培制度，如深沟高畦、合理密植、清洁田园、改变栽培时期、错开发病期种植、小水勤浇、避免大水漫灌等。这些农业防治措施对土传病害的防治均具有一定的效果，但多为经验。要发挥更大作用，需明确科学道理，并总结、改进和规范。

综上所述，国内外对设施园艺退化土壤的控制和修复尽管已做了大量的研究，但多局限于单一技术的研发和应用，其应用范围和效果有限，难以满足日益增长的土壤功能恢复需求。本课题将系统研究赤峰市设施蔬菜生产中土传病害发生的过程与趋势及其诊断技术，提出适合赤峰市蔬菜生产实际状况的健康土壤生态维护以及恶化土壤的生态治理理论，集成相关技术，构建适合赤峰市设施蔬菜安全生产的土壤健康生态治理和维护技术体系。这些技术和产品的创新与推广对促进赤峰市蔬菜产业的可持续发展、保障农产品安全、保护土壤环境生态以及增进大众健康具有重要的现实意义。

（二）项目涉及的行业共性技术、关键技术、公益技术分析，项目的技术难点和创新点

1.共性技术

基于"全面病原学说"而对赤峰地区乃至我国目前设施蔬菜土传病害发生原因的再认识，以上述观点为指导，建立"以作物为中心的设施蔬菜健康综合管理"技术体系，而非传统的"有害生物综合治理"；在具体措施上，涉及的行业共性技术包括土壤消毒、无病（菌）种苗利用、土壤有机改良和矿质营养管理等内容。

2.关键技术

土壤有益微生物群的构建和维护。

3.技术难点

（1）系列、高效、安全、无公害土壤熏蒸剂和熏蒸技术研发。

（2）长货架期有益微生物制剂生产加工技术。

（3）土壤中有益微生物群的生态调控技术。

4.创新点

（1）提出"以作物为中心的设施蔬菜健康综合管理系统"新构想。

（2）开展仿生异硫氰酸脂类和硫醚类化合物的制备及其缓释性颗粒剂的研发，并用于蔬菜生长期中有害生物的清除，国内外未见先例。

（3）开发淡紫拟青霉的微菌核制剂和粉红粘帚霉的厚垣孢子制剂，可有效延长其货架期，国内外未见先例。

（4）将植物益生菌剂组合应用于熏蒸后的土壤中，解决单用熏蒸剂消毒后土壤中有益微生物缺乏的问题。与其他防治手段相比，具有速度快、防效高且持久的特点。

四、项目目标、任务及分工

（一）项目目标

针对赤峰市设施蔬菜生产中因长期单一种植和不良耕作措施而导致的病原菌大量累积、土壤微生物区系严重恶化和地力极度衰退等问题，以及由此进一步引发的日益严重的根结线虫病、根腐病、青枯病、枯萎病等土传病害问题和根系发育不良、叶片黄化和植株矮小等"亚健康"问题，提出相应的快速生态治理和持续维护理论；研发出以快速"净化"、核心有益微生物群再建和健康持续维护为主要内容的治理技术体系，提出应用技术规程，为促进赤峰市设施蔬菜产业的可持续发展、保护环境和保障大众健康提供技术和产品支撑。

（二）主要任务及分工

以番茄、青椒和黄瓜等主要设施蔬菜为对象，针对生产中因长期连作、化学品投入过量和土地超负荷使用而导致的植株根系发育不良、叶片黄化和植株矮小等"亚健康"问题，以及因根结线虫、根腐病菌、疫病菌、青枯病菌、枯萎病菌和立枯病菌等病原物大量累积和侵染导致的土传病害问题，开展如下工作。

1. 土壤健康评价和功能衰退监测

从土壤微生物区系和土壤理化性状等方面入手，确立土壤健康评价的关键指标和健康等级划分标准，研究蔬菜设施栽培土壤健康功能衰退过程和趋势，提出治理阈值；开发重要土传病害快速诊断和病菌定量监测技术，研究土壤功能衰退预警技术，提出土壤健康快速诊断技术规程。

2. 无公害土壤消毒技术

无公害化学土壤熏蒸剂研发和筛选：在蔬菜移苗前，应用和评价项目组自主改性和生产的 N-甲基二硫代氨基甲酸钾（替换了钠的威百亩衍生物，可避免因钠而致的土壤盐渍化问题和提供钾肥）及传统土壤熏蒸剂大扫灭的灭生效果；生长期间，试用和测试仿生异硫氰酸烯丙酯（欧盟最近推荐使用）、二甲基二硫醚和二烯丙基二硫醚等品种的灭生效果；针对其对人畜刺激性大、使用不便和成本偏高的缺点，研发新型颗粒剂和水乳剂等剂型及其生产工艺，测定新剂型对主要靶标病原物的作用效果、半衰期、对不同作物及生长阶段的安全性和毒性等，为农药注册登记积累必需的资料；改进具有我国自主知识产权的高效、廉价、无残留的有机硫熏蒸剂四硫代碳酸钠的土壤处理技术；提出各种有效熏蒸剂的使用技术规程，实现土壤熏蒸剂品种的系列化、剂型加工标准化与应用技术的配套化。

日光消毒技术改进：在传统日光消毒的基础上，吸收和借鉴在日本推行的土壤还原消毒技术的优点；研究与有机物料和化学熏蒸剂的配合使用，以进一步提高效果，降低成本和减少化学熏蒸剂的使用。

3.有益微生物制剂生产和应用技术

完善具有自主知识产权的高效防病杀线促生菌株 Gliocladium roseum 67-1、Bacillus subtilis B6 和 Paecillomyces lilacinus YES 的发酵和制剂加工工艺，进一步提高发酵水平和降低生产成本；特别从厚垣孢子和微菌核的产生和制剂加工方面研究产品的货架期延长技术。

简化"温室土壤中秸秆降解的生防菌强化技术"，提高机械作业水平以减轻菜农劳动强度和降低实施成本；规范"生防菌剂与育苗基质复配技术"，明确防治效果；改进生物有机肥配方，提高防病改土效果；明确土壤消毒与有益微生物制剂联合使用的增效效果，扩大应用范围，以降低土壤熏蒸剂的使用量和提高生防菌的防治效果；研究具有不同功能和防病机理的微生物的复配技术，构建有益微生物群核心组合，明确治理效果。

4.矿质营养平衡施用技术研究和产品开发

开展赤峰地区设施蔬菜土壤养分状况调查；研究主要设施蔬菜黄瓜、番茄和青椒的需肥规律；据土壤养分状况和目标作物营养需求，开发具保健功能的矿质营养水溶肥，并提出施肥方案。

不同作物不同生长时期对养分的需求均存在差异，根据作物的需肥规律，开发含碳、氢、氧、氮、磷、钾、钙、镁、硫、硅、硼、锌、锰、钼、铁、铜、氯等元素的水溶肥料，采用矿源腐殖酸类产品与硝酸铵钙、硝酸钙镁、磷酸二氢钾、尿素等无机营养进行组配，明确不同作物不同生长期的需肥需求，开发出相应的水溶肥产品。

5."以作物为中心的设施蔬菜根系健康管理"技术体系建立、效果评价和示范

根据设施蔬菜生产的特点，将上述各单项技术进行组装配套，构建"以作物为中心的设施蔬菜根系健康管理"技术体系，制定相应的田间应用技术规程。在宁城县、松山区、敖汉旗、元宝山区、喀喇沁旗和林西县等设施蔬菜主

产区建立示范基地，进行技术示范、培训与推广。从产量、品质、投入产出比、生态效益、社会效益等多角度综合评价应用效果。

6.技术路线

项目的技术路线如图 6-1 所示。

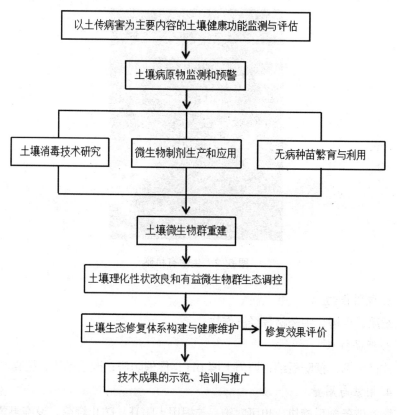

图 6-1　土传病害技术路线

第三节　项目研发产品及使用技术

一、有机菌肥系列

主要用于改良土壤，恢复土壤的团粒结构，提高土壤肥力，抑制有害菌增加有益菌，补充有机质。产品有生物有机肥、防病微生物菌肥。

197

（一）生物有机肥（颗粒）

1.指标

有机质≥45%，氮磷钾≥5%，有效活菌数0.5亿／克，含钙、镁、硫、硼、锌、钼等中微量元素（图6-2）。

图6-2　生物有机肥

2.适用作物

蔬菜、果树、中药材等经济作物。

3.产品特点

改良土壤，预防板结；调节土壤pH；促根防病；改善品质，提高产量。

4.用法与用量

撒施或条施后旋耕，也可穴施，与根用土隔开，防止烧苗。设施果菜类蔬菜移栽、直播类作物、葱蒜类、洋葱或花卉等，全田撒施200～300千克／亩；果菜类蔬菜移栽或马铃薯块茎类穴施，50～70克／穴，150～200千克／亩。葡萄，种植行间沟施，300～500千克／亩，施后覆土。玉米、大豆、花生等，种肥30～50千克／亩。中药材，种肥或底肥300～400千克／亩。单独使用或与农家肥混用。

（二）防病微生物菌肥

1.指标

有效菌种为枯草芽孢杆菌和淡紫拟青霉。有机质≥45%，腐殖酸≥20%，含钙、镁、硫、硼、锌、钼、铁等中微量元素（图6-3）。

图 6-3　防病微生物菌肥

2.适用作物

蔬菜、果树、花卉、中药材等经济作物。

3.产品特点

促根防病，提高植株长势，增强对各种真菌、细菌、病毒等病害的抵抗能力；激活土壤，改良土壤微生态，通过微生物代谢活动，增加土壤团粒结构，改善土壤理化性状，提高肥料利用率；预防线虫，通过淡紫拟青霉和芽孢杆菌的共同作用，有效预防各类线虫的危害；提质增效，减少化肥、农药的使用量，显著改善产品品质，增加经济效益。

4.用法与用量

沟施、条施、穴施均可，翻地前撒施,80～160千克/亩。根据地力情况，可增加用量。

二、生物菌剂系列

（一）主要作用

防治土传病害，防治真菌和细菌的病害；养根护根，促生抗病；分泌内源激素刺激根系生长，同时产生菌素抑制有害菌繁殖；能够分解土壤中难溶性磷酸盐为根系提供营养；防治根结线虫。产品有复合微生物菌剂（水剂）、淡紫拟青霉（水剂）、克线散（淡紫拟青霉粉剂）、马铃薯种处理剂（粉剂）、育苗专用菌剂及根立清等。

（二）复合微生菌剂（水剂）

1.指标

有效菌种为枯草芽孢杆菌和粉红粘帚霉。有效活菌数≥50.0亿/毫升（图6-4）。

图 6-4　复合微生菌剂

2.适用作物

蔬菜、果树、花卉、中药材等经济作物。

3.产品特点

（1）防病促长。有益菌与有害菌争夺营养空间和生存空间，通过产生的抗菌肽、几丁质酶、抗生素等物质控制病原菌的生存。通过分泌的生长素、细胞分裂素、吲哚乙酸，促进生根，提高植物抗病力。

（2）活化营养。本品具有解磷溶钾固氮和促进中微量元素吸收的特有肥效，能提高肥料利用率，改良土壤，增加土壤有机质含量，保墒保肥。

4.防病范围广

可防治各类真菌性、细菌性病害，如根腐病、枯萎病、立枯病、猝倒病、青枯病等土传病害。

5.用法与用量

1 000～2 000毫升/亩，灌根或冲施。

在作物生长前中期使用，若地块土传病害发生严重，可增加用量。

（三）淡紫拟青霉（水剂）

1. 指标

有效菌种为淡紫拟青霉，有效活菌数≥20.0亿/毫升（图6-5）。

图6-5　淡紫拟青霉

2. 适用作物

蔬菜、果树、中药材等经济作物。

3. 产品特点

防治根结线虫、胞囊线虫、穿孔线虫、茎线虫，降低线虫大暴发概率；可兼治根腐病、立枯病、猝倒病等土传病害；分泌的代谢物，可促进作物的生长，产生菌素抑制有害菌的繁殖；能够分解土壤难溶磷酸盐，降低土壤中的盐分，有益根系的发育。

4. 用法与用量

淡紫拟青霉1～2瓶/亩，滴灌或冲施。根结线虫发生较轻或进行预防的棚室，随定植及缓苗水进行滴灌或冲施，1瓶/（次·亩），1次/30天。根结线虫发生严重的棚室，作物生长的整个生育期均可使用，且加大用量，2瓶/（次·亩），1次/20天，并可结合当地常规方法进行综合防治。

（四）克线散（淡紫拟青霉粉剂）

1. 指标

有效菌种为淡紫拟青霉，有效活菌数≥2.0亿/克。淡紫拟青霉和有机载体基质混合而成，淡紫拟青霉在土壤中萌发定殖后，通过寄生或毒杀作用直接杀死线虫卵或成虫（图6-6）。

图 6-6　克线散

2. 适用作物

蔬菜、果树、花卉、中药材等经济作物。

3. 产品特点

防效显著，可有效抑制根结线虫、胞囊线虫、穿孔线虫、茎线虫对作物根系的危害；可兼治根腐病、立枯病、猝倒病等土传病害；持效期长，菌体在根际土壤萌发定殖后，可长期存活，对根系起保护作用；具有促生作用，菌体代谢物具有促进根系和植株生长的作用。

4. 用法与用量

克线散 2～4 千克 / 亩，撒施、条施或穴施。本菌剂需按一定比例与商品有机肥、农家肥或细土充分混合使用。建议与淡紫拟青霉水剂配合使用，效果更佳。根结线虫发生严重的，可适当增加用量，或进行蘸根，或穴施。

（五）微生物菌剂

1. 指标

有效活菌数 ≥ 2.0 亿 / 克（图 6-7）。

图 6-7　微生物菌剂

2. 适用作物

蔬菜、果树、花卉、中药材等经济作物。

3. 产品特点

国家专利微生物菌，活性高，抗逆性强；喷浆造粒，生物包膜，技术领先；原料纯正，富含氨基酸、蛋白质、微量元素；改良土壤，防治病害，提高肥料利用率；增产增收，提高农作物产量和品质，绿色环保。

4. 使用方法

蔬菜、中药材、花卉、茶树，80～120千克/亩；大田粮食作物，40～80千克/亩；果树，幼树1～2千克/株，大树2～3千克/株。可沟施、穴施、全田撒施，根据地力可增减用量。

（六）育苗专用菌剂

1. 指标

细菌活菌数≥$1×10^{10}$/克，真菌活菌数≥$1×10^8$/克（图6-8）。

图6-8 育苗专用菌剂

2. 适用作物

蔬菜、果树、花卉、中药材等。

3. 产品特点

有效防治苗期枯萎病、猝倒病、根腐病、根结线虫病等病害；提高种子萌发率，促进根系发育和植株生长；改善土壤微环境，提高土壤肥力；增加对病、虫、低温等逆境的抵抗能力；有效缓解连作障碍。

4. 使用方法

将100克本产品添加到100千克育苗基质或者育苗土壤中充分混合均匀，即将本产品稀释1 000倍。应放在通风干燥处贮存，避免阳光直射；不能与杀菌剂混合使用，可与其他有机肥混合使用；避免与化肥长期接触。

（七）马铃薯种薯处理剂

1. 指标

有效活菌数 ≥ 50 亿/克（图6-9）。

图6-9 马铃薯种薯处理剂

2. 产品特点

防治多种真菌和细菌病害，对马铃薯粉痂病、黑痣病、黄萎病有很好的防治效果；产生多种生理活性物质，促进马铃薯根系生长发育，同时抗病、抗旱、抗寒；对地上部早疫病有防治效果；改良土壤微生态环境，有效缓解马铃薯连作障碍，改善薯块品质。

3. 用法与用量

拌种薯，亩种薯处理剂用量1千克，与适量滑石粉、草木灰搅拌均匀，切完的种薯将处理剂撒在种薯上用铁锹翻拌均匀即可，也可将种薯表面喷淋适量水使其湿润，然后将种薯处理剂均匀黏附于种薯表面，阴凉处晒干后，即可播种；蘸薯块，将薯块在本品的200～300倍稀释菌液中浸蘸1～2分钟后，晾干后即可播种。

三、矿质养分肥料系列

（一）主要作用

补充营养促生长；大量元素和中微量菌肥一体化，后期膨果抗病补充中微量元素的不足；改善品质，促早熟，早上市。

产品有灌根宝、果乐、冠菌灵。

（二）灌根宝

1. 指标

有效活菌数≥10亿/克（图6-10）。

图6-10　灌根宝

2. 适用作物

各类蔬菜、水果、花卉、中药材、茶树等。

3. 产品特点

改良土壤微生态，快速齐根壮苗，提高作物抗逆性；防治根腐病、枯萎病、青枯病、线虫病等土传病害引起的死苗烂棵，对灰霉病、霜霉病、白粉病等气传病害有一定预防效果；国家专利微生物菌，活性高，抗逆性强；生物包膜、营养有机螯合，技术领先；原料纯正，富含黄腐酸、氨基酸、微量元素；促进光合作用与营养物质积累，促进果实膨大与着色；提早上市，增产增收，提高农作物产量与品质，绿色环保。

4. 用法与用量

蔬菜作物缓苗后2.5千克/亩，开花坐果期5千克/亩，共10～15千克/亩，滴灌或冲施。中药材、花卉和茶树等亩用量10～15千克。大田粮食作物亩用量5～10千克。果树：幼树100～200克/株，大树200～300克/株。

（三）果乐

1. 指标

Ca+Mg ≥ 10%，N+K_2O ≥ 32%，K_2O ≥ 20%（图6-11）。

图6-11 果乐

2. 适用作物

各类蔬菜、果树、花卉、中药材及其他经济作物等。

3. 产品特点

螯合态，全营养，高吸收，快速补充氮、钾、钙、镁及微量元素；改良土壤结构，减少活性磷的固定，提高利用率，促进微生物活动；提高作物生根、抗冻、抗逆及对病害的抵抗力，有效预防裂果和畸形果；平衡营养，解决各类生理缺素症，促进作物代谢，促进果实膨大、着色；促花保果，促进光合作用，改善产品品质，提早上市，提高产量。

4. 用法与用量

作物开花坐果后使用，5～10千克/（次·亩），滴灌或冲施，根据土壤营养状况，酌情增减。可喷施，稀释倍数1 000倍，叶正反面喷施。作物整个生育期均可使用。

第四节 2018 年和 2019 年项目年终总结

一、2018 年项目年终总结报告

（一）计划

启动土壤健康调查，开展病菌定量监测和土壤健康评价体系研究；开展现有熏蒸剂和生物有机肥联合使用防效评价试验和新型仿生型有机硫熏蒸剂的合成；开展无病种苗繁育试验；进行生防菌中试发酵工艺的优化；进行生物有机肥和微生物菌剂的田间试验示范；启动矿质营养管理研究。

（二）目标

初步建立设施蔬菜土壤健康评价体系和土壤功能衰退及病害监测预警体系，开发病菌定量监测方法 2～3 种；开发安全、高效土壤熏蒸剂 1～2 种，提出相应的田间应用技术规程，对根结线虫的杀灭效果达 99% 以上，对枯萎病菌的杀灭效果达 95% 以上；获得功能性水溶肥 1～2 种；在宁城县、松山区、元宝山区等地培训菜农和农业技术人员 100 人次以上；建立试验示范基地 1～2 个，总面积 300 亩以上。

（三）项目具体进展情况

1. 合作单位

2018 年 9 月 29 日至 10 月 3 日对内蒙古自治区赤峰市各旗县区设施蔬菜种植情况和生产中存在的主要问题进行了实地调研。在喀喇沁旗考察了王爷府乡沿途的冷棚带以及番茄种植。冷棚番茄种植已近尾声，据站长介绍，由于采用有机生产，番茄品质高、口感好，产品供不应求。在赤峰市主要蔬菜基地宁城县，重点考察了宁城一肯中乡设施辣椒、茄子、番茄和黄瓜的种植情况，观摩了黄瓜嫁接技术。这里蔬菜总体长势良好，未发现明显发病症状，但普遍用肥量过高。在宁城县大双庙镇发现有零星根结线虫病。随后参观了松山区大庙镇公主岭设施农业园区，这里的设施蔬菜生产已具有一定规模，主要问题也是用肥严重过量。最后来到敖汉旗撒力巴乡，这里 2017 年才开始大力发展设施蔬菜生产，管理和生产技术还有待提高。

2. 土壤熏蒸技术研究与应用

（1）熏蒸剂和生防菌协同防病作用。为进一步提高防病效果，研究了熏

蒸剂棉隆和生防菌淡紫拟青霉联合防治番茄根结线虫病的作用。结果表明，联合处理与棉隆单一处理差异显著，对线虫病的防效分别为 63.6% 和 52.2%。棉隆熏蒸后番茄产量无显著增加，而生防菌处理以及熏蒸与生防菌联合使用后番茄产量明显提高。对土壤中根结线虫种群数量检测发现，番茄移栽 60 天后熏蒸 + 生防处理及单一棉隆熏蒸处理线虫数量分别为 39 J2/100 克土和 54 J2/100 克土，而淡紫拟青霉定殖数量要高于单独施用生防菌。说明设施大棚中采用棉隆熏蒸结合淡紫拟青霉菌剂能够显著降低土壤中根结线虫的种群数量，抑制根结线虫病的危害。

（2）新型有机硫熏蒸剂筛选评价。四硫代碳酸钠（STTC）是一类新型的有机硫熏蒸剂，溶于水后可迅速分解为对生物体有害的二硫化碳和硫化氢。为明确其在蔬菜土传病害防治中的作用及其安全性，进行了室内毒力测定，并通过温室盆栽方法，测定土壤中病原菌种群数量变化，评价药剂对蔬菜幼苗的安全性。结果表明，四硫代碳酸钠对辣椒疫霉病菌、黄瓜枯萎病菌、茄子黄萎病菌、番茄立枯病菌和蔬菜菌核病菌均有较好的杀灭活性，LD50 在 3.96～6.20 毫克 / 千克。当使用浓度为 80 克 / 米² 时，移植前处理土壤对辣椒疫霉病和黄瓜枯萎病的防效超过 80%。当浓度低于 900 微克 / 毫升时，熏蒸当日移栽，对辣椒、黄瓜、番茄、白菜和油菜幼苗均未显现毒害作用；在辣椒和黄瓜生长期穴施四硫代碳酸钠能有效降低土壤中辣椒疫霉病菌和黄瓜枯萎病菌数量。当浓度低于 5 微克 / 克时，对土壤脲酶和蔗糖酶活性影响表现为先抑制后促进，对蛋白酶影响表现为低浓度下活性增加，高浓度时先抑制后增加。结果表明，四硫代碳酸钠熏蒸剂安全有效，施用简便，可用于设施蔬菜防控各类蔬菜土传病害。

3. 微生物菌剂研发与应用

（1）生防微生物发酵工艺优化。

①淡紫拟青霉。对现有淡紫拟青霉菌株进行了 1 吨级和 10 吨级发酵罐条件下的发酵培养基及发酵参数优化，中试液体发酵工艺改进结果表明：在原有发酵培养基基础上少量添加无机盐 $ZnSO_4$ 和 $FeSO_4$ 均有利于加快分生孢子产生的时间和提高产孢量，产孢量分别提高 8% 和 12%；1 吨种子罐装量 600 升，发酵 24 小时后转入 10 吨发酵罐中，进行 2 级扩大培养，发酵 48 小时，通过对温度、转速、pH 的过程控制，新参数比原参数提高 31.5%。

② 粉红粘帚霉。对粉红粘帚霉原有培养基和发酵参数进行了优化，与原有工艺相比产孢量提高不明显，后续工作继续进行不同营养源的组配培养基筛

选和发酵工艺优化；为减少粉红粘帚霉在制剂干燥过程中菌体活性损失，开展了加工干燥条件研究。实验表明菌剂加工过程中不宜采用喷雾干燥、中高温烘干等手段，只能采用低于 38 ℃干燥技术；试验结果还表明，海藻酸钠对提高菌体干燥过程中的活性有一定作用；干燥过程中以菌饼厚度为 3 厘米时菌剂活性最高。

③枯草芽孢杆菌。开展了枯草芽孢杆菌的液体摇瓶条件下的培养基和发酵参数的优化，优化后芽孢的产孢量比原有摇瓶条件下提高了 50%，发酵时间由原来的 36 小时缩短到 33 小时。

（2）新产品研发。为扩大有益生防菌的防病谱，开展了细菌枯草芽孢杆菌与真菌粉红粘帚霉复配制剂的配方筛选，通过生化黄腐酸钾、矿源黄腐酸钾、加益粉、黄原胶、硝酸钙镁、无水硫酸镁、无机营养等载体和助剂之间的合理组配，开发出了一款可用于生长中后期追肥的全水溶菌剂产品。

开展了防病育苗菌剂的配方筛选工作，通过枯草芽孢杆菌、粉红粘帚霉、淡紫拟青霉及微量元素 B、Zn、Mn、Mg 等之间的组合配比，已形成 6 个配比组合，且在室内条件下进行了出苗率、促生长、防病（枯萎病、菌核病）方面的生测试验，在已有试验数据下枯草芽孢杆菌与粉红粘帚霉及微量元素组配的配方在促生长、抑制病害方面比枯草芽孢杆菌、淡紫拟青霉组合及粉红粘帚霉、淡紫拟青霉组合的 2 个配比的效果显著。

（四）存在问题

（1）实验室严格按照项目预算进行了仪器设备的购买，但是按照项目要求测定相关指标还需要大量仪器设备和实验耗材的匹配，导致只能就现有设备进行部分指标的测定，要完成项目任务要求测定的指标还有巨大的差距。

（2）因赤峰市不同设施基地生产计划不同、种植作物不同，只能根据不同地区实际情况开展相关试验，导致项目进度不能够一致，只能因地制宜、因时制宜地开展单项技术、综合技术以及新产品的试验示范。

（五）下一步计划

（1）建设赤峰学院经济作物营养与健康实验室，争取学校的支持，完成项目要求测定的各项指标。

（2）除核心示范区外，项目组还将在喀喇沁旗冷棚、松山区大庙镇公主陵设施园区暖棚、宁城县主要茄果类万亩设施园区等建设重要的试验示范区。

（3）组织 2019 年现场参观和技术培训。

（4）按照项目书任务完成 2019 年计划及项目要求的约束性指标。

二、 2019 年项目年终总结

（一）项目计划执行总体情况

（1）根据项目 2019 年计划安排及设定的阶段目标，获得发明专利 2 项，实用新型专利 2 项，申报发明专利 1 项；研发新产品 3 个；试验示范 1 000 亩，辐射带动 1.5 万亩；建立试验示范、推广基地 4 个；培训菜农和农技人员 10 场，人数 855 人；论文 1 篇；著作 2 部。基本完成 2019 年度各项计划和目标。

（2）项目任务与目标、计划安排、课题承担单位、课题负责人无调整。

（3）中国农业科学研究院植物保护研究所和北京启高生物科技有限公司课题预算无调整，赤峰学院承担课题预算有调整。

赤峰学院承担课题总预算 270 万，2019 年 6 月内蒙古自治区科技厅负责部门在重大项目预算系统审核经费预算时发现 21 万其他费用填报不合理，经与项目组沟通后，最终预算调整为 1.2 万用于其他，作为结项评审费等。其余 19.8 万中，15.8 万用于实验材料费，4 万用于出版印刷费。因经费自 2018 年 9 月到账，至经费调整时（2019 年 6 月）已发生其他经费的支出（用于宣传板、条幅、邮寄、办公等，共 27 109.3 元），经与校财务科室反复沟通，按照校财务规定，已发生经费无法严格按任务书最后定稿执行。因此，截至 2019 年 6 月，其他所剩经费 182 890.70 元中，15.8 万用于支付实验材料费，24 890.7 元用于支付出版印刷费。

（二）取得的进展、重大成果及其应用情况

1. 蔬菜土传病害生防菌剂研发与应用进展

（1）粉红螺旋聚孢霉高效生防菌株筛选。

① 拮抗真菌筛选。平板培养粉红螺旋聚孢霉和辣椒疫霉、瓜果腐霉、番茄灰霉、黄瓜枯萎病菌，在距 PDA 平板两侧 3 厘米处分别放置粉红螺旋聚孢霉和病原菌菌块，28 ℃对峙培养 7 天，测量不同来源的粉红螺旋聚孢霉菌株对各病菌的抑制率。结果表明，粉红螺旋聚孢霉菌株对几种蔬菜病原菌均有一定的抑制作用，但不同来源菌株之间存在较大差异。其中 3.3987、STY-2-3、SHW-3-1 菌株对辣椒疫霉拮抗作用最强，NHH-48-2、3.3987、HL-1-1、JXLS-1-1 菌株对瓜果腐霉抑制率最高，67-1、STY-2-3、SW-3-1 对黄瓜枯萎病菌抑制率较高，3.3987、JXLS-1-1、HLD-1 菌株对番茄灰霉病菌拮抗效果最强（图 6-12）。

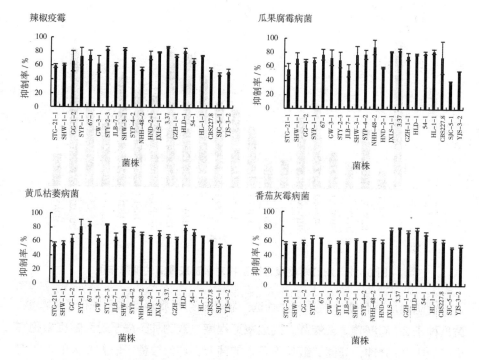

图 6-12 粉红螺旋聚孢霉对蔬菜生产中几种重要病原真菌的拮抗作用

②防治番茄灰霉病高效菌株筛选。将新鲜圣女果用1%NaCl消毒30秒，无菌水反复冲洗，风干，用消毒的细针刺2毫米深小孔，然后浸于粉红螺旋聚孢霉孢子悬液中，30分钟后取出，无菌滤纸吸取残留的菌液。取直径5毫米的无菌滤纸片贴在番茄表面，上面滴加10微升灰霉病菌孢子悬液，28℃培养箱中放置7天，调查病情指数，计算防病效果。结果显示，未经生防菌处理的圣女果表面布满灰霉病菌菌丝，而大多数粉红螺旋聚孢霉菌株对病害有一定的抑制作用，其中，67-1、SYP-1-1、STG-21-1、GG-1-2、GW-3-1等菌株的防效均达到80%（图6-13），显示出优良的生防潜力。

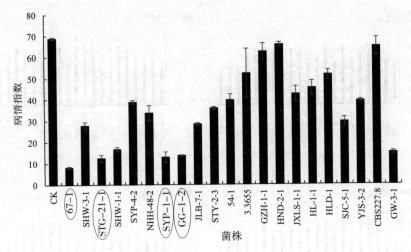

图6-13 粉红螺旋聚孢霉菌株对番茄灰霉病的抑制作用

③防治瓜果腐霉病高效菌株筛选。制备粉红螺旋聚孢霉菌株孢子悬浮液，黄瓜种子28℃培养3天催芽。挑选发芽程度一致的种子浸于粉红螺旋聚孢霉孢子液中30分钟，无菌滤纸吸干多余的菌液，均匀放置于培养5天的瓜果腐霉平板菌落边缘，3天后调查黄瓜幼苗发病情况。结果表明，不同来源的粉红螺旋聚孢霉菌株对腐霉病菌均有较好的抑制作用。接种病原菌后对照组黄瓜幼苗根部出现褐色病斑，生防菌处理后根部无发病症状或褐斑面积明显减少。JXLS-1-1、CBS227.8、GG-1-2、GW-3-1菌株对黄瓜幼苗腐霉病的防治效果均达到90%（图6-14）。

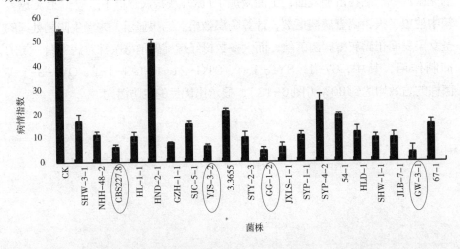

图6-14 粉红螺旋聚孢霉菌株对黄瓜腐霉病的抑制作用

2. 高效菌株培养条件研究

（1）碳、氮源和无机盐。碳源和碳浓度对粉红螺旋聚孢霉产孢影响较大。在以可溶性淀粉为唯一碳源的培养基中产孢量最大，其次为红薯淀粉。当培养基中可溶性淀粉浓度在 1.5% ～ 3% 时，随着碳浓度的增加产孢量不断升高；当浓度超过 3% 时，产孢量开始下降。

培养基中添加麸皮可以显著促进 GW-3-1 菌株产孢，其次为牛肉膏。以麸皮为氮源，随着浓度的提高产孢水平迅速上升，当浓度为 0.8% 时产孢量最大。

发酵过程中一些无机元素对粉红螺旋聚孢霉生长和产孢有很大影响。除了真菌培养常规矿物元素，添加一定量的 $MnSO_4$ 和 $CaCO_3$ 可以显著提高发酵水平。

（2）响应面试验。采用 Design-Expert 响应面软件，对单因子试验数据进行二次多项式回归拟合，获得产孢量对（A）碳源、（B）氮源、（C）无机盐添加量的二次多项式回归方程：产孢量 = －14.91 + 7.58A + 12.70B + 37.92C－0.24AB + 2.00 AC－5.15BC－1.21A2－6.81B2－155.90C2。由模型推测出培养基最佳浓度为碳源 3.13 %、氮源 0.84 %、无机盐 0.10 %。

对回归方程进行方差分析，F 值 119.52，$P<0.0001$。由 F 值得出，不同因素对粉红螺旋聚孢霉菌株发酵产孢的影响顺序为无机盐 > 碳源 > 氮源，其中无机盐和碳浓度对菌株产孢量影响极显著（$P<0.001$）。

3. 淡紫拟青霉微菌核制剂研发

（1）培养条件优化。YES 菌株培养 1 周，灭菌涂布棒刮取孢子，制备孢子悬液。制备微菌核诱导培养基，按 2% 浓度接种孢子悬液。28 ℃，180 转 / 分钟振荡培养，定时取样观察培养液中微菌核的形成状态，第 7 天时停止发酵，分别于普通光学和体视显微镜下对孢子和微菌核计数。结果表明，适当提高盐浓度有利于提高微菌核产量。

（2）微菌核热稳定性测定。比较淡紫拟青霉分生孢子和微菌核制剂对高温的耐受性。结果表明，高温处理下微菌核及其制剂的活性明显高于分生孢子制剂，40 ℃处理 24 小时，分生孢子制剂活性损失超过 60%，而微菌核制剂几乎没有受到影响。60 ℃加热 1 小时，微菌核活性迅速下降，但其制剂仍然保持极高的活性（图 6-15）。

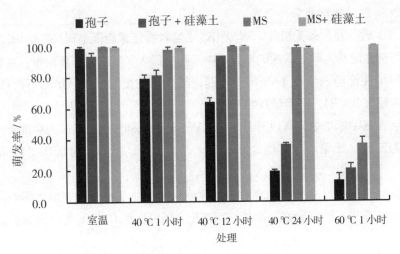

图6-15　淡紫拟青霉分生孢子和微菌核制剂的热稳定性

（3）淡紫拟青霉微颗粒的研制。根据真菌孢子不能长时间高温干燥的特性，开展了摇摆造粒与高效沸腾干燥相结合的微颗粒制剂的加工工艺研究，设定干燥温度为60℃和80℃，干燥效率高，干燥时间分别为8分钟和5分钟，含水量可迅速从50%下降至10%左右，颗粒均匀性好，强度适中，孢子存活率在测定中，待出结果后再确定是否进行工艺的优化或调整（图6-16）。

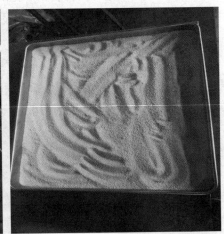

图6-16　淡紫拟青霉微颗粒的研制

4.芽孢杆菌B006后处理工艺改进和制剂研制

发酵液的后处理方式直接影响菌的存活。对芽孢杆菌发酵后处理工艺进行了改进，发酵液以稻壳粉、玉米芯、碳酸钙和硅藻土等不同物料及不同配比进行了吸附性试验，同时改进了干燥设备，将密闭静态加热烘干的方式改为排气式环流热风干燥的方式进行干燥，通过对比发现，排气式环流热风干燥方式最有利于芽孢的存活，存活率达95.5%。且该干燥方式可比密闭静态加热烘干的干燥温度 40 ～ 45 ℃提高 30 ～ 35 ℃左右，即烘干温度可达 70 ～ 80 ℃，烘干时间由 26 小时降至 12 小时，处理效率显著提高，后处理工艺降低成本达 25% 以上，效益显著（表6-1）。

表6-1　菌剂干燥方式对芽孢杆菌存活率的影响

处理	处理方式	活菌数（亿/克）	存活率（%）
1	室温阴干	38.3	25.5
2	放置 24 小时后，晒干	46.8	31.2
3	吸附后直接晒干	138.0	92.0
4	排气式环流热风干燥	143.3	95.5

注：活菌数值为 150 亿/克。

5.生防新产品研发

根据赤峰地区设施蔬菜的土传病害发生情况、土壤状况以及不同生防真菌、生防细菌的作用方式，结合黄瓜、番茄、辣椒、茄子等主栽蔬菜的生长营养需求和栽培管理特点，研发出根立清、沃根灵、冠菌灵 3 个微生物肥料新产品，已在多点、多作物上进行应用示范。主要表现为对常见病害，如根腐病、枯萎病、青枯病、立枯病、茎基腐病、疫病、软腐病等引起的死苗、烂棵、缺苗断垄等问题有显著的防治作用，且有利于作物根系的发育，促进植株的生长，提高了化学肥料的利用率，显著降低了化学农药的使用次数和使用量，单个产品使用增产幅度达 15% 以上。

6.应用技术

完善了以土壤消毒和有益微生物制剂应用为核心的蔬菜土传病害快速综合治理技术体系。熏蒸剂采用大扫灭，微生物菌剂包括复合微生物制剂（粉剂、水剂）、淡紫拟青霉菌剂等，示范作物包括黄瓜、番茄、辣椒、茄子、大姜等设施和露地蔬菜。应用该技术体系后，土传病害病情指数可以控制在 8% 以下，蔬菜增产 15% 以上。

7.有机硫土壤处理技术研发与应用

（1）新型仿生型有机硫熏蒸剂的合成及活性测定。室内合成了二甲基二硫醚（DMDS）、二烯丙基二硫醚（DADS）和异硫氰酸烯丙酯（AITC）等仿生型有机硫熏蒸剂，并测试了二甲基二硫醚、二烯丙基二硫醚、异硫氰酸烯丙酯、葡糖异硫氰酸苷（IthGl）和二硫氰基甲烷（BTM）等有机硫土壤熏蒸剂对土壤病原菌和线虫的灭杀作用。结果表明，异硫氰酸烯丙酯、二烯丙基二硫醚和二甲基二硫醚对线虫的作用较强，二硫氰基甲烷、异硫氰酸烯丙酯和二烯丙基二硫醚对真菌的作用较强，其效果与威百亩相当。采用熏蒸剂常规用量（20千克/亩）处理土壤，测试各药剂对不同蔬菜种子萌发的影响。结果显示上述药剂熏蒸对黄瓜、菜豆等多种作物的种子和幼苗没有明显伤害作用，说明该浓度下这些有机硫熏蒸剂可以有效杀灭病原微生物和线虫，但对植物无毒害作用，有望用于设施蔬菜土传病害的防控。

（2）仿生土壤熏蒸剂适用剂型研究。开展了二甲基二硫醚（DMDS，葱素）、二烯丙基二硫醚（DADS，蒜素）和异硫氰酸烯丙酯（AITC，芥末素）3种仿生土壤熏蒸制剂适用剂型的研发，研究了乳剂、粉剂和丸剂3种适用剂型，研制出了包括10%粉粒剂、40%～50%乳剂或液剂和10%大粒丸剂。

（3）蔬菜生长期中使用有机硫熏蒸剂的可行性研究。试验用的有机硫药剂为10%二硫氰基甲烷（BTM）和31.5%四硫代碳酸钠（STTC）。试验作物有黄瓜、番茄、菜豆和豇豆。采用根围土壤打孔灌注的方法进行试验。结果表明，BTM浓度在100微克/毫升以下、STTC浓度在400微克/毫升时，对试验作物均表现安全（表6-2）。

表6-2 BTM和STTC对生长期中作物生长的影响

作物	BTM浓度（微克/毫升）						
	400	200	100	50	25	12.5	0
番茄	D	DH	N	N	N	N	N
菜豆	D	HN	N	N	N	N	N
豇豆	DH	HN	N	N	N	N	N
黄瓜	D	DH	N	N	N	N	N

续　表

作物	STTC 浓度（微克 / 毫升）						
	1000	800	400	200	100	50	0
番茄	DH	HN	N	N	N	N	N
菜豆	DH	HN	N	N	N	N	N
豇豆	DH	HN	N	N	N	N	N
黄瓜	D	H	N	N	N	N	N

注：N代表正常，H代表叶色变黄，D代表死亡或濒死苗。

8.培训农户

（1）主持会议6场，会议人数449人。其中，1次会议为赤峰市经济系统科技人员，117人，1次为赤峰学院学生专场培训，90人，其余4次为宁城县大城子、敖汉旗萨力巴、红山区文钟镇、林西县统战部的设施种植户和项目试验示范户等242人。

（2）作为培训教师外出培训4次，培训人数483人。其中，1次为敖汉旗农民田间学校、萨力巴党建融合设施种植户培训，人数21人，2次为林西县设施种植户及新型职业农民培训，人数为282人（图6-17），1次为敖汉旗农牧局培训示范新型经营主体，人数180人。

图 6-17　培训农户

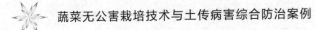
（3）赤峰学院学生专场培训及现场观摩。专场培训学生 90 人，培训时间为 2019 年 10 月 13 日上午 8:30～10:30。培训结束后，带领学生进行了设施冷棚果菜类蔬菜生物菌肥等全程应用及露地赤芍、西洋参、射干等药材、叶菜类蔬菜和花卉的土传病害生物防控试验示范现场观摩（图 6-18）。

图 6-18　赤峰学院学生专场培训

三、取得的效益

（1）以土壤消毒和有益微生物制剂应用为核心的蔬菜土传病害快速综合治理技术体系，以熏蒸剂彻底清洁发生连作障碍问题的土壤为切入点，辅助施入具有防病、促生功效的微生物菌剂，在黄瓜、番茄、辣椒、茄子、大姜等设施和露地蔬菜开展的示范试验表明，病害病情指数可以控制在 8% 以下，蔬菜增产 15% 以上。例如，在大姜重病地推行土传病害综合治理技术，采用土壤熏蒸结合有益微生物制剂的综合应用技术，结合全程节水控氮和平衡施肥等措施，实现了对姜瘟病、茎基腐病、根腐病、根结线虫病和白绢病等土传病害的有效治理，效果达 80% 以上，平均增产 43%，最高增产 64%。

（2）在原有加工技术的基础上，通过对载体和烘干工艺的改变，完善了枯草芽孢杆菌的制剂加工技术，后处理效率显著提高，后处理工艺降成本达 25% 以上，效益显著。

四、组织管理经验及产学研联合模式与机制

（1）主持单位与合作单位举行年初、年中、年终工作汇报与总结，按照

项目任务书进度和任务要求，及时沟通并查找不足，针对需要改进的方面和不足及时调整并改进。

（2）研发产品在实际生产应用中存在效果不明显、使用不方便等问题，及时与合作单位沟通并改进。例如，研发产品"果乐"最初为粒状，存在部分不溶现象，及时与公司沟通后，"果乐"改为粉末状，易溶于水，方便农户使用，取得良好的应用效果。

（3）遇到自己不能解决的问题，及时与学校、成员和合作单位进行沟通，研究解决方案和方法，开阔和完善研究思路。例如，实验如在二级学院实验室进行，影响二级学院正常教学工作，经与校领导沟通后，给予项目组1间实验室便于更好、更顺利地完成项目任务。校外基地远，试验数据不准确、不精确，且学生外出存在安全隐患等问题，学校在校园内建设1处冷棚用于实验数据有效、精准的采集和记录。针对赤峰市设施蔬菜种植面积广，试验示范工作如何做的问题，项目组和成员沟通后，确定建立1～2个核心试验示范区，2～3个推广应用区。

（4）推广工作因成员少、时间和精力有限，积极与各主要旗县推广站、经作站取得联系，与其工作任务相结合，进行农户的培训和研发新产品的试验示范和推广等任务。

五、存在问题及建议

近年由于耕作制度的改变，我国园艺作物的土传病害问题日益严重，严重影响产业的可持续发展。本课题通过一年多的研究虽然取得了一定的成绩，但需要解决的问题仍然很多。

首先，需要重新认识病害发生的根本原因，特别是应解放思想，摆脱传统病原学说的束缚，加强研究环境因子、田间管理水平和作物自身健康状况对土传病害发生的影响。这方面的研究应为今后此类病害的彻底解决提供新的思路和途径。

其次，应进一步加强相应的新型、高效、无公害微生物肥料、微生物菌剂、矿质营养肥料等功能性产品的研发，特别是应彻底解决真菌生物制剂货架期偏短的问题。

最后，论文和技术规程等成果形成较慢，2020年加强项目成果的产出与转化，注重项目社会效益和生态效益指标的产出。

第五节　土传病害综合防治案例分析及技术规程

一、宁城县必斯营子设施连作黄瓜根结线虫防治案例及技术规程

2019 年 1 月 31 日，内蒙古赤峰市宁城县必斯营子孙永合设施连作黄瓜发生根结线虫病，发病率 100%，黄瓜根结线虫病十分严重，病情指数达 90% 以上。此时正值 2019 年春节前期，黄瓜价格很高，当地平均市场收购价格 4.0 元／千克，整棚拔秧，减产 60%，农户损失严重。孙永合夫妇共管理 2 个黄瓜温室，据二人提供信息，2 个棚室当时均发生根结线虫病（图 6-19），其中一个棚室全棚刚拔除完毕，另一个棚室 1/4 黄瓜长至 60 ～ 70 厘米，3/4 黄瓜刚定植完成。根据当时情况，项目组对于拔除秧子的棚室、1/4 株高 60 ～ 70 厘米和 3/4 刚定植完棚室给出了不同解决方案和试验产品。

图 6-19　黄瓜根结线虫

对于刚拉秧的黄瓜棚室，具体方法为，在当地常规用肥的基础上，旋地前每亩施入 4 袋 1 千克／袋的"克线散"粉剂，旋地、作畦、覆膜、打孔、定植。从黄瓜定植时开始使用淡紫拟青霉，根结线虫发生严重棚室，2 瓶／（次·亩），20 天一次。根结线虫发生较轻或预防棚室，1 瓶／（次·亩），30 天一次。最后，视根结线虫控制情况，减少或停止使用。黄瓜缓苗后至根瓜坐

住前使用"灌根宝"壮苗促根，根瓜坐住后使用中微量元素肥"果乐"配合当地常规用肥进行冲施。使用项目组方案后，根结线虫棚室黄瓜田间长势及项目组成员回访如图6-20所示。

图6-20　使用项目研发产品和方案后黄瓜田间结瓜

（一）设施连作黄瓜根结线虫病田间防控技术规程

1.试验地点

内蒙古赤峰市宁城县必斯营子设施连作黄瓜棚室。

2.定植前底肥

以当地常规施肥为对照，在当地施用底肥的基础上，每亩施入4袋1千克/袋的沃丰康"克线散"粉剂，旋地、作畦、覆膜、打孔、定植。

3.定植

滴灌冲施沃丰康"淡紫拟青霉"（1 000毫升/瓶），1瓶/亩，浇足定植水。

4.缓苗至根瓜坐住前

缓苗时，滴灌冲施沃丰康"淡紫拟青霉"，1瓶/亩，密切观察黄瓜地上部长势、线虫病的地下和地上症状。同时，滴灌冲施2.5千克/亩的沃丰康"灌根宝"，壮苗促根抑病。缓苗后至根瓜坐住前，根据土壤墒情，随水冲施沃丰康"灌根宝"（5千克/袋），1袋/亩。

5.根瓜坐住后

以当地常规施肥为对照，在当地常规施肥的基础上，冲施沃丰康中微量元素肥"果乐"（5千克/袋），1袋/亩，隔一水用一次。在黄瓜整个生育期，减少当地常规施肥30%，至拉秧前期停止使用。

（二）设施连作黄瓜幼苗期根结线虫病防治技术规程

1. 试验地点

内蒙古赤峰市宁城县必斯营子设施连作黄瓜棚室。

2. 整个生育期处理方法

以当地常规施肥为对照，在当地施肥和用药习惯的基础上，在黄瓜生长前期，滴灌冲施沃丰康"淡紫拟青霉"，2 瓶 /（次·亩），20 天一次。待黄瓜长势强壮和病情缓解后，1 瓶 /（次·亩），30 天一次，至拉秧前。同时结合施用促根壮苗的沃丰康"灌根宝"和中微量元素肥"果乐"，施用量、时期和方法同上。

二、宁城县大城子设施连作番茄土传病害防治案例及技术规程

2019 年 3 月 1 日，项目组到内蒙古赤峰市宁城县大城子万亩园区进行前期布点回访与调研，发现该地区很多老棚室多种土传病害交叉发生，如根结线虫病、青枯病、枯萎病、茎基腐病等（图 6-21）。根据当地实际情况，项目组提出了下茬番茄种植技术方案，并得到了广泛推广应用。具体技术规程如下。

（一）试验地点

内蒙古宁城县大城子设施连作番茄棚室。

（二）底肥

以当地常规施肥为对照，在当地施肥的基础上，施入"沃丰康"生物有机肥（40 千克 / 袋），8 袋 / 亩，旋地前均匀撒施。发生根结线虫棚室，加入沃丰康"克线散"，4 袋 / 亩，随有机肥、生物有机肥和复合肥等一起均匀撒施。

（三）定植

以当地常规定植方法为对照，滴灌施入沃丰康"复合微生菌剂"（1 000 毫升 / 瓶），1 瓶 / 亩，定植水浇足。发生根结线虫棚室，滴灌施入沃丰康"淡紫拟青霉"（1 000 毫升 / 瓶），1 瓶 / 亩，浇定植水；或采用沃丰康"克线散"蘸根后定植。

（四）缓苗

定植后，根据土壤墒情，使用沃丰康"复合微生菌剂"浇缓苗水，1 瓶 / 亩，番茄缓苗后至第一穗果核桃大小前，控水控肥，进行蹲苗。其间，根据土壤保水保肥性和土壤含水量，使用沃丰康"灌根宝"（5 千克 / 袋），1 袋 / 亩，随水冲施进行促根壮苗。

（五）开花结果期

番茄第一穗果核桃大小时，滴灌冲施沃丰康"冠菌灵"（5 千克 / 袋）和肥果乐（5 千克 / 袋），各 1 袋 / 亩，如此循环使用，隔一水用一次肥，至最后一穗果采收前 15 天停止施用。同时，在番茄开花坐果期、初果期、盛果期可分别冲施沃丰康"复合微生菌剂"，1 瓶 /（次·亩），减少当地常规化肥使用量的 30%。如有发生根结线虫，严重棚室滴灌冲施沃丰康"淡紫拟青霉"，2 瓶 /（次·亩），20 天一次，随后可根据线虫控制情况，减少"淡紫拟青霉"用量，1 瓶 /（次·亩），30 天一次。

（a）设施连作番茄根结线虫病　（b）设施连作番茄青枯病

（c）设施连作番茄根腐病

（d）项目前期布点回访与调研　　　　（e）番茄田间枯萎病

图 6-21　番茄土传病害图

三、宁城县热水村火龙果根结线虫棚室种植番茄防治案例及技术规程

2019 年内蒙古赤峰市宁城县热水村玖红火龙果庄园，因火龙果根结线虫病严重，火龙果育苗棚结束育苗后试种番茄，番茄种植结束后，根结线虫病发生严重，番茄根结状况如图 6-22 所示。采用项目方案后，番茄田间长势及果实如图 6-23 所示。技术规程如下。

（一）地点

内蒙古赤峰市宁城县温泉街道办事处热水村 2 组玖红火龙果庄园。

（二）定植前进行熏棚处理

使用沃丰康"高效有机硫土壤熏蒸剂"30 千克 / 亩，与细干土混合后，均匀撒施，浇水，覆膜 15 天，晾晒 5 天后，整地，种植。

（三）底肥

以当地常规底肥施用方法为对照，在当地施肥习惯的基础上，施入沃丰康"生物有机肥"（40 千克 / 袋）和"防病微生物菌肥"（40 千克 / 袋），各 4 袋 / 亩。

（四）定植

以当地常规定植方法为对照，滴灌冲施沃丰康"淡紫拟青霉"（1 000 毫升 / 瓶），1 瓶 / 亩，浇足定植水。或采用"克线散"蘸根后定植。

（五）缓苗至开花结果前

定植后，根据土壤墒情，滴灌冲施沃丰康"淡紫拟青霉"和沃丰康"灌根宝"（5 千克 / 袋）浇缓苗水，淡紫拟青霉 1 瓶 / 亩，灌根宝 2.5 千克 / 亩。番茄缓苗后至第一穗果核桃大小前，控水控肥，进行蹲苗。其间，根据土壤保水保肥性和土壤含水量，使用沃丰康"灌根宝"促根壮苗，随水冲施，1 袋 / 亩。

（六）开花结果期

番茄第一穗果核桃大小时，滴灌冲施沃丰康"冠菌灵"（5 千克 / 袋）和"果乐"（5 千克 / 袋），番茄摘心前，各 1 袋 /（次·亩），隔一水一次，如此循环使用。番茄摘心后，根据番茄植株长势，适当减少"冠菌灵"和"果乐"用量，每次减少 0.1 ～ 1 千克，至最后一穗果采收前 15 天停止施用。同时，在番茄开花坐果期、初果期、盛果期，滴灌冲施"淡紫拟青霉"2 瓶 /（次·亩），20 天一次，随后可根据线虫控制情况，减少"淡紫拟青霉"用量，1 瓶 /（次·亩），30 天左右一次。

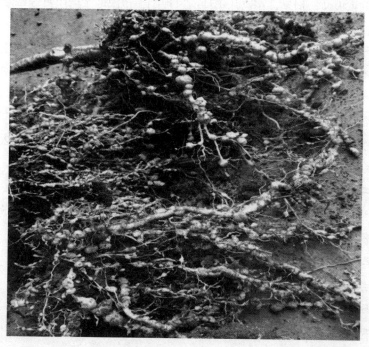

图 6-22 发生根结线虫病火龙果棚种植番茄后番茄根结状况

图6-23 项目布点后回访发生根结线虫番茄田间长势及果实

四、敖汉旗萨力巴设施茄果类蔬菜土传病害防治案例及技术规程

2016年以来，赤峰市敖汉旗萨力巴乡王春永副书记设施基地一直种植设施番茄、辣椒等茄果类蔬菜，取得了较好的经济效益，调动了当地农民发展设施农业的积极性。但是，在这几年种植过程中，也出现了病虫害逐年发生严重的问题，土壤连作障碍问题日益突出，农药和化肥的使用量逐渐加剧，但产量和品质不再提高，基于此，项目组提出了设施茄果类蔬菜土传病害防控方案。具体技术规程如下。

（一）底肥

在每亩施入15立方米左右粪肥的基础上，撒施沃丰康生物有机肥（40千克／袋）6袋、钙肥（40千克／袋）1袋和18∶18∶18或20∶20∶20平衡复合肥（40千克／袋）1袋。

（二）定植

在当地常规管理的基础上，每亩随定植水滴灌冲施沃丰康"复合微生物菌剂"1瓶（1 000毫升／瓶）。

（三）缓苗

随缓苗水每亩滴灌冲施沃丰康"复合微生物菌剂"（1 000毫升／瓶）1瓶和2.5千克沃丰康"灌根宝"（5千克／袋）。

（四）开花坐果前

每亩滴灌冲施沃丰康"灌根宝"1袋（5千克／袋），促根壮苗。

（五）坐果后至核桃大小

每亩滴灌冲施"沃丰康"冠菌灵1袋（5千克/袋）和中微量元素肥"果乐"1袋（5千克/袋）。

（六）膨果期

根据土壤墒情、温度和光照等条件，结合留果穗数，每次循环使用"冠菌灵"1袋和"果乐"1袋。每穗果采收前，叶面喷施磷酸二氢钾和硼肥。

五、敖汉旗萨力巴设施番茄根结线虫防治案例

2019年6月，赤峰市敖汉旗萨力巴设施番茄新棚区发生根结线虫，番茄正处于幼苗期，未开花结果，当时线虫发病率高达40%左右（图6-24、图6-25）。项目组采集土样并测定土壤基本理化指标，并提出解决方案。在当地使用阿维菌素防治的基础上，配合使用沃丰康"淡紫拟青霉"滴灌冲施，2瓶/（次·亩），20天一次。此单项防控技术取得较好的效果（图6-26、图6-27）。以防2020年茬口根结线虫病发生严重，建议其于2020年6月下旬进行土壤熏蒸处理，熏蒸后重建菌群。现已取得部分数据，如表6-3所示。

表6-3　淡紫拟青霉对番茄根结线虫病防控效果

处理	土壤中线虫数 （J2条/100克土）	根上线虫数 （J2条/100克土）	病情指数	防效（%）
淡紫拟青霉	66	118	8.94	81.78
对照	607	1374	49.07	

图6-24　棚区根结线虫病田间发生情况　　图6-25　发生根结线虫的番茄根

图 6-26　田间使用淡紫拟青霉防治　　图 6-27　使用淡紫拟青霉后的番茄根

六、红山区文钟镇黑沟门设施番茄根结线虫防治案例及技术规程

2019 年 7 月 8 日，在内蒙古赤峰市红山区文钟镇黑沟门村进行"设施蔬菜土传病害综合防治"专项培训时，当地一农户称其棚番茄秧子中午萎蔫，早晚可恢复，不知得了什么病。项目组成员随即来到有问题的棚室，拨开病苗根部土壤发现，番茄根部有根结，再结合植株地上部生长缓慢、叶片发黄等症状，诊断为番茄根结线虫病。拔出 9 棵秧苗后，测定病情指数达 48.91%（图 6-28）。项目组给出方案，在其使用阿维菌素的基础上，结合使用项目组研发产品沃丰康"淡紫拟青霉"进行灌根处理。

图 6-28　番茄开花结果前发现根结线虫病

具体方法如下：第一次使用2瓶（1 000毫升/瓶）"淡紫拟青霉"水剂兑180千克水进行灌根；10天后，使用6瓶（10克/瓶）5%阿维菌素兑200千克水进行灌根；第三次使用2瓶"淡紫拟青霉"水剂兑200千克水进行灌根；第四次使用6瓶5%阿维菌素兑200千克水进行灌根。以此循环使用，至番茄拉秧前7天停止使用。本次试验的淡紫拟青霉和阿维菌素分别使用4次。2019年7月26日，项目组成员进行回访，拔出番茄秧苗后发现，其已长出新根（图6-29），但根结线虫发生严重植株根系少，部分植株地上部逐渐枯萎、死亡（图6-30）。2019年9月5日，番茄拉秧，拉秧时根结严重（图6-31），番茄减产2/3，造成严重损失。

图6-29　长出新根

图6-30　线虫严重的植株根系小，未能恢复　　图6-31　拉秧时番茄根结线虫

229

针对根结线虫发生严重的棚室，在本茬番茄拉秧时取土测定土壤基本理化指标和 100 克土中根结线虫数。测定数据如表 6-4 所示，100 克土中根结线虫数达到 8 261.30 条。没有经济效益，没有收入，种植户提出还想种植番茄的想法，但线虫如此严重的棚室，如果没有有效的防治方法，根结线虫无法有效得到控制。2019 年 9 月上茬番茄拉秧后，项目组棚内实施"土壤熏蒸加有益菌群再建技术"防治番茄根结线虫病，土壤熏蒸剂使用中国农科院植物保护所研发的沃丰康"高效有机硫土壤熏蒸剂"（图 6-32、图 6-33），30 千克/亩，熏蒸后配合"沃丰康"生物有机肥和防线粉剂"克线散"为底肥，定植后使用"淡紫拟青霉"水剂滴灌冲施（图 6-34），2 瓶/（次·亩），配合使用沃丰康"冠菌灵"和中微量元素"果乐"。2019 年 12 月 5 日，番茄定植，目前番茄长势良好（图 6-35 至图 6-37）。具体技术规程如下。

　　（1）土壤熏蒸处理。使用沃丰康"高效有机硫土壤熏蒸剂"，30 千克/亩，与细干土混合均匀后撒施于土壤中。旋地，浇水，覆膜。

　　（2）底肥。以当地常规施肥为对照，在当地施肥的基础上，施入"沃丰康"生物有机肥（40 千克/袋），8 袋/亩，旋地前均匀撒施。结合施入沃丰康"克线散"，4 袋/亩。

　　（3）定植。以当地常规定植方法为对照，使用沃丰康"克线散"蘸根，同时滴灌施入沃丰康"复合微生菌剂"（1 000 毫升/瓶），1 瓶/亩，定植水浇足。

　　（4）缓苗。定植后，根据土壤墒情，使用沃丰康"淡紫拟青霉"1 瓶和"灌根宝"2.5 千克浇缓苗水，番茄缓苗后至第一穗果核桃大小前，控水控肥，进行蹲苗。其间，根据土壤保水保肥性和土壤含水量，使用沃丰康"灌根宝"（5 千克/袋），1 袋/亩，随水冲施进行促根壮苗。

　　（5）开花结果期。番茄第一穗果核桃大小时，滴灌冲施沃丰康"冠菌灵"（5 千克/袋）和中微量元素肥"果乐"（5 千克/袋），各 1 袋/亩，如此循环使用，隔一水用一次肥，至最后一穗果采收前 15 天停止施用。同时，在番茄开花坐果期、初果期、盛果期可分别冲施沃丰康"复合微生菌剂"，1 瓶/（次·亩），减少当地常规化肥使用量的 30%。发生根结线虫严重棚室，滴灌冲施沃丰康"淡紫拟青霉"，2 瓶/（次·亩），20 天一次，随后可根据线虫控制情况，减少"淡紫拟青霉"用量，1 瓶/（次·亩），30 天一次。

表6-4　土壤熏蒸剂对设施番茄根结线虫防治效果

熏棚前根结线虫条数 （条/100克土）	熏棚后根结线虫条数 （条/100克土）	熏棚后比熏棚前线虫数减 少百分比（%）
8 261.30	50.00	99.39%

图6-32　撒施土壤熏蒸剂

图6-33　覆膜

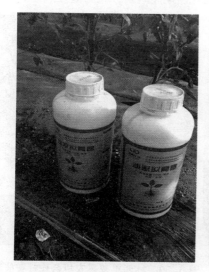

图6-34　淡紫拟青霉滴灌冲施

图6-35　根系正常

图 6-36　番茄田间长势

图 6-37　番茄开花

七、育苗微生菌剂在蔬菜作物育苗上的应用案例

按照 100 千克育苗基质中掺入沃丰康"育苗专用菌剂" 100 克的稀释倍数，在内蒙古赤峰市林西县统战部双赢农机合作社的露地菜花（图 6-38 至图 6-41）、赤峰学院科研试验地和松山区穆家营子朱光武育苗基地（图 6-42 至图 6-43）进行试验。试验结果表明，菜花苗期无病害，长势健壮（图 6-44）。

图 6-38　菜花苗

图 6-39　林西县双赢农机合作社智能温室

图 6-40 装穴盘　　　　　　　　图 6-41 基质消毒

图 6-42 赤峰学院科研试验地使用育苗专用菌剂进行育苗

图 6-43 育苗菌剂在松山区穆家营子番茄上的应用

图 6-44　赤峰学院科研试验地菜花长势及花球

八、赤峰学院设施冷棚果菜类蔬菜土传病害生物防治全程应用技术规程

以内蒙古赤峰市松山区穆家营子农户常规施肥方案为对照，在赤峰地区大面积种植的果菜类蔬菜上进行全程对比试验，记录并测定不同蔬菜的生育期田间生长、产量和品质、病虫害等指标。果菜类蔬菜包括番茄、樱桃番茄、辣椒、茄子、甜瓜、黄瓜。2019 年 5 月 29 日播种育苗，7 月 15 日定植。

（一）种植前田间土壤取样

种植前测定土壤的基本理化和微生物多样性指标。用土钻采用 "W" 型五点取样法，混匀、装袋，送实验室。土壤基本理化指标自然风干后过 2 毫米筛，标记、装袋、送检。土壤微生物多样性指标过 1 毫米筛后，放入 -80 ℃超低温冰箱冷冻，送检（图 6-45）。

图 6-45　种植前土壤采样及实验室处理

（二）底肥

试验处理亩施用18：18：18复合肥40千克、钙肥40千克、沃丰康"生物有机肥"按120千克、240千克、360千克和480千克4个处理，以及在这4个处理的基础上加4袋20千克沃丰康"复合微生物菌剂"（图6-46至图6-49），共8个处理，每个处理3次重复。对照为亩施用18：18：18复合肥40千克、钙肥40千克和360千克当地生物有机肥（图6-50）。对照单独撒施均匀（图6-51）、旋地（图6-52）、整地、作畦（图6-53）、铺滴灌、覆膜（图6-54）、打孔（图6-55）。

图6-46　试验底肥处理组合

图6-47　试验处理的生物有机肥单施

图6-48　试验处理的生物有机肥混施

图6-49　试验处理采用条施

图 6-50　试验对照　　　　　　　图 6-51　对照均匀撒施

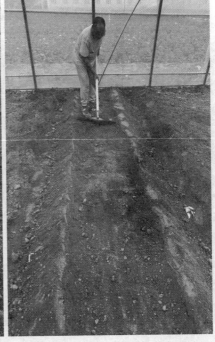

图 6-52　旋地　　　　　　　　　图 6-53　作畦

图 6-54　铺滴灌、覆膜

图 6-55　打孔

（三）定植

2019 年 7 月 15 日定植（图 6-56），试验处理使用 50 亿 / 克沃丰康"复合微生菌剂"（1 000 毫升 / 瓶）1 瓶浇定植水，定植水浇透（图 6-57）。以浇清水为对照。

图 6-56　定植

图 6-57　复合微生菌剂浇定植水

（四）缓苗

2019 年 7 月 25 日浇缓苗水，处理使用沃丰康"灌根宝"2.5 千克（5 千克 / 袋）（图 6-58）和 50 亿 / 克沃丰康"复合微生菌剂"（1 000 毫升 / 瓶）

1瓶（图6-57），对照以当地滴灌"腐殖酸钾菌肥"1.25千克（图6-59）。
甜瓜缓苗时，使用沃丰康"复合微生物菌剂"叶面喷湿处理，定植后8天，图
6-60左图为处理与对照田间整体效果图，中间图和右图为处理与对照近图，
处理的甜瓜缓苗快，叶片多，叶片大。

图6-58　试验处理采用"灌根宝"浇缓苗水　图6-59　试验对照滴灌"黑土地"缓苗水

（左）　　　　　　　（中）　　　　　　　（右）

图6-60　甜瓜定植后8天，使用50亿/克沃丰康"复合微生菌剂"效果对比

（五）开花前

根据土壤墒情，作物缓苗后10～15天，试验处理随水滴灌沃丰康"灌
根宝"（5千克/袋）5千克/（次·亩），对照以滴灌当地"腐殖酸钾菌肥"2.5
千克/（次·亩）。

（六）开花坐果期肥水管理

1. 番茄开花坐果期肥水管理

当番茄第一穗果长至核桃大小时给水给肥，试验处理使用沃丰康"冠菌灵"5千克和"果乐"2.5千克（图6-61），根据土壤状况配合使用50亿/克沃丰康"复合微生菌剂"1瓶（根据土壤情况、肥力和成本节约，本次复合微生物菌剂可不用）。对照使用大量元素水溶肥"果必丰"5千克和"腐殖酸钾菌肥"2.5千克（图6-62）。定植后17天，试验处理开始开花，对照未见开化（图6-63）。定植后30天，试验处理田间长势整齐，第一穗果开花坐果多，与对照相比，差异显著（图6-64）。

图6-61　试验处理使用"冠菌灵"5千克＋"果乐"2.5千克＋50亿/克"复合微生菌剂"

图6-62　对照使用大量元素水溶肥"果必丰"5千克

图 6-63　番茄定植后 17 天，左图处理开始开花，右图对照未见开花

图 6-64　番茄定植后 30 天，左图处理长势整齐，第一穗果坐果多，右图对照则相反

2. 辣椒开花坐果期肥水管理

当辣椒门椒长到"纽扣"或稍大点儿时，开始给水给肥，试验处理使用沃丰康"冠菌灵"5 千克和"果乐"5 千克，根据土壤状况配合使用 1 瓶 50 亿 /克沃丰康"复合微生菌剂"（根据土壤情况、肥力和成本节约，本次复合微生物菌剂可不用）。对照使用大量元素水溶肥"果必丰"5 千克和"腐殖酸钾菌肥"5

千克。定植后17天，试验处理辣椒开始开花坐果，对照未见开花（图6-65）。

图6-65 定植17天后，左图处理辣椒开始开花结果，右图对照未见开花结果

3.茄子开花坐果期肥水管理

当茄子门茄坐住时给水给肥，试验处理使用沃丰康"冠菌灵"5千克和"果乐"5千克，根据土壤状况配合使用1瓶50亿/克沃丰康"复合微生菌剂"（根据土壤情况、肥力和成本节约，本次复合微生物菌剂可不用）。对照使用大量元素水溶肥"果必丰"5千克和"腐殖酸钾菌肥"5千克。定植后40天，对照叶片退绿发黄，发生黄萎病，处理未发病（图6-66）。

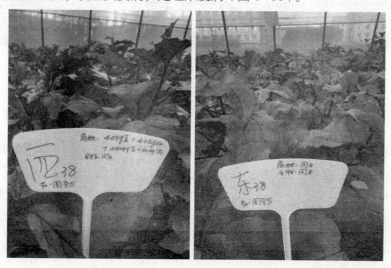

图6-66 茄子定植后40天，左图处理未发病，右图对照开始发现黄萎病

4.黄瓜开花坐果期肥水管理

当黄瓜根瓜长10～12厘米时给水给肥，试验处理使用沃丰康"冠菌灵"5千克，结合沃丰康中微量元素肥"果乐"2.5千克。根据土壤状况配合使用1瓶50亿/克沃丰康"复合微生菌剂"（根据土壤情况、肥力和成本节约，本次复合微生物菌剂可不用）。对照使用大量元素水溶肥"果必丰"5千克和"腐殖酸钾菌肥"2.5千克。试验处理黄瓜叶片大、厚、新鲜柔软，开花多，坐果率高（图6-67）。

图6-67　试验处理黄瓜田间长势

5.甜瓜开花坐果期肥水管理

当甜瓜果实长到鸡蛋大小时给水给肥。试验处理使用沃丰康"冠菌灵"5千克和"果乐"5千克，根据土壤状况配合使用1瓶50亿/克沃丰康"复合微生菌剂"（根据土壤情况、肥力和成本节约，本次复合微生物菌剂可不用，图6-68）。对照使用大量元素水溶肥"果必丰"5千克和"腐殖酸钾菌肥"5千克。

图6-68 左图为试验处理甜瓜，叶片绿，右图为对照，叶片发黄

6.开花坐果后肥水管理

不同果菜类蔬菜作物根据土壤质地、土壤肥力、土壤墒情和植株长势等不同，施用肥的数量和次数不同，在常规施肥的基础上，可适量增加或减少施肥量和施肥次数。番茄、辣椒、茄子等茄果类蔬菜，未摘心前，以"氮肥偏高、磷肥中等、钾肥偏低"为原则，氮肥可选择15～20千克，磷肥选择10千克左右，钾肥选择20～25千克。摘心后，作物生长中后期，适当降低氮肥，磷肥不变，增加钾肥，可选择氮肥15千克左右，磷肥不变，钾肥25～35千克，采用"一次水一次肥"的方式进行管理。同时结合磷酸二氢钾、硼肥叶面喷施处理。黄瓜、甜瓜等瓜类蔬菜，生长前期以"氮磷肥偏高、钾肥偏低"为原则，可选择氮肥15～20千克，磷15千克左右，钾肥20～25千克，采用"一次水一次肥"的方式进行管理。同时结合磷酸二氢钾、硼肥叶面喷施处理。膨瓜期至采收前，适当降低氮磷肥，增加钾肥，可选择氮肥15千克左右，磷肥10千克左右，钾肥25～35千克。具体每种作物施用的数量和次数如下。

（1）番茄开花坐果后肥水管理。第二穗果后的膨果肥量可适当减少，试验处理每次使用沃丰康"冠菌灵"5千克，沃丰康"果乐"可分别逐渐减少0.5千克。番茄摘心后，试验处理每次使用"果乐"5千克，"冠菌灵"可分别逐渐减少0.5千克。番茄整个生育期尤其是结果盛期配合使用50亿/克沃丰康"复合微生菌剂"（1 000毫升/瓶），1瓶/（次·亩），共2～4次。对照使用大量元素水溶肥"果必丰"5千克和"腐殖酸钾菌肥"2.5千克。定植后70天，试验处理的普通番茄和樱桃番茄的转色期比对照提前（图6-69，图6-70）。

243

图 6-69 番茄定植 75 天后情况

图 6-70 樱桃番茄定植 75 天后情况

（2）辣椒和茄子开花坐果后肥水管理。临界水后，也是果实开始旺盛生长之时，需水最多，根据土壤状况，每 5～7 天浇一次。试验处理每次使用沃丰康"冠菌灵" 5 千克和沃丰康"果乐" 5 千克，在辣椒、茄子整个生育期尤其是结果盛期配合使用 50 亿 / 克沃丰康"复合微生菌剂"，1 瓶 /（次·亩），共 2～4 次。对照使用大量元素水溶肥"果必丰" 5 千克和"腐殖酸钾菌肥" 5 千克。（图 6-71，图 6-72）。

图 6-71　左图为茄子整体田间长势，右图为试验处理茄子田间长势

图 6-72　辣椒田间长势

（3）黄瓜开花坐果后肥水管理。黄瓜追肥的原则是前轻后重，少量多次，盛瓜肥在根瓜采收后进行。第二水处理每次使用沃丰康"冠菌灵"5千克和"果乐"5千克，循环使用。根据田间黄瓜长势，可适当小幅度增减用量。黄瓜整个生育期尤其是结果盛期配合使用50亿/克沃丰康"复合微生菌剂"，1瓶/（次·亩），共2～4次。对照使用大量元素水溶肥"果必丰"5千克和"腐殖酸钾菌肥"5千克（图6-73）。

图 6-73　左图为试验处理黄瓜，右图为对照

（4）甜瓜开花坐果后肥水管理。甜瓜膨果肥追施 2 次，试验处理使用沃丰康"冠菌灵" 5 千克和"果乐" 2.5 千克，配合使用 50 亿 / 克沃丰康"复合微生菌剂"，1 瓶 /（次·亩），共 2 次。对照使用大量元素水溶肥"果必丰" 5 千克和"腐殖酸钾菌肥" 2.5 千克（图 6-74）。

图 6-74　甜瓜田间长势

十、结果

2016 年以来，项目组成员一直致力于对赤峰市设施蔬菜种植发展现状、土传病害综合防治进行调研、走访、分析和总结。尤其是采用项目研发的生物有机肥、微生菌剂和矿质营养水溶肥等系列产品在赤峰市土传病害发生严重的经济作物上进行大量单项产品、单项技术、全程产品和全程技术的试验示范和推广。通过以上试验结果表明：项目研发的沃丰康"生物有机肥""复合微生菌剂""灌根宝""冠菌灵""果乐""克线散""淡紫拟青霉""育苗专用菌剂"和"高效有机硫土壤熏蒸剂"等产品在赤峰市设施蔬菜、果树、中药材等主要经济作物上均可安全使用，促生抑病，提产增质。

赤峰学院科研冷棚进行的试验，因为要验证项目研发系列产品的全程试验效果，故试验设计中未按照赤峰地区大多数农户使用的施肥方法，未进行磷酸二氢钾、硼肥、氨基酸水溶肥、腐殖酸肥以及其他中微量肥和高钾肥的施入。本次全程效果试验，结果表明：

（1）除底肥亩使用 40 千克复合肥和 40 千克钙肥外，使用本项目研发的沃丰康"生物有机肥""复合微生菌剂""灌根宝""冠菌灵"和"果乐"能够满足番茄、辣椒、茄子、黄瓜和甜瓜整个生育期的用肥需求。

（2）茄子、辣椒和黄瓜的品质好、产量高，而番茄、甜瓜的甜度稍低，产量无影响。

（3）分析番茄、甜瓜品质稍差的原因可能是由于试验地前茬为校园花卉种植地，未种植过蔬菜等经济作物，土壤贫瘠、肥力差，且试验未施入牛羊粪等有机肥作为底肥；"冠菌灵"和"果乐"钾含量偏低，可能未能满足番茄与甜瓜生长后期对钾的需求；所有作物的整个生长期未进行磷酸二氢钾、硼肥及其他水溶肥、微量元素肥的叶面喷施和补充，导致番茄、甜瓜等营养元素吸收不平衡、不全面等原因引起的。

参 考 文 献

[1] 安小敏. 马铃薯土传病害生物防控技术的研究 [D]. 呼和浩特：内蒙古农业大学，2017.

[2] 安永帅，关巨英. 设施蔬菜无公害栽培技术问答 [M]. 太原：山西科学技术出版社，2016.09.

[3] 陈从兵. 无公害蔬菜病虫害防治及栽培技术探究 [J]. 农家参谋，2019(14):68.

[4] 陈君. 无公害蔬菜管理及栽培技术研究 [J]. 农业与技术，2018, 38(10):37.

[5] 陈仕红. 氟唑活化酯防治土传病害的研究 [D]. 沈阳：沈阳农业大学，2017.

[6] 陈思思. 农林园艺作物土传病害防治现状及应对策略研究 [J]. 粮食科技与经济，2019, 44(11):106-107+128.

[7] 陈勇，徐文华，白爱红. 无公害蔬菜栽培与病虫害防治新技术 [M]. 北京：中国农业科学技术出版社，2017.04.

[8] 程丽云. 木霉菌的种类鉴定及生防菌株的筛选 [D]. 福州：福建农林大学，2007.

[9] 代丽茗. 无公害蔬菜栽培技术及发展策略 [J]. 农业与技术，2019, 39(12):110-111.

[10] 丁晓蕾. 20世纪中国蔬菜科技发展研究 [D]. 南京：南京农业大学，2008.

[11] 方中达. 植病研究方法 (第3版)[M]. 北京：中国农业出版社，1999:19-192.

[12] 冯玉衡. 马铃薯黑痣病和枯萎病病菌拮抗菌株的筛选与鉴定 [D]. 呼和浩特：内蒙古农业大学，2018.

[13] 关松涛. 影响无公害蔬菜生产关键因子的调查研究 [D]. 合肥：安徽农业大学，2012.

[14] 郭丛阳. 古浪县蔬菜栽培及病虫害防治实用技术 [M]. 兰州：甘肃科学技术出版社，2015.01.

[15] 韩丽. 无公害蔬菜栽培技术及土肥管理要点 [J]. 河南农业，2019(17):13-14.

[16] 何亚登. 2种生防菌的发酵、土壤定殖及防治烟草土传病害的研究 [D]. 福州：

福建农林大学，2019.

[17] 洪永聪，来玉宾，叶雯娜，等.枯草芽孢菌株TL2对茶轮斑病的防病机制[J].茶叶科学，2006，26(4)：259-264.

[18] 胡江明，张秀省，曹兴，等.康宁木霉SMF2防治大白菜软腐病研究[J].北方园艺，2009(6)：102-103.

[19] 胡颖慧，时新瑞，李玉梅，等.秸秆深翻和免耕覆盖对玉米土传病虫害及产量的影响[J].黑龙江农业科学，2019(05)：60-63.

[20] 黄大鹏.生物质炭与生防菌联合防控番茄土传青枯病的效果研究[D].南京：南京农业大学，2017.

[21] 黄金金.内生菌 *Streptomyees rochei* 的抗菌活性及对蔬菜土传病害的控制作用[D].扬州：扬州大学，2018.

[22] 靳伟.无公害蔬菜栽培新技术[M].南昌：江西科学技术出版社，2014.01.

[23] 李新，纪明山.土壤中拮抗放线菌的分离和筛选[J].河南农业科学，2008(1)：58-60.

[24] 林卫东，黄晶心，赵立兴，等.生物质材料在三七土传病害防治中的应用[J].云南大学学报(自然科学版)，2019，41(03)：590-598.

[25] 刘华.棚室辣椒穴盘育苗优质培育技术[J].吉林蔬菜，2018(Z1)：39-40.

[26] 刘亮亮.强还原土壤消毒防控土传病害效果及其微生物学机制研究[D].南京：南京师范大学，2019.

[27] 刘任，卢兆金.哈茨木霉T2菌株对辣椒土传真菌病害的控制作用[J].仲恺农业技术学院学报，2003，16(1)：6-11.

[28] 刘芮池，程有普，柴阿丽，等.蔬菜土传病原菌三重PCR检测体系的建立与应用[J].中国农业科学，2019，52(12)：2069-2078.

[29] 刘水.优质无公害蔬菜栽培与管理技术研究[J].农村经济与科技，2019，30(10)：29+51.

[30] 刘泽星，阿依佳玛丽·依玛尔，惠建超，等.陕西核桃内生真菌代谢产物抑菌活性分析[J].西南林业大学学报，2017，37(4)：126-131.

[31] 刘忠琴.无公害蔬菜栽培的关键技术措施[J].农民致富之友，2018(11)：89.

[32] 罗浩.基于云平台的无公害蔬菜物流配送系统构建[J].物流科技，2018，41(02)：54-56+89.

[33] 罗宽，何昆，匡传富，等.三株拮抗细菌对烟青枯病的抑制效果[J].中国土物防治，2002，18(4)：185-186.

[34] 罗忠艳.无公害蔬菜病虫害防治及栽培技术[J].农家参谋，2019(04)：62.

[35] 吕瑞华.无公害蔬菜栽培病虫害综合防治技术分析 [J].农家参谋，2019
(13):72.

[36] 彭友林.茄果类蔬菜：无公害栽培技术 [M].长沙：湖南科学技术出版社，
2009.

[37] 宋建华，石东风.无公害蔬菜栽培与病虫害防治新技术 [M].北京：中国农
业科学技术出版社，2011.

[38] 宋志敏.木霉菌的深层固体发酵及其应用评价 [D].福州：福建农林大学，
2018.

[39] 孙茜，董灵迪.图说棚室黄瓜栽培与病虫害防治 [M].北京：中国农业出版
社，2011.

[40] 孙雪莹.芽孢杆菌与化学药剂协同定点防控番茄两种土传病害技术研究 [D].
张家口：河北北方学院，2019.

[41] 田丰.无公害蔬菜栽培及病虫害防治技术探索 [J].种子科技，2019，37(16):
66+69.

[42] 田强.高山蔬菜品种及茬口多样化技术熟化与示范实施情况的调研报告 [D].
武汉：华中师范大学，2012.

[43] 童蕴慧，郭桔萍，徐敏友，等.拮抗细菌诱导番茄植株抗灰霉病机理研究 [J].
植物病理学报，2004.34(6):507-511.

[44] 王金柱.50% 氯溴异氰尿酸可溶粉剂土壤处理对作物土传病害防控效果研究
[J].现代农业科技，2019(09):86-87.

[45] 王磊.探究绿色无公害蔬菜生产中的土肥管理技术 [J].农民致富之友，
2019，(9): 33.

[46] 王琦，王慧敏，于嘉林，等.甜菜多黏菌拮抗放线菌的筛选及其防治丛根病
效果的检测 [J].中国农业大学学报，2003，8(3): 56-60.

[47] 王雅平，刘伊强，潘乃穟，等.枯草芽孢杆菌 TG26 防病增产效成的研究 [J].
生物防治通报，1993，9(2):63-68.

[48] 王玉宏.无公害蔬菜生产技术及高产高效种植模式 [M].北京：中国农业大
学出版社，2013.07.

[49] 武建华.三种生物制剂对马铃薯两种主要土传病害防治及土壤微生物和肥力
影响的研究 [D].呼和浩特：内蒙古农业大学，2018.

[50] 夏月明.反季节无公害蔬菜栽培 [M].南京：江苏科学技术出版社，2017.

[51] 谢成俊.无公害蔬菜育苗技术问题 [M].兰州：甘肃科学技术出版社，2015.

[52] 徐钦军，刘燕华，赵立杰.无公害蔬菜高效栽培与病虫害绿色防控 [M].北

京：中国农业科学技术出版社，2019.

[53] 徐雍皋，徐敬友，方中达．禾谷镰刀菌菌丝融合和细胞核数目的观察 [J]. 南京农业大学学报，1990, 13(l)：125-126.

[54] 徐长路．无公害蔬菜栽培病虫害绿色防控技术 [J]. 吉林蔬菜，2019(04)：40-41.

[55] 许雪莉，李秀华，王昊昊．无公害蔬菜栽培与病虫害防治技术 [M]. 北京：中国林业出版社，2016.

[56] 杨合同，唐文华，迟建国，等．植病生防菌株 B1301 的种类鉴定及其对生姜青枯病的作用机理和防治效果 [J]. 中国生物防治，2002, 18 (1)：21-23.

[57] 杨红武．不同耕作制土壤和叶面微生物群落与三种烟草病害的关系 [D]. 长沙：湖南农业大学，2018.

[58] 杨青云．农业技术职业教程 [M]. 郑州：中原农民出版社，2014.

[59] 余红梅．植保技术在无公害蔬菜种植中的作用 [J]. 农业与技术，2018, 38(17)：119-120.

[60] 袁祖华，李勇奇．无公害豆类蔬菜标准化生产 [M]. 北京：中国农业出版社，2006.

[61] 岳瑾，杨建国，杨伍群，等．氯化苦及新型助剂对甘薯土传病害的防治效果研究 [J]. 安徽农学通报，2019, 25(09)：101-102+128.

[62] 张举．无公害蔬菜病虫害防治栽培技术探索 [J]. 农家参谋，2019(16)：112.

[63] 张淋云，韩丽丽，李宝军，等．无公害蔬菜栽培技术及土肥管理要点 [J]. 农民致富之友，2017(20)：145.

[64] 张萍，陈世静，陈士亮．蔬菜土传病害的成因及防治方法探讨 [J]. 上海蔬菜，2019(06)：60-61.

[65] 赵浩然．无公害蔬菜栽培与病虫害防治 [M]. 呼和浩特：内蒙古人民出版社，2010.

[66] 郑庆伟．用敌磺钠和微生物菌肥处理草莓连作土壤，可防治草莓土传病害 [J]. 农药市场信息，2019(22)：56.

[67] 钟小燕，敖锡隆，梁妙芬，等．假单胞菌对香蕉枯萎病菌的抑制作用 [J]. 植物保护，2009, 35 (1)：86-89.

[68] 周菊钗．棚室无公害蔬菜优质化栽培技术 [J]. 现代农业科技，2018(19)：84.

[69] 邹彬，邢素丽．无公害蔬菜标准化生产技术 北方本 [M]. 石家庄：河北科学技术出版社，2014.

[70] Bell D K, Wells H D, Markham C R. In vitro antagonism of

Trichoderma species against six fungal plant pathogens[J]. Phytopathology, 1982, 72(4): 379−382.

[71] Giuliano B, Andres I, Luigi C. Isolation and partial purification of a metabolite from a mutant strain of Bacillus sp. with antibiotic activity against plant pathogenic agent[J].Electronic journal of biotechnology, 2002, 5(1): 7−8.

[72] Miller M, Pfeiffer W, Schwartz T. Creating the Cipres science gateway for inference of large phylogenetic trees [J]. Gateway Computing Environments Workshop, 2010.

[73] Whipps J M, Magan N. Effects of nutrient status and water potential of media on fungal grouth and antagonist−pathogen interactions[J]. Bulletin Oepp, 1987, 17(4): 582−591.